Los secretos de flora

David G. Jara

# Los secretos de flora

## Historias mínimas de plantas, moléculas y humanos

*Ariel*

Primera edición: enero de 2024




Avda. Diagonal, 662-664, 08034 Barcelona
Editorial Ariel es un sello editorial de Planeta, S. A.
www.ariel.es
www.planetadelibros.com

ISBN: 978-84-344-3727-2
Depósito legal: B. 21.265-2023

Impreso en España



PEFC Certificado
Este libro procede de bosques gestionados de forma sostenible
PEFC
PEFC/14-38-00305
www.pefc.es

*Para Jorge y Sara*

*Deus sive natura.*

Baruch Spinoza

Tantos cantaron
a los álamos
mientras ellos, los álamos,
no lamentan sequías,
ni el viento
que desmenuza
cada murmullo,
ni las guerras.

Y cantan.

El árbol vuelve
música todo
y la palabra sin dianas
nada agrega.

Ida Vitale

# Índice

*Introducción* .............................. 13

PARTE I
SOBRE EL CUERPO Y LA MENTE

1. Plantas alucinantes.......................... 19
2. Al borde de un ataque de nervios.............. 43
3. Las dos caras de una planta.................. 69

PARTE II
ÁRBOLES CON QUÍMICA... Y MUCHA HISTORIA

4. Semillas viajeras ............................ 95
5. En pie de guerra ............................ 119
6. Plantas que salvan vidas..................... 143

PARTE III
PLANTAS HOMICIDAS

7. Tóxicos y adictivos .......................... 169
8. Flores que llegan al corazón ................ 193
9. El fruto prohibido ........................... 217
10. Las semillas del diablo..................... 243

*A modo de epílogo* . . . . . . . . . . . . . . . . . . . . . . . . . . . . . 269
*Fuentes bibliográficas* . . . . . . . . . . . . . . . . . . . . . . . . . . . 271
*Índice alfabético de plantas* . . . . . . . . . . . . . . . . . . . . . . . 291

# Introducción

Reconozco que nunca he sido partidario de introducciones, prólogos, preámbulos, proemios o como el autor de un escrito considere adecuado denominar el conjunto de párrafos que precede al verdadero contenido de una obra. En la mayoría de las ocasiones el preámbulo en un ensayo tiene como objetivo realizar una síntesis del contenido que más adelante se va a abordar, forzando al lector a una especie de predigestión literaria que haga más accesible el contenido y que a la vez limita, porque la orienta en una determinada dirección, su capacidad de interpretación. ¿Tendríamos la misma experiencia vital si antes de la representación de *Antígona* el director de la obra se situase en el proscenio y nos explicara cuál ha sido su objetivo al adaptar la tragedia de Sófocles? ¿Sentiríamos las mismas emociones si el pianista nos explicara qué trata de transmitir con la ejecución de una pieza de Chopin antes de ponerse a las teclas del piano? Personalmente creo que no: la propia obra debe —o no— explicarse por sí misma, considerando a todo posible espectador o lector un constructor de su propia experiencia artística y no un mero receptor.

Dicho todo lo anterior, confirmando que aquí no se revelará contenido alguno y que trataré de no cometer los mismos errores que vengo denunciando, tengo que admitir que soy yo quien ahora me veo en la necesidad de redactar un pequeño prólogo. No se trata de un deseo, sino de una obligación que parte del respeto que todo autor debe a su potencial lector, más aún cuando uno se encuentra ante un libro tan ecléctico como el que tiene entre sus manos. Algunos pensarán, probablemente de forma acertada, que cuánto rollo para un libro de plantitas; otros, que un escrito de divulgación (¡cómo me molesta esa palabra!) no tiene ningún misterio y desde luego nada que ver con la literatura; y los más, que para contar unas cuantas curiosidades tampoco hacen falta cientos de hojas, cuando una historia de dos minutos en YouTube o en TikTok combinada con música de moda y animaciones efectistas es más que suficiente. Admito que todos, en cierta medida, tienen razón, y que en muchas, muchísimas ocasiones los libros que rígidamente se encasillan en la estantería de la divulgación científica se limitan precisamente a eso, a relatar en el sentido de dar a conocer, que no de narrar, una serie de curiosidades como bien podría hacerlo un profesor en el aula, un *youtuber* en su canal o una columna de doscientas palabras en el rincón dedicado a la ciencia y la tecnología de cualquier periódico. Pero ¿cómo evitar caer en el reincidente error que hace de este tipo de libros una colección de anécdotas y datos que flotan inertes en el mar de una pasmosa simplicidad y uniformidad narrativa? ¿Cómo evitar repetirme a mí mismo una y otra vez escribiendo libros como si de un Sísifo desencantado, agotado y predecible arrastrando una pesada piedra de datos y anécdotas se tratara? Precisamente eso es lo que quiero contar en esta (in)necesaria introducción.

Durante el tiempo largo, muy largo, que dediqué a masticar la idea de este escrito tuve la suerte de que cayese en mis manos un libro con el sorprendente título de *Montaillou, una aldea occitana. De 1294 a 1324*. El autor es Emmanuel Le Roy Ladurie, un historiador francés encuadrado dentro de la tercera generación de la escuela historiográfica de los Annales, que en esta obra relata las entrevistas que realizó el inquisidor Jacques Fournier a los habitantes de Montaillou, una aldea francesa de apenas doscientos cincuenta habitantes que estaba situada en los Pirineos junto a la actual frontera francoespañola. El inquisidor había viajado hasta aquella remota aldea montañosa pues se la consideraba el último reducto de la herejía cátara, y Ladurie aprovecha las entrevistas que Fournier realiza a veinticinco aldeanos y que el propio inquisidor reproduce con exactitud en el *Registro de Inquisición*, para reconstruir una imagen general del medievo en los albores del siglo XIV. Ladurie recurre a una novedosa estrategia historiográfica que se ha denominado microhistoria, donde no son las grandes epopeyas de reyes, papas y conquistadores, sino las pequeñas historias de individuos anónimos referidas a la naturaleza de sus vínculos familiares y laborales, sus tradiciones y forma de entender la religión, incluso al modo de relacionarse con el otro género, quienes sirven como pilares para reconstruir toda una época histórica. En la búsqueda de un estilo narrativo diferente que se aleje de la simple descripción, la anécdota y el dato, que aporte algo del regusto literario del que se asume que carece la escritura científica, pensé: ¿por qué no utilizar una estrategia similar, basada en historias humanas, para narrar los singulares secretos que esconden las plantas?

Por este motivo, en *Los secretos de flora* son historias humanas, historias mínimas por su extensión, las que realizan la doble función de introducir y conducir el hilo argumental de un modo narrativo, por un lado, y, por otro, aportar una visión de conjunto, integradora y comprensible sobre el complejo mundo químico que atesoran las plantas. No se trata de dotar al libro de un enfoque puramente antropocéntrico, pero carece de todo sentido desvincular el mundo vegetal de las sociedades humanas: las plantas producen miles de compuestos químicos que en nuestra ausencia solo serían agrupaciones de átomos, pero que contextualizadas dentro de las necesidades, los intereses y las tradiciones de las diferentes sociedades adquieren la categoría de venenos, fármacos y drogas. Sin embargo, aun siendo deudor de su planteamiento, a diferencia de Ladurie, yo he optado por combinar pequeñas historias de grandes personajes con gigantescas historias, aunque también mínimas en su extensión, de individuos anónimos. Aunque dentro de mis limitadas capacidades he tratado de darles cierto barniz literario, creo necesario explicitar que todos los relatos que aparecen en este libro no es que estén basados en hechos verídicos: es que todos ellos son absolutamente reales. Los documentos que lo atestiguan aparecen recogidos en la bibliografía que cierra la obra.

Finalmente, tan solo desear que el lector que decida sumergirse en las historias mínimas de plantas, moléculas y humanos que narra este libro disfrute con su lectura tanto como yo lo he hecho con su escritura.

David G. Jara
*Ávila, primavera de 2023*

# Parte I

# SOBRE EL CUERPO Y LA MENTE

1

# Plantas alucinantes

*Todo había terminado. Las pavesas caían del cielo sobre las gradas del anfiteatro como abrasadores copos de nieve, mientras en las calles encendidas las legiones se rendían a enemigos incorpóreos. Impregnados de certeza a muerte, los gritos de mujer comenzaban a extenderse como la peste por la ciudad: de norte a sur, de este a oeste. Arriba, en la más alta de las siete colinas, montando la yegua devoradora de hombres, cubierto con la melena del león, observaba complacido el semidiós. Por fin cumpliría el decimotercer trabajo: Roma estaba perdida.*

*Marco Aurelio se despertó bruscamente, empapado en un sudor tan frío como la noche germana; la mano, sosteniendo aún la pluma, meditaba sobre el arrugado pergamino. Fuera soplaba un viento intenso y oscuro; temblando, el emperador echó mano al preparado que descansaba junto a su lecho. Solo el sorbo del agrio remedio de Galeno era capaz de espantar aquella recurrente pesadilla. O quizás no fuese un sueño... ¿y si la sombra que se dibujaba confusa en la entrada de la tienda era la del propio Heracles?*

*—Padre, has gritado. ¿Cómo te encuentras?*

*Marco Aurelio sonrió confiado al reconocer la voz de su hijo Cómodo.*

El emperador romano Marco Aurelio ha quedado fijado en la historia gracias a sus famosas *Meditaciones*, y es recordado por su talante estoico para enfrentar la existencia humana, por ser el último emperador bueno de la dinastía de los Antoninos y, especialmente, por cometer el error de poner el Imperio romano en manos de su hijo Cómodo. No obstante, existe un aspecto menos conocido que hace de Marco Aurelio un individuo singular: el de ser el primer personaje relevante de la historia adicto al opio.

Sabemos que el autor de las *Meditaciones* padeció de dolorosas úlceras estomacales que le impedían dormir, motivo por el que hubo de recurrir al más famoso de los médicos griegos del Imperio. Claudio Galeno elaboraba para el emperador romano un preparado llamado triaca, entre cuyos múltiples componentes destacaba, por ser el ingrediente principal, el opio, y que el penúltimo de los antoninos bebía para mitigar el dolor y conciliar el sueño.

Después de Marco Aurelio fueron muchos los personajes célebres, especialmente literatos, que se volvieron adictos a la flor de la adormidera. Quizás el más paradigmático de todos, debido a que en 1821 relató su experiencia de placer y dolor con el opio en su libro *Confesiones de un inglés comedor de opio*, haya sido el escritor romántico Thomas de Quincey; pero sabemos que otros muchos novelistas y poetas, como Edgar Allan Poe, Baudelaire, Rimbaud o Wilkie Collins, también consumían de forma habitual el producto extraído del fruto en forma de cápsula de la *Papaver somniferum*. De Quincey llegó al opio para tratarse un persistente dolor estomacal cuyo origen «eran los extremos de hambre que padecí siendo niño», pero lo siguió consumiendo hasta el último día de su larga vida con una finalidad puramente hedonística. Él mismo confesaría que durante un extenso periodo de su existencia llegó a devorar 320 granos de opio (lo que equivalía a 8.000 gotas de láudano) cada día. Hasta entonces el opio se había empleado a modo de analgésico; probablemente, se trata del fármaco más antiguo utilizado por la humanidad. Existen indicios de que el opio ya se utilizaba en el Neolítico: unas tablillas escritas en cuneiforme alrededor del 3000 a.C. describen el proceso de cultivo de la adormidera y la recolección de su jugo por los sumerios, y en la antigua Grecia su uso era habitual como parte de diversos preparados para mitigar el dolor e inducir el sueño. El propio Dioscórides recomendaba mezclarlo con zumo del hipocisto (*Cytinus hypocistis*, planta parásita que nace junto a la raíz de la jara) y de la acacia para hacerlo más efectivo.

Cuando se trata de obtener el opio, la única parte de la adormidera que resulta útil es el fruto en forma de cápsula. Así, mediante incisiones realizadas en estas envolturas de la planta se obtiene una especie de látex que contiene una enorme variedad de alcaloides, entre los que destaca la morfina, y que de forma genérica es lo que llamamos opio. El opio posee un potente efecto sedante y calma con eficacia hasta los dolores más intensos y rebeldes, pero lamentablemente produce una rápida e intensa dependencia y su consumo continuado arrastra al individuo a un deterioro físico y psíquico irreversible. Dicho lo cual, ha llegado el momento de conocer dónde reside la dualidad de comportamientos que la planta de la *Papaver somniferum* ejerce sobre nosotros.

## La flor de la pereza

En el cuarto trasero de la farmacia donde trabajaba como ayudante de boticario, el joven Friedrich Wilhelm Sertürner repartió a cada uno de sus tres amigos un grano de lo que él denominaba *principium somniferum*, formado por una sustancia que había conseguido extraer de la adormidera. Sertürner había observado que el opio que recetaban los médicos no producía siempre los mismos efectos ni estos alcanzaban la misma intensidad en todos los pacientes, y sospechaba que se debía a que el principio activo contenido en el opio no aparecía ni en la misma cantidad ni con la misma pureza en las diferentes muestras. El joven aspirante a farmacéutico decidió encontrar ese *principium somniferum*. Lavando el polvo de opio con agua destilada, concentrando la sustancia disuelta por una simple evaporación y, finalmente, tratando ese residuo con amoníaco, consiguió obtener unos pequeños cristales de una sustancia a la que, en honor al dios de los sueños Morfeo, llamó morfina. Decidido a descubrir los efectos que producía la morfina sobre los seres humanos convenció a varios amigos para que lo acompañasen en el experimento.

Los chicos, todos ellos menores de diecisiete años, ingirieron tres tomas espaciadas en media hora de la morfina diluida en agua del grifo a la que, quizás por darle algo de vidilla, se añadió una gota de alcohol etílico. La primera dosis provocó en los muchachos una sensación de felicidad y desconexión de la realidad; la somnolencia apareció tras la segunda dosis de morfina; y, finalmente, la tercera les indujo náuseas, vómitos y un sueño profundo coronado con un intenso dolor de cabeza al despertar.

Desde que el joven Sertürner la aislase del opio, la morfina comenzó a emplearse como rápido y eficaz analgésico con el que mitigar el dolor de las heridas, como las que se producían durante los frecuentes conflictos bélicos de la época. La morfina supuso un alivio para los soldados heridos, pero pronto comenzó a mostrar su desagradable cara oculta. Para muchos de los soldados que participaron en la guerra civil estadounidense el final del conflicto no supuso el término de sus sufrimientos, sino tan solo su transmutación. Cuando, en el año 1861, comenzara el conflicto entre la Unión y los Estados Confederados de América, ambos bandos disponían de un potente fármaco para paliar el dolor. Si bien la aguja hipodérmica ya se utilizaba para administrar fármacos por vía parenteral, su disponibilidad estaba muy limitada, así que los soldados recibían el opio en forma de píldoras o de tintura que colocaban directamente sobre sus heridas, e incluso algunos documentos históricos refieren el caso en que los propios soldados lamían directamente el polvo opiáceo de la mano enguantada de un oficial. El empleo de 80.000 kilogramos de tintura y más de 500.000 pastillas de opio por parte del Ejército de la Unión fue responsable de que muchos de los soldados supervivientes se convirtieran al acabar la guerra en adictos a la morfina.

Al experimentar como conejillos de Indias con la primera dosis de morfina pura que se aisló de la *Papaver somniferum*, Sertürner y sus tres amigos nos descubrieron los dos principales efectos que provoca este alcaloide sobre el organismo: su enorme capacidad para aliviar el dolor y la placentera sensación de bienestar que genera en el consumidor. Mientras que la «enfermedad del soldado», pues de este modo se denominó al conjunto de síntomas que presentaban los excombatientes en la guerra de Secesión y que denotaba una profunda dependencia de la morfina, nos reveló una cara menos amable: el inigualable poder adictivo de esta sustancia de origen vegetal.

Pero una cosa es conocer los efectos que sobre el organismo produce una sustancia y otra muy distinta, y bastante más compleja, es elucidar por qué sucede así. La única forma que tenían los científicos para desentrañar el modo de acción de la morfina y de otras sustancias presentes en la adormidera (que de forma general se denominan opiáceos) era localizar en el organismo humano los receptores sobre los que este tipo de moléculas químicas actuaba.

La primera estrategia que se empleó en la búsqueda de los receptores sobre los que actúa la morfina, que llegarían a ser conocidos como receptores de opioides, consistió en mezclar el tejido cerebral donde se sospechaba que estos se encontraban con morfina marcada radiactivamente. Los investigadores esperaban que la unión entre la droga de origen vegetal y el receptor biológico animal quedara delatada por la emisión de una señal radiactiva, ya que de ese modo se podría localizar con precisión el lugar donde se situaban los receptores de opioides. Mas el resultado fue... un rotundo fracaso. El fallo se debió a la pequeña cantidad existente de este tipo de receptores y la facilidad con que la morfina radiactiva se unía a otros componentes del tejido nervioso que nada tenían que ver con ellos. La solución tardó en llegar, pero en el año 1973 científicos de la Universidad Johns Hopkins idearon una estrategia que consistía, paradójicamente, en olvidarse de la morfina a la hora de buscar sus propios receptores y emplear otra molécula que en realidad era su contrario químico: una sustancia que competía con los opiáceos, llamada naloxona.

En 1898, la poderosa farmacéutica Bayer, utilizando como base la morfina, sintetizó en el laboratorio una sustancia llamada heroína que inicialmente comercializó en forma de jarabe para la tos. Más de un siglo después, y con todo lo que sobre la heroína nos han revelado tanto la ciencia como el reguero de muertes que ha dejado a su paso, resulta grotesco ver un anuncio de la época donde aparece una mamá sonriente dando una cucharada sopera de jarabe de heroína a un niño acatarrado; más aún si sabemos que Bayer pretendía sustituir los antitusígenos a base de codeína (que todavía hoy utilizamos) por los de heroína, justificándolo en la total ausencia de poder adictivo de la que hoy sabemos que es una de las drogas que causan más adicción de cuantas existen.

Pero ¿qué tiene todo lo anterior que ver con el descubrimiento de los receptores de opioides y de esa sustancia llamada naloxona que emplearon los científicos para localizarlos en el tejido humano? Sencillo: desde su síntesis, la heroína se convirtió en una de las drogas más consumidas, y los médicos de urgencias se acostumbraron a sacar a la persona adicta de lo que parecía un coma irreversible producido por una sobredosis inyectándole una sustancia llamada naloxona. En menos de treinta segundos tras su descarga en la sangre, los efectos de la heroína se invertían y el paciente se recuperaba casi milagrosamente. La naloxona es lo que en el ámbito de la farmacología se denomina un agonista, en este caso concreto tanto de la heroína como de su precursora la morfina: actúa sobre los mismos receptores que estas, pero desencadenando una serie de efectos opuestos a los producidos por las drogas opiáceas. Los científicos de la Johns Hopkins descubrieron que la naloxona mantenía la afinidad por los receptores de opioides cuya ubicación trataban de localizar en el organismo, pero, a diferencia de la morfina o de la heroína, esta sustancia no se unía a otros componentes del tejido nervioso. Dicho todo lo anterior, ya habremos deducido cómo procedieron estos investigadores para encontrar los receptores de opioides: marcaron radiactivamente moléculas del antagonista naloxona —y no de morfina— y las expusieron a tejido nervioso, revelando finalmente la localización de estos escurridizos receptores.

Lo cierto es que, después de tanto esfuerzo, hubo pocas sorpresas en cuanto a la ubicación exacta de los receptores de opioides. Si empíricamente se sabía desde hacía décadas que la morfina era un fantástico analgésico, a pocos científicos sorprendió el descubrimiento de que la mayor densidad de este tipo de receptores se localizaba en aquellas áreas del sistema nervioso encargadas de integrar la información sobre el dolor. Pero solo gracias a este «evidente» descubrimiento fue posible dar un paso más y elucidar el mecanismo mediante el que la morfina y todos sus derivados atenúan el dolor en nuestro organismo.

La acción analgésica de la morfina se fundamenta en una poderosa acción inhibitoria ejercida sobre las fibras nerviosas que median en la transmisión del dolor. Aunque en ninguna cabeza quepa que este potente analgésico pueda llegar a utilizarse para combatir el dolor producido por una simple patada en la espinilla, voy a recurrir a este evento, frecuente entre los que hemos osado jugar al fútbol en las fiestas del pueblo sin espinilleras, para ejemplificar su mecanismo de acción. Así, el fuerte impacto que nos ha regalado un «amiguete» del pueblo de al lado, cansado de que lo regateáramos una y otra vez, genera un impulso nervioso que viaja por las neuronas sensitivas desde la tibia golpeada hasta la médula espinal, para, a través de esta última, ser conducido finalmente hasta el cerebro. Sí, así es: el mensaje del daño producido en la tibia llega al cerebro, porque no debemos olvidar que es en este órgano donde se genera la sensación dolorosa, aunque normalmente asumamos que lo que de verdad nos duele es la espinilla que tenemos inflamada. La morfina (así como otros fármacos de la familia de los opiáceos, como el tramadol o la oxicodona) actúa mitigando el dolor de la espinilla magullada a dos niveles distintos y en dos lugares diferentes del sistema nervioso. En principio, la morfina se une a los receptores de opioides presentes en las neuronas de la médula espinal, alterando el proceso de transmisión del impulso nervioso al incrementar el umbral de la percepción del dolor. Vamos, que, con las moléculas de morfina unidas a los receptores de opioides de las neuronas sensitivas de la tibia, estas no van a ser capaces de desencadenar un impulso nervioso que llegue hasta el cerebro para comunicar el daño que nos provocó la patada. Pero el dolor —no lo olvidemos— posee también un componente subjetivo y emocional que la morfina atenúa a través de una segunda vía: uniéndose a los receptores de opioides a nivel cerebral localizados en el sistema límbico que controla nuestras emociones.

Si la acción analgésica se debe a la interacción con los receptores de opioides, su otro efecto —la sensación de cierta euforia y de bienestar que produce la morfina (obviamente, también la heroína que, debido a una modificación química de su estructura llevada a cabo en el laboratorio, alcanza más rápidamente el cerebro)— se debe a su habilidad para imitar a unas sustancias que de forma natural fabrica nuestro organismo y que son conocidas como encefalinas.

Todos hemos experimentado el placentero y efímero efecto de las encefalinas cuando saboreamos una onza de chocolate, nos damos una ducha caliente después de una intensa sesión de gimnasio o tenemos un orgasmo. Los opiáceos imitan la acción de las encefalinas originando una increíble sensación de placer en el cerebro. Sin embargo, frente a la fugacidad del efecto producido por estas, la morfina y especialmente la heroína mantienen su acción por un largo tiempo, incluso durante varias horas. Nuestro organismo destruye con rapidez las encefalinas una vez han sido liberadas en el sistema nervioso, impidiendo de ese modo que estas sustancias endógenas se mantengan en contacto con el receptor de opioides el tiempo suficiente como para generar tolerancia y adicción. Sin embargo, los opiáceos exógenos de la *Papaver somniferum* tardan mucho tiempo en ser degradados, una larga existencia en el organismo que les permite interaccionar fuertemente con los receptores de opioides y provocar en el individuo que los consume una intensa dependencia. Solo tenemos que imaginar una sensación similar a la de un orgasmo pero que, en vez de durar cinco segundos, se mantenga durante un par de horas. Suena adictivo, ¿verdad? Además, en un individuo expuesto diariamente a los opiáceos se produce una disminución paulatina en la producción natural de encefalinas, y en el caso de que suceda una interrupción en su consumo el organismo tardará mucho tiempo en restablecer el nivel fisiológico normal. Esta es la causa de que, además de un potente síndrome de abstinencia, el individuo que ha dejado bruscamente de consumir opiáceos manifieste una elevada irritabilidad y una desagradable hipersensibilización ante el más mínimo dolor.

Es cierto que por su enorme poder adictivo los alcaloides que contiene la *Papaver somniferum* pueden llegar a ser muy peligrosos para el ser humano, pero la farmacología actual también ha demostrado que resultan tremendamente útiles, especialmente en el tratamiento del dolor. Son muchos los analgésicos que emplean directamente la morfina como principio activo; otros utilizan moléculas que, como la oxicodona, surgieron de una pequeña modificación química del opiáceo natural. E incluso los hay, como el tramadol, ajenos a la planta de la adormidera que, imitando el comportamiento de los opiáceos naturales, se fabrican completamente en el laboratorio.

No obstante, los productos extraídos o derivados de la *Papaver somniferum* también se utilizan para tratar otros síntomas asociados a distintas enfermedades y que nada tienen que ver con el dolor. Así, la codeína, que se obtiene directamente de la adormidera, actúa sobre la región del cerebro que controla la tos, y por ello se ha convertido en un componente fundamental de los fármacos antitusígenos. Los receptores de opioides también se han localizado en las neuronas que llegan al intestino, y se ha descubierto que su interacción con diferentes componentes del opio incrementa el tiempo de tránsito de la materia fecal, favoreciendo la absorción del agua y cortando de forma radical el proceso diarreico. Hasta hace no demasiado tiempo la tintura de opio se empleaba con este objetivo, pero en la actualidad los antidiarreicos más utilizados tienen como principio activo la loperamida (en fármacos como Fortasec® e Imodium®), la cual es un derivado sintético de los opiáceos naturales.

Después de todo, la *Papaver somniferum* resultó crucial para el descubrimiento tanto de los receptores de opioides como de las encefalinas que sintetiza nuestro organismo, pero no es, ni de lejos, el único vegetal que contiene sustancias químicas capaces de interaccionar con este tipo de receptores. Plantas muy alejadas de la familia de las papaveráceas sintetizan compuestos que también actúan sobre nuestros receptores de opioides, solo que, en vez de atenuar el dolor o producir sedación, lo que hacen es provocarnos extraordinarias e intensas alucinaciones.

## Soñando despierto

Sumergidos en la negrura de una choza comunal oculta dentro de un espeso bosque al noreste del estado mexicano de Oaxaca, el etnobotánico estadounidense Roger Gordon

Wasson y el químico suizo Albert Hofmann no pudieron evitar sentir cierta congoja cuando los gritos del indígena alcanzaron la intensidad de un dolor. María Sabina, la vieja chamana del pueblo de los mazatecos, ya les había avisado de que en ciertas ocasiones las visiones producidas por la hoja de la adivinación arrastraban al individuo a un estado incontrolable de alteración, lo que justificaba la necesidad de una total oscuridad y un silencio absoluto mientras se masticaban las frondas de la planta mágica.

En 1962, Wasson y Hofmann se encontraban inmersos en mitad de un largo viaje por México que los llevó a visitar varias poblaciones indígenas. La pareja de investigadores se había propuesto descubrir en alguno de los lugares más apartados del antiguo país de los aztecas sustancias con actividad psicoactiva que pudieran ser empleadas como fármacos en la medicina occidental. En absoluto se trataba de dos individuos inexpertos en lo que se refiere al uso de los alucinógenos: hacía más de dos décadas que Hofmann había sintetizado —y probado en su propio organismo— el LSD; y Wasson era un experto (aunque al margen de la corriente científica oficial, pues siempre hubo de autopublicarse sus investigaciones) en el empleo tradicional de los hongos psicoactivos. Ambos investigadores habían llegado hasta la comunidad indígena de los mazatecos atraídos por la enorme celebridad que había alcanzado el ritual de iniciación en el chamanismo que llevaba a cabo una anciana llamada María Sabina Magdalena empleando varias clases de hongos. Sin embargo, los dos etnofarmacólogos descubrieron que en aquellos rituales el principal efecto alucinógeno no lo provocaba un hongo, sino la ingestión de las hojas frescas de una planta que únicamente crecía en la profundidad del bosque de los mazatecos: la *Salvia divinorum.*

La *Salvia divinorum,* conocida por los indígenas como la «hoja de la adivinación», por entonces solo se cultivaba en los densos bosques que forman la Sierra Mazateca, y crecía preferentemente en el fondo de un barranco y junto a las frías aguas de un río de montaña. Se trata de una planta que muy pocas veces llega a florecer porque para hacerlo necesita de al menos doce horas ininterrumpidas de oscuridad total. Además, en el extraordinario caso de que sus flores prosperen, la viabilidad de sus semillas está por debajo del 3 por ciento, por lo que su principal mecanismo de reproducción es el asexual: sus ramas se rompen con facilidad y cuando caen o tocan el suelo no tardan en enraizar, formando una nueva planta. La facilidad con la que esta mata forma clones de sí misma es tan grande que hasta las propias hojas pueden convertirse en una nueva planta cuando llegan al suelo. Tan extraño comportamiento, que constituye una renuncia a la eficaz y extendida reproducción sexual, ha llevado a los investigadores a especular con la mediación del propio ser humano.

Se cree que la *Salvia divinorum* fue llevada hasta los bosques del noreste de Oaxaca procedente de un ecosistema muy diferente (si bien no se tiene rastro de él), donde, llegado el momento, florecía tal y como hacen la mayoría de las plantas. Al hipotético cambio de condiciones climáticas y edafológicas que pudo llegar a alterar drásticamente el comportamiento reproductivo de la planta se uniría otro hecho aún más relevante: que desde la llegada a su nuevo hogar se potenciara la clonación frente a la formación de semillas. Extraña acción, esta última, fomentada por el hombre, y que se justificaba en la necesidad de que solo el chamán de la tribu conociera el lugar concreto donde crecía la planta, evento que se volvía del todo imposible si esta se reproducía sexualmente dispersando de acá para allá el polen y, posteriormente, las semillas. Los chamanes mazatecos ocultaban el lugar donde hacían crecer la *Salvia divinorum* para evitar que cualquier otro individuo pudiera acceder a ellas o contaminarlas de «mala magia», y solo recolectaban sus hojas unos días antes de realizar la ceremonia de iniciación de un nuevo chamán. El consumo de la hoja de la adivinación estaba, pues, restringido al chamán de la tribu y a sus discípulos en formación, que en sucesivos rituales irían poco a poco, y durante al menos dos años, ingiriendo mayor cantidad de las hojas frescas de la planta. Las alucinaciones que abren las puertas del cielo y que permiten predecir el futuro serían cada vez más intensas, y solo podrían ser interpretadas con la ayuda y la orientación del chamán más experimentado.

Tras el descubrimiento por parte de Wasson y Hofmann del enorme poder psicoactivo que poseía la *Salvia divinorum*, la hasta entonces desconocida planta no tardó en abandonar la oscura protección de la Sierra Mazateca para llegar a Europa y convertirse, ya en la década de 1990, en una droga recreativa que se consumía fumando sus hojas secas. Una vez en los laboratorios europeos, diferentes análisis químicos y toxicológicos descubrieron que la planta escondía la capacidad para producir visiones y alteraciones de la conciencia en una compleja molécula química que bautizaron como salvinorina A.

Lo cierto es que la salvinorina A es una molécula bastante extraña, no tanto por su compleja estructura química como por su forma de interaccionar y actuar sobre nuestro organismo. Podríamos achacarle a esta sustancia ser la oveja negra de una familia de moléculas que llamamos terpenos, bastante común en la naturaleza y de cuya producción tienen la exclusiva las plantas. Y es que bajo el nombre genérico de terpenos encontramos algunas sustancias que nos son tan familiares como las esencias que libera el pino, la lavanda o las naranjas que tenemos en el frutero, los carotenos que colorean las zanahorias o el látex que produce en su savia la *Hevea brasiliensis*. Son muchas las moléculas que pertenecen a la familia de los terpenos y muchas también las funciones que desempeñan para la planta que las fabrica. No obstante, la salvinorina A de la *Salvia divinorum* es especial, pues se trata del único terpeno que altera la percepción, la conciencia y el comportamiento en los seres humanos.

La salvinorina A de la *Salvia divinorum* actúa sobre los receptores de opioides como también lo hace la morfina de la *Papaver somniferum*, pero sus efectos, aun coincidiendo en su capacidad para mitigar el dolor, son diferentes. La actividad psicotrópica de la salvinorina A se debe a que interacciona sobre unos receptores de opioides que no son exactamente iguales a los que se une la morfina. Aunque al hablar de la *Papaver somniferum* me haya referido a ellos de una forma genérica, existen al menos cinco tipos distintos de receptores de opioides en nuestras neuronas. La morfina, la codeína y todos sus derivados, además de las encefalinas que sintetiza nuestro organismo, se unen a unos receptores de opioides denominados tipo mu. Mientras, la salvinorina A se asocia a los receptores de opioides del tipo kappa, que se distribuyen por todo el sistema nervioso, pero que abundan especialmente en la corteza cerebral. Es precisamente en esta estructura que recubre los hemisferios cerebrales, y que está especialmente desarrollada en nuestra especie, donde la salvinorina A actúa como alucinógena e inductora de ese sueño lúcido (algo así como estar soñando a la vez que se mantiene el estado de conciencia) que buscaban los chamanes mazatecos durante sus ritos de adivinación.

Otra peculiaridad de la salvinorina A es que solo se absorbe con cierta eficacia a través de la mucosa de la boca (por eso los indígenas mazatecos la mastican lentamente durante sus rituales), y también cuando es inhalada mientras se fuman las hojas de la planta (como se hace en el mundo occidental cuando se consume con una finalidad lúdica). La molécula se destruye casi completamente en el estómago, de modo que los indígenas podrían haber escupido los restos del vegetal después de masticarlo durante un rato mientras percibían el inicio de sus rápidos efectos, que son aún más veloces cuando se fuma la planta: tras haber encendido un cigarrillo elaborado con las hojas deshidratadas de la *Salvia divinorum* basta un solo minuto para sentir su poderosa acción psicotrópica. Eso sí, de igual modo que actúa con mucha rapidez, también sus efectos se volatilizan con celeridad: apenas haya transcurrido un cuarto de hora desde la primera calada. Y es indiferente que se sigan dando caladas al pitillo, pues llega un momento en que el organismo no responde a un incremento de salvinorina A, debido a que los receptores de opioides tipo kappa se saturan y el efecto fisiológico se vuelve independiente de la cantidad de sustancia que se ingiera o se inhale.

Este peculiar comportamiento de los receptores tipo kappa, conocido en farmacología como «efecto techo», hace que la *Salvia divinorum* muestre una muy baja toxicidad y que la posibilidad de morir por sobredosis sea casi imposible. Particularidad que, si bien es atribuible en mayor medida al propio receptor que a la sustancia presente en la hoja de la adivinación, contrasta brutalmente con la forma que tienen de interaccionar los opiáceos con sus receptores. Precisamente, la sobredosis es la principal causa de muerte asociada al consumo de los productos obtenidos de la *Papaver somniferum*, desempeñando en ello un papel destacadísimo el más famoso y adictivo de los derivados sintéticos de la morfina. Las moléculas de heroína acceden a los receptores de opioides tipo mu, pero estos, al contrario de lo que sucede con la salvinorina A y los receptores tipo kappa, no presentan el efecto techo. El principal problema asociado a esta ausencia es que los receptores de opioides tipo mu también se localizan en el tronco encefálico que conecta el cerebro con la médula espinal y que es el encargado de controlar, entre otras funciones involuntarias, la respiración. La llegada de las moléculas de morfina, heroína o de cualquier otro derivado de la adormidera provoca la depresión de la actividad respiratoria, proceso que, debido a la ausencia de efecto techo, se seguirá potenciando con la llegada de nuevas moléculas del estupefaciente. Si la cantidad de moléculas del opioide es excesiva, solo el tratamiento inmediato con un antagonista de los opiáceos, como la naloxona, puede evitar la muerte por sobredosis.

De lo anterior podemos sospechar que, tanto desde un punto de vista químico como biológico, la salvinorina A que produce la *Salvia divinorum* es un bicho raro. De hecho, el descubrimiento de otras sustancias alucinógenas de origen vegetal no ha hecho sino confirmar que su singularidad va más allá, al punto de postularla como el perro verde del mundo de las sustancias alucinógenas. La salvinorina A no es solo la única molécula de naturaleza terpénica que provoca alucinaciones, sino que además es la única sustancia psicoactiva que conocemos que actúa sobre los receptores de opioides del cerebro. Por supuesto que en el mundo vegetal existen otras muchas sustancias psicotrópicas, como la mescalina o la N, N-dimetiltriptamina, pero todas ellas interaccionan sobre unos receptores que, aunque también se localizan en el cerebro, son muy diferentes a los de opiáceos: los receptores de serotonina.

## El color del sonido

Siempre pensó que, a pesar de haber movilizado gran parte de los medios técnicos de los que disponía la cadena de televisión, al final su viejo compañero de la escuela infantil se echaría atrás. Solo cuando escuchó el entrechocar de las dos planchas de madera y el «¡Acción!» del director, el doctor Humphry Fortescue Osmond supo que definitivamente aquel experimento se llevaría a cabo. Vestido con un elegante traje oscuro que dejaba ver la corbata negra sobre una impoluta camisa blanca y sentado en uno de los sillones de su propia casa, el barón Christopher Paget Mayhew, político del partido laborista y antiguo subsecretario de Estado del Ministerio de Asuntos Exteriores británico, se bebió tranquilamente la droga.

El 2 de septiembre de 1955, el político Christopher Mayhew accedió a la petición de su amigo el psiquiatra británico Humphry Osmond para dejarse grabar por las cámaras de la

BBC mientras consumía 400 miligramos de clorhidrato de 3,4,5-trimetoxi-B-feniletilamina disueltos en un vaso de agua. Bajo tan químico nombre se escondía una sustancia comúnmente llamada mescalina, que es el principal alcaloide que fabrica la planta del peyote (*Lophophora williamsii*).

Mayhew no fue ni mucho menos el primer personaje público en describir las increíbles alteraciones en la percepción que produce la mescalina (el escritor Aldous Huxley se le adelantó en un año con un ensayo titulado *Las puertas de la percepción*), pero sí fue el pionero en hacerlo delante de una cámara de televisión. Cierto que los gerifaltes de la poderosa cadena británica decidieron no retransmitir finalmente el experimento, decisión que, curiosamente, ha hecho del *Experimento de la mescalina* el más famoso programa de televisión nunca emitido. No obstante, gracias a un conocidísimo portal web que permite compartir vídeos, todavía hoy podemos ver —y, lo que es aún mejor, escuchar— al barón Mayhew describiendo una serie de extrañas sensaciones relativas a un tiempo que se desdoblaba y a un espacio que se saturaba de coloridas visiones incluso cuando mantenía los ojos cerrados.

La *Lophophora williamsii* es una planta de la familia de las cactáceas del tamaño de una pelota de pimpón que apenas levanta cinco centímetros del suelo reseco y pedregoso sobre el que crece. Su parte aérea está formada por numerosos gajos de un color verde azulado similares a las brácteas de una piña tropical. A diferencia de la mayoría de sus parientes, el peyote carece de espinas (cuando todavía es muy joven puede tener algunas, pero las perderá con el tiempo), probablemente porque acostumbra a crecer bajo la protección de densos matorrales espinosos. Para ser tan pequeñita, se trata de una planta de crecimiento muuuuuy lento: necesita tres décadas para dar por primera vez una preciosa flor de pétalos rosas y estambres amarillos que le permita reproducirse.

Su pausado desarrollo, unido a una limitada área de distribución (pues solo crece de forma natural en lugares muy concretos de México) y, especialmente, a la intensa recolección que se hace de esta suculenta planta con el objetivo de extraer la mescalina que contiene, han provocado que en la actualidad el peyote se encuentre recogido en la *Lista Roja* de la IUCN (Unión Internacional para la Conservación de la Naturaleza, por sus siglas en inglés) como especie vulnerable. Es una pena que la tendencia a sobreexplotar un recurso, que parece ser el modo de proceder que dirige la mayoría de las acciones del hombre actual, pueda llevar hasta la extinción a una planta que ha sido empleada por los individuos de nuestra especie desde hace miles de años. Y es que muy recientemente, en una de las cuevas de la región arqueológica de Lower Pecos (situada en el noreste del estado de Texas, junto a los ríos Grande y Pecos), además de las impresionantes pinturas rupestres que datan del 4000 a.C., se descubrieron dos gajos de peyote que el carbono-14 reveló que tenían más de 5.500 años de antigüedad. Datación que postula a la mescalina que contiene la *Lophophora williamsii* como la droga de origen vegetal más antigua. No obstante, no es necesario retroceder tanto en el tiempo para descubrir su empleo por las sociedades humanas: sabemos que los aztecas y los indios navajos consumían peyote, y que el pueblo de los wixárikas (que conforma la población mayoritaria en el actual estado mexicano de Nayarit) lo sigue utilizando durante sus rituales religiosos.

Tenemos que imaginar que aztecas, navajos, wixárikas y todo aquel individuo que haya consumido la mescalina hubieron de manifestar un tipo de perturbaciones en la percepción similares a las que el intrépido barón Mayhew dejó grabadas para la posteridad. Alteraciones que afectaban a la percepción del tiempo y del espacio, intensificaban los colores y modificaban las formas de los objetos, y, en ocasiones, desencadenaban episodios de sinestesia donde el sonido de un aplauso se percibía como un arcoíris de colores o el roce con la basta madera de una mesa se convertía en el cerebro en el amargo sabor de la quinina. Después de todo, parece claro que la mescalina es una sustancia de origen vegetal que, como la salvinorina A de la *Salvia divinorum*, debemos catalogar dentro de las sustancias psicoactivas. Sin embargo, aunque los efectos que la mescalina produce a nivel cerebral son similares a los de la hoja de la adivinación, su modo de actuar sobre el sistema nervioso es muy diferente, por el simple motivo de que ambas sustancias interaccionan con receptores neuronales distintos.

En realidad, todas las sustancias psicoactivas de origen vegetal, con la notable excepción de la salvinorina A, actúan sobre los mismos receptores a los que se une la serotonina que fabrica nuestro organismo. La serotonina es un neurotransmisor que permite la comunicación entre las neuronas, a la vez que modula la intensidad con la que estas transmiten el impulso nervioso. Solo que decir esto viene a ser como afirmar la simpleza de que un libro traslada la información desde el escritor al lector, porque precisamente intervenir en la comunicación neuronal es la función que desempeñan, de un modo u otro, todos los neurotransmisores. De igual modo que la relevancia de un libro se encuentra en el contenido y no tanto en su función como transmisor de información, en el caso de la serotonina lo que verdaderamente debe interesarnos son los procesos fisiológicos en los que está involucrada. Así, sabemos que desempeña un papel relevante en el control de las emociones y en nuestro estado de ánimo, pero se ha descubierto que también interviene en el proceso digestivo y en la regulación de nuestro apetito. Ambas evidencias llevaron a los investigadores a conjeturar, en este caso acertadamente, sobre la presencia de la propia serotonina y de sus receptores tanto en el cerebro como en el intestino.

Ahora sabemos que la mescalina que el señor Mayhew bebió delante de las cámaras de la BBC (aun manteniendo una mayor similitud estructural con otro neurotransmisor llamado dopamina) interacciona con los receptores de serotonina tipo 2A de áreas del cerebro que controlan la atención, el pensamiento y la memoria, y con otras regiones del sistema nervioso central encargadas de integrar las señales que percibimos a través de los cinco sentidos. La brusca irrupción de la mescalina en aquellas regiones del sistema nervioso que están cargadas de receptores de serotonina es responsable de los efectos alucinógenos que describiese el audaz político británico y que, en mayor o menor medida, perciben todos aquellos que consumen esta sustancia.

## Cóctel vegetal

«Ahí viene la viejita», se oyó decir en mitad de uno de aquellos largos y abarrotados pasillos.

Por mucha prisa que se tuviera, aunque la clase ya hubiera empezado o el reactivo estuviera a punto de consumirse por completo en el laboratorio, nadie en la facultad dejaba de pararse a cruzar algunas frases afectuosas con ella. Allí, en la elitista Escuela de Medicina de Duke, todos admiraban a la doctora Mary Bernheim. Había muchas razones para ello: la única mujer de su departamento durante décadas, piloto de aviones e instructora de vuelo, jubilada oficiosamente..., pero con noventa y cinco años y todavía impartiendo seminarios a futuros médicos. Sin embargo, el hecho que realmente marcó su vida como científica aconteció apenas había cumplido los veintiséis, cuando, siendo tan solo una estudiante de doctorado todavía llamada Mary Hare, realizó el que llegó a ser considerado «uno de los descubrimientos fundamentales de la neurobiología del siglo XX». En 1928, recluida en el laboratorio de bioquímica del Newnham College, con las manos enguantadas en látex y sumergidas en la masa de pequeños hígados de conejo que utilizaba en sus experimentos, entregada día y noche a la investigación que culminaría en su tesis doctoral, la joven Molly descubrió un nuevo sistema enzimático basado en una proteína que bautizó como tiramino-oxidasa. Un tipo de enzimas que probablemente os resulte más familiar con el nombre que se le dio años después: las monoaminooxidasas. Sí, las MAO. ¿Tampoco?

Bueno, pues os las presento: se trata de un conjunto de proteínas sintetizadas por nuestro organismo que actúan a modo de tijeras moleculares. Porque básicamente eso es lo que hacen: cortar moléculas. Mas no cualquier molécula. De igual modo que existen tijeras que cortan el papel y otras que son más adecuadas para trocear el pescado o laminar una lechuga, las MAO solo cortan un «material» en concreto: las monoaminas. Y aunque parezca que hemos salido de Málaga para meternos en Malagón, la cosa es bien sencilla porque precisamente monoaminas son algunos de los neurotransmisores que ya hemos conocido a lo largo de este capítulo, y entre los que la serotonina destaca especialmente. Simplificando notablemente, podemos decir que las MAO destruyen la serotonina y todas aquellas moléculas que se parezcan estructuralmente a ella.

Resulta que en la selva amazónica crece una planta llamada *Psychotria viridis*, la cual posee un potentísimo alucinógeno que precisamente se parece, y mucho, a la serotonina que destruye el complejo MAO de nuestro cerebro. También conocida como chacruna, es un arbusto de la familia de las rubiáceas (la misma a la que pertenece la planta del café) que se distribuye de forma natural tanto por la selva amazónica como por la selva tropical de Centroamérica. La chacruna crece en zonas soleadas junto a los ríos y áreas pantanosas o inundables. Su aspecto es el de una planta de lo más común, pero tras una observación minuciosa podemos descubrir algunas peculiaridades que definen su morfología. Así, en la base de cada hoja aparece una estructura recubierta de minúsculos tricomas (pelos epidérmicos) que los botánicos denominan estípulas, y en las hojas más cercanas a la base del tallo también se localizan unos pequeños embolsamientos donde se ocultan cientos de ácaros. Estos elementos vegetales se conocen de forma genérica como domacios y constituyen el habitáculo en el que viven hormigas o, como en el caso de la *Psychotria viridis*, ácaros que establecen una relación simbiótica con muchas especies diferentes de plantas. Los ácaros que acoge la chacruna agradecen el alojamiento devorando los hongos que parasitan y pueden hacer enfermar a la planta.

A pesar de mostrar unos preciosos racimos encarnados después de una floración que puede fácilmente pasar desapercibida, lo cierto es que podríamos decir que el aspecto de la chacruna es de lo más humilde dentro del, con frecuencia, ostentoso mundo de los vegetales. Sin embargo, en antagónico contraste con lo ordinario de su aspecto exterior, la *Psychotria viridis* destaca por ocultar en su interior una sustancia espectacular, poseedora de una potentísima actividad alucinógena: la N, N-dimetiltriptamina (sin duda, más conocida por sus siglas DMT).

La DMT es una sustancia que, como ya descubrimos que hacía la mescalina del peyote, actúa sobre los receptores de serotonina a nivel cerebral, produciendo alteraciones en la percepción del tiempo y alucinaciones auditivas y visuales. Pero, además, desencadena en el individuo efectos que no son tan habituales cuando se consumen otras sustancias psicodélicas, como pueden ser la recuperación de recuerdos autobiográficos que parecían borrados de la memoria y que bruscamente emergen en la consciencia o la capacidad para desatar profundas experiencias espirituales en el individuo que incluso le permiten entrar en contacto con —lo que su mente considera— algún ser divino. Bueno, la ansiedad, el terror, las náuseas, la diarrea y los vómitos también son respuestas relativamente frecuentes del organismo frente a este tóxico vegetal. Sin embargo, a pesar de la enorme variedad de síntomas que he indicado, hay que decir que el principal efecto que la DMT produce cuando es ingerida por un individuo es... absolutamente ninguno.

Esta sustancia se parece tanto a la serotonina que sintetiza nuestro organismo que, cuando alguna parte de la *Psychotria viridis* que la contiene llega al estómago, las moléculas de DMT son inmediatamente destruidas por el complejo MAO que descubriese la doctora Mary Bernheim, el cual, para colmo, está presente en grandes cantidades tanto en el estómago como en el hígado. La única forma de que la DMT de la *Psychotria viridis* pueda desarrollar todo su potencial psicoactivo en un individuo es inactivando previamente la acción del complejo MAO que busca su destrucción. Resulta que, de forma empírica, sin saber absolutamente nada de química ni de fisiología nerviosa, los indígenas amazónicos descubrieron el modo: mezclar la *Psychotria viridis* con otra planta llamada *Banisteriopsis caapi*, para con estos dos ingredientes preparar un cóctel vegetal conocido como ayahuasca.

La *Banisteriopsis caapi* es un tipo de planta en forma de liana que crece en la misma selva amazónica que la chacruna. Contiene una gran variedad de sustancias alcaloides estructural y químicamente muy diferentes a la DMT de su vecina la *Psychotria viridis*. Las tetrahidroharminas (THH) que inundan los tejidos de la liana parecen carecer de cualquier efecto psicodélico y los receptores de serotonina son unos completos desconocidos para estas sustancias. Sin embargo, los alcaloides que contiene la *Banisteriopsis caapi* son muy efectivos en la desactivación del complejo MAO. De modo que cuando esta planta es consumida (entre los indígenas amazónicos normalmente en forma de infusión) junto a la *Psychotria viridis*, la DMT contenida en esta última evitará gracias a la presencia de las THH de la liana la acción destructiva de las monoaminooxidasas, llegando intacta hasta los receptores de serotonina del cerebro y desencadenando todo su potencial alucinógeno en poco menos de una hora, manteniéndose durante, aproximadamente, otras cuatro.

Como sucede con otras muchas sustancias elaboradas por las plantas y que de forma habitual se comportan como venenos o drogas, también en el caso de la chacruna y del peyote se está investigando el posible empleo de sus metabolitos como fármacos. Un número de estudios científicos cada vez mayor vincula ciertos trastornos psiquiátricos con un nivel inadecuado de serotonina en el individuo, lo que ha provocado una frenética búsqueda de sustancias que actúen sobre los receptores de la serotonina. Por su habilidad para interaccionar con estos, la mescalina y la DMT se han convertido en objeto de estudio, y son frecuentes las investigaciones que analizan la posibilidad de que alguna de estas sustancias pueda ser utilizada para tratar enfermedades relacionadas con el sistema nervioso, como la ansiedad, la depresión o el síndrome obsesivo-compulsivo. Pero lo cierto es que, por ahora, ni la mescalina ni la DMT ni ninguna otra sustancia psicoactiva ha resultado eficaz en el tratamiento de estas enfermedades mentales. Lo único que de verdad se ha conseguido es sintetizar en el laboratorio drogas alucinógenas todavía más potentes y peligrosas que la propia mescalina. De hecho, mediante modificaciones de la estructura química de la mescalina se producen potentísimas drogas como las metoxianfetaminas, cuyo representante más paradigmático es el éxtasis o MDMA (3,4-metilendioxi-N-metilanfetamina), que, sin descartar una posible aplicación médica en el futuro, por ahora solo ha encontrado utilidad en el ámbito recreativo.

## 2

# Al borde de un ataque de nervios

*La caja era tan pequeña que apenas pudo introducir la punta de su dedo índice. Quizás había puesto demasiadas esperanzas en las hojas mágicas que masticaban los indios de la gran montaña. Buscaba la fama, pero el polvo disuelto en la lengua solo le había generado un episodio de imparables eructos tan gélidos como la madrugada vienesa. De repente, una corriente de euforia se abrió paso en estampida, borrando de golpe todos los pensamientos negativos... y se acordó de Martha. El cerebro embotado por todo un día de trabajo se había despejado como el cielo calinoso tras una tormenta de verano, y ahora... ahora sí escribiría a su prometida.*

> *Querida Martha, ¡princesa mía!, cómo desearía que estuvieras aquí para ver el milagro que en mí ha obrado la planta. Todo lo que dijeron se queda muy corto: soy un hombre nuevo, con tanta energía que podría detener el giro del planeta con solo proponérmelo, mientras las ideas fluyen persistentes en mi mente y tan claras como agua de manantial. Ya no hay duda: la planta es mágica.*

*Y Freud, sosteniendo la carta a medio terminar y con el corazón galopando en el pecho, se dejó caer en el diván.*

Cuando oímos nombrar a Sigmund Freud el pensamiento que inmediatamente alcanza a la mayoría de nosotros tiene que ver con el psicoanálisis y el complejo de Edipo, y son pocos los que asocian el nombre del gran neurólogo y pensador austríaco con la planta de la coca. Sin embargo, mucho antes de desarrollar sus ideas sobre el inconsciente, el joven Freud estuvo en busca de alguna aplicación clínica que le diera notoriedad. En 1884, con solo veintisiete años, Freud comenzó a experimentar con una sustancia llamada cocaína que, hacía ya más de dos décadas, el químico alemán Albert Niemann había conseguido extraer de las mismas hojas de la *Erythroxylum coca* que de forma habitual masticaban los indígenas peruanos. Freud recibió en su laboratorio del Hospital General de Viena una pequeña muestra de polvo de este alcaloide, donado por la empresa farmacéutica Merck, que le sirvió para publicar varios estudios. En ellos sugería el empleo terapéutico de la coca como estimulante para combatir el cansancio y la apatía, como fármaco con el que tratar afecciones del aparato digestivo y respiratorio o para combatir la adicción a la morfina y al alcohol e, incluso, el joven doctor propuso a la cocaína como un nuevo y potente afrodisiaco. Las expectativas que albergaba Freud sobre la sustancia extraída de la *Erythroxylum coca*[*] se fueron desvaneciendo a medida que esta mostraba su cara más amarga, que alcanzaría un punto culminante con la muerte de su amigo el doctor Ernst von Fleischl-Marxow.

Además de colega de Freud, Fleischl-Marxow fue un eminente fisiólogo que destacó en el estudio de las propiedades eléctricas de las células nerviosas y musculares y que durante gran parte de su vida fue adicto a la morfina. Mientras realizaba la disección de un cadáver, se cortó con el bisturí el dedo pulgar de una de sus manos, que terminó por infectarse y finalmente hubo de ser amputado. Los dolores que

* Existen más de 250 especies pertenecientes al género *Erythroxylum* que, además de en Centroamérica y Sudamérica, crecen de forma silvestre en África, Asia y Oceanía. Actualmente la cocaína, para fines médicos o ilícitos, se obtiene casi exclusivamente de dos especies: la *Erythroxylum coca* y la *Erythroxylum novogranatense*.

padeció como consecuencia de este suceso le obligaron a consumir morfina diariamente, hasta que su amigo y compañero Sigmund Freud le prescribió inyecciones subcutáneas de cocaína para aliviar el dolor y deshabituarle poco a poco del opiáceo. Los efectos euforizantes de las inyecciones de cocaína calmaron los dolores, pero el efecto era cada vez más efímero y Fleischl-Marxow necesitaba consecuentemente inyectarse dosis crecientes de la droga... La última de ellas terminó con su vida a los cuarenta y cinco años.

El dramático suceso bien pudo ser el acicate que necesitaba Freud para abandonar definitivamente la búsqueda de aplicaciones terapéuticas del principal alcaloide de la *Erythroxylum coca* y conducirse hacia el estudio de los procesos psíquicos del inconsciente, que constituirían la base para el desarrollo de la práctica terapéutica que lo llevaría a la fama: el psicoanálisis. De forma paradójica, casi al mismo tiempo que Freud renunciaba a sus estudios sobre el alcaloide, la planta de la coca empezaba a formar parte de la vida diaria de los ciudadanos del primer mundo; primero en forma de preparados medicinales, que fueron poco a poco transformándose en refrescos, para, finalmente, llegar hasta nuestros días como materia prima de la que se extrae la más famosa de las drogas ilegales.

## Pilotos, dentistas y hojas de coca

Apenas superadas las cinco y diez de la madrugada del 25 de julio de 1909, treinta y siete minutos después del azaroso despegue, Louis Blériot divisaba las playas de Dover a través de los gruesos cristales de sus gafas: las mil libras ofrecidas por el *London Daily Mail* al primer piloto que cruzara el Canal de la Mancha ya eran suyas. Junto a una bandera francesa que ondeaba en la fría madrugada británica, Blériot confirmaba a los periodistas apelotonados a su alrededor que durante gran parte de la duración del vuelo, en el aeroplano sin brújula construido por él mismo, se había encontrado perdido entre las nubes y asustado (aunque probablemente no tanto como los militares ingleses que, acertadamente, acababan de descubrir que su país-isla también era vulnerable por el aire). Más tarde, y también más relajado, confesaría entre risas que la botellita de Vin Mariani que llevaba en la cabina a tiro de mano le había sido de gran ayuda para templar los nervios y mantener la atención y los reflejos activos durante la travesía. Ni que decir tiene que la referencia pública del héroe francés al tónico inventado por su compatriota Angelo Mariani se convirtió, a través de las portadas de los periódicos de medio mundo, en un estupendo reclamo publicitario. Aunque es probable que ni siquiera necesitara mayor publicidad, pues la bebida preparada a base de vino y extracto de coca ya era muy famosa en medio mundo: H. G. Wells había escrito sobre sus bondades; Arthur Conan Doyle, Émile Zola y otros muchos novelistas y poetas se reconocían consumidores habituales del brebaje; y hasta el periodista e historiador francés Alfred Mézières le había dedicado unos breves y escasamente imaginativos versos a la bebida y a su creador:

*Tu generoso vino calienta mi vejez.*
*Me da por un día renovación de juventud.*
*No digo que sea bueno. Digo que es perfecto.*
*Bendiciones para usted por tan gran bendición*
*[para la humanidad.*

¿Cuál era el secreto de aquel tónico milagroso que hasta el papa León XIII se rendía a sus efectos? En un principio, lo que se convertiría en el famoso Vin Mariani se ideó como otro de los muchos tónicos medicinales que se preparaban en París a finales del siglo XIX, mezclando plantas y especias con distintos tipos de vino nacional. Las crónicas cuentan que una famosa actriz francesa de la época solicitó a Angelo Mariani un tónico que la ayudase a superar el profundo episodio de astenia en el que se encontraba inmersa. El por entonces ayudante de farmacia preparó un brebaje a base de vino tinto de Burdeos y hojas de la *Erythroxylum coca* que no solo animó a la artista, sino que se convirtió en la bebida más famosa en Europa y Estados Unidos desde el año 1886 (cuando fue creada) hasta el año 1910 (momento en que la sociedad empezó a conocer los peligros de la cocaína y la bebida se dejó de comercializar).

En realidad, el tónico de Mariani no contenía el típico polvo blanco de clorhidrato de cocaína tal como hoy ilegalmente se comercializa, pero teniendo en cuenta que entre las sustancias químicas que aparecen en las hojas de la *Erythroxylum coca* la cocaína es la más abundante, su presencia en el Vin Mariani era inevitable. Se estima que una copa del preparado de Mariani contendría menos de 25 miligramos de cocaína, minúscula cantidad que es del todo incapaz de producir efecto perceptible alguno sobre el individuo que la bebiera. Sin embargo, sabemos que el efecto de una sustancia puede verse potenciado cuando interactúa con otra (desgraciadamente famosa es la mezcla de barbitúricos y alcohol), y precisamente esto es lo que sucede cuando el etanol del vino interactúa con la cocaína extraída de las hojas de la planta de la coca en el interior de nuestro organismo.

El hígado es un importante órgano que participa en el proceso digestivo, pero que también se encarga de transformar cualquier sustancia tóxica que ingiramos —y el alcohol y la cocaína sin duda lo son— en otra menos dañina. En el hígado, por ejemplo, es donde el amoníaco que liberan nuestras propias células al degradar los aminoácidos de los nutrientes se transforma en la menos tóxica urea; y también donde la cocaína se metaboliza en un compuesto de menor toxicidad conocido como metilbenzoilecgonina. La presencia del alcohol en la sangre de un individuo impide al hígado transformar la cocaína en metilbenzoilecgonina, produciéndose en cambio un híbrido resultante de la interacción de ambas drogas conocido como cocaetileno.

Cuando el cocaetileno llega a la sangre no solo intensifica los efectos fisiológicos que desencadena la cocaína, sino que además aumenta radicalmente la toxicidad del alcohol y de la propia cocaína. De modo que el efecto euforizante del Vin Mariani no hay que buscarlo en el interior de la propia botella: resulta de la interacción entre sus dos componentes principales en el hígado del individuo que lo ingiere. La minúscula cantidad de cocaína presente en la bebida de Mariani aseguraba un cierto efecto estimulante, pero rara vez (la literatura científica no refiere ningún caso) provocaría los problemas de toxicidad y alteración cardíaca asociados al cocaetileno. Sin embargo, en la sociedad en la que ahora vivimos, donde para algunos el ocio se vincula con el consumo simultáneo de múltiples y variadas sustancias, no está de más poner sobre aviso del enorme peligro que conlleva el consumo simultáneo de cocaína y alcohol para la integridad física del individuo.

Este alcaloide, en su forma aislada de clorhidrato de cocaína, es una droga relativamente moderna, pero lo cierto es que el empleo de la hoja de la coca por los seres humanos se remonta mucho tiempo atrás, tanto como, al menos, 4.000 años. En una investigación que utilizó el cabello de varios cuerpos momificados que habían sido desenterrados en el actual Perú, y que fueron datados hacia el 2000 a.C. mediante la técnica del carbono-14, se reveló que algunos de estos individuos habían masticado las hojas de la *Erythroxylum coca*. La presencia en el cabello de la metilbenzoilecgonina, el principal metabolito de la cocaína, fue la que los delató.

Puede resultar sorprendente un origen tan arcaico para el consumo de la hoja de la coca, pues con frecuencia lo asociamos con la civilización incaica que se desarrolló entre los siglos XV y XVI. Aunque esta civilización precolombina no fuera, ni de lejos, la primera en utilizar la planta, el lugar común parece tener su explicación en el hecho de que en el Imperio inca las hojas de coca cobraron una importancia económica y social sin precedentes. Si bien el consumo de la coca estaba limitado a las clases sociales dominantes y a los sacerdotes que la empleaban en ceremonias y rituales religiosos, los incas convirtieron la coca en un producto básico de su economía, con el que comercializaban y financiaban la expansión de su Imperio. La incaica, por lo que sabemos a través de los cronistas de las Indias, fue solo una de entre las múltiples civilizaciones precolombinas que consumían las hojas de coca. El primer europeo que hizo referencia a las hojas de la planta del género *Erythroxylum* fue el explorador Américo Vespucio, quien, en el 1500, doce años antes de enfermar y morir de la malaria que contrajo en uno de sus viajes al Nuevo Mundo, relataba del siguiente modo el comportamiento de los indígenas de una pequeña isla situada junto a la desembocadura del río Amazonas:

> Encontramos en ella la gente más bestial y la más fea que vimos jamás. [...] Todos tenían los carrillos llenos por dentro de una hierba verde que rumiaban continuamente como bestias, de modo que apenas podían hablar, y cada uno llevaba al cuello dos calabazas secas, y una estaba llena de aquella hierba que llevaban en la boca y la otra de una harina blanca que parecía yeso en polvo, y de cuando en cuando con un palillo que tenían, mojándolo en la boca, lo metían en la harina y después lo introducían en la boca, [...] enharinando la hierba que estaban masticando.

Lo que Vespucio describe en la carta dirigida a su amigo y estadista florentino Piero di Tommaso Soderini es el procedimiento clásico de consumo de la hoja de la coca por los indígenas de la América precolombina. Todavía hoy algunos pueblos, como los quechuas y los aimaras, siguen consumiendo la hoja de un modo similar al de sus antepasados: colocando una bola de frondas de coca entre la encía y el carrillo para que la planta se vaya empapando con la saliva. A continuación, con un palito o un hueso añaden al bolo ensalivado carbonato cálcico, que han obtenido machacando piedra caliza o conchas marinas, generalmente almacenadas en un recipiente que bien podría ser una calabaza seca y vacía. El carbonato cálcico facilita la extracción de los alcaloides, especialmente de la cocaína, presentes en las hojas de la *Erythroxylum coca*, acelerando su absorción y la aparición de los efectos fisiológicos que provoca en el individuo.

Pero ¿de qué clase de efectos fisiológicos estamos hablando? La sensación de bienestar, la euforia, la resistencia a la fatiga física y mental y la disminución del apetito están entre los más frecuentes. Bien es cierto que la intensificación y duración de la sensación depende principalmente de la cantidad de cocaína que se haya consumido y de la velocidad con la que esta alcance el cerebro. La euforia y la sensación de bienestar que, por ejemplo, sentiría Louis Blériot al dar un par de tragos a la botella de Vin Mariani mientras sobrevolaba el Canal de la Mancha o los sacerdotes incas mientras masticaban la hoja de la *Erythroxylum coca* durante una de sus ceremonias religiosas estarían a años luz en intensidad de las que se generan en el cerebro de un individuo que aspira por la nariz una raya de clorhidrato de cocaína o se fuma una pipa de *crack*. No obstante, el mecanismo molecular a través del cual la cocaína altera las condiciones normales del organismo es exactamente el mismo en todos los casos.

Los científicos han descubierto que la región del cerebro que preferentemente se ve afectada por la cocaína es el núcleo *accumbens*, una pequeña zona del encéfalo que se encarga de gratificarnos cuando comemos algo que nos gusta o cuando, por ejemplo, mantenemos relaciones sexuales. Como respuesta a un estímulo de esa naturaleza, las neuronas situadas en el núcleo *accumbens* liberan un neurotransmisor llamado dopamina con el objetivo de alcanzar y estimular las neuronas adyacentes. En un brevísimo lapso, una vez han realizado su misión de interactuar con estas últimas, las moléculas de dopamina son recogidas y recicladas por unos receptores situados en el extremo de la misma neurona que los había liberado. La cocaína bloquea estos receptores de dopamina, impidiendo su reciclaje y provocando que el neurotransmisor se acumule y estimule de forma continua y exagerada las neuronas postsinápticas. El resultado: una intensificación de los efectos placenteros que es enormemente adictiva. No en vano mediante el proceso de gratificación el cerebro se encarga de condicionarnos para repetir el evento que nos ha dado placer.

La potente adicción es uno de los graves problemas que ocasiona el consumo de cocaína; el otro, la más que probable aparición de una alteración psicótica con manifestaciones similares a las de la esquizofrenia paranoide. En el individuo que desarrolla este tipo de enfermedad mental empieza a crecer una idea fija que le hace pensar que todo lo que sucede a su alrededor tiene, de algún enrevesado modo, que ver con él. Por suerte, estos episodios de psicosis tienden a remitir a medida que la sustancia es eliminada por el organismo.

Otro de los efectos de la cocaína, en este caso a un nivel más orgánico que mental, es la sensación (que ya describiera Freud durante sus experimentos con la cocaína y que de forma casi instantánea percibe cualquiera que mastique la hoja de la coca) de adormecimiento de la lengua, boca y faringe. Una pérdida de sensibilidad que se debe a que la cocaína disminuye la permeabilidad al catión sodio de los nervios y, de ese modo, bloquea la transmisión de los impulsos nerviosos tanto en la epidermis como en las mucosas. El efecto se mantiene durante un tiempo muy limitado: lo que tarda la sustancia en absorberse y diluirse en otros tejidos del organismo, una media de unos treinta minutos.

La capacidad que posee la cocaína para insensibilizar de manera reversible ciertas regiones del organismo sin afectar al estado de consciencia llevó al oftalmólogo austríaco Carl Koller a emplearla durante una operación ocular en la que necesitaba que el paciente se mantuviera despierto. En 1884, Koller aplicó gota a gota una disolución acuosa con un 2 por ciento de clorhidrato de cocaína sobre la córnea de su paciente, convirtiendo al metabolito de la *Erythroxylum coca* en el primer anestésico local. La cocaína reemplazaría en muchas de las intervenciones quirúrgicas a los anestésicos generales que, como el cloroformo y el éter, por entonces se empleaban en todas las operaciones. De hecho, en un lapso muy breve, la cocaína (ya fuera instilada o pinchada) se comenzó a emplear en un gran abanico de cirugías más allá de las oftalmológicas: solo cuatro años después del primer uso que le diera Koller, se utilizó para anestesiar la garganta del emperador Federico III de Alemania antes de someterlo a una traqueostomía para su cáncer de laringe, que, dicho sea de paso, solo le serviría para gobernar noventa y nueve días. Actualmente disponemos de derivados de la cocaína, como la benzocaína, la procaína o la lidocaína, que mantienen la capacidad anestésica del alcaloide de la *Erythroxylum coca*, pero que han limitado la toxicidad y eliminado su carácter adictivo, pues estas sustancias, aun bloqueando la transmisión del impulso en los nervios sobre los que se aplican, no afectan a la recaptación de dopamina en las neuronas del cerebro. La mayoría de los anestésicos locales con los que nos duermen una encía o el nervio de un molar antes de una intervención odontológica pertenecen a la familia de los derivados de la cocaína.

El Vin Mariani fue solo uno de los productos mitad bebida, mitad remedio médico que contenían cocaína. En la primera década del siglo XX se contaban en el mercado casi una treintena de tónicos cuyo ingrediente principal eran las hojas de la *Erythroxylum coca*. Entre ellos destacaba uno creado en Atlanta por el farmacéutico John Pemberton, que al vino y a la coca añadía la cafeína contenida en el extracto de la nuez de cola (*Cola acuminata*). Pemberton bautizó aquel brebaje con el nombre de Coca-Cola. Cuando se conocieron los peligros de la cocaína, la receta de la Coca-Cola se modificó, cambiando el vino por agua carbonatada y azúcar y el extracto de hoja de coca por una mayor cantidad de cafeína. Está claro que los efectos que provoca en el organismo la «nueva» Coca-Cola son muy diferentes a los producidos por la anterior, pero no por ello debemos subestimar el poder estimulante y adictivo de la cafeína: otra de las increíbles sustancias que nos han regalado las plantas.

## Un cortado, por favor

La mayoría lo culpó de su propia muerte, algunos incluso lo achacaron a un principio de demencia, pues muy pocos entendían qué hacía aquel médico alemán, ya anciano, combatiendo en tierras húngaras contra los turcos. Pero hay espíritus que nacen para ser incomprendidos, que por su manera de enfrentar la vida no encajan en el estrecho canon que al común de los mortales le hace sentirse cómodo. Leonhard Rauwolf, médico, botánico y aventurero, fue uno de esos escasos quijotes (aunque murió nueve años antes de que el propio Cervantes pudiera imaginarlo) que hacen de su vida una incesante aventura donde las distancias espaciales o temporales carecen de importancia cuando se persigue una pasión. Y su pasión fueron las plantas. Rauwolf recorrió medio mundo e invirtió gran parte de su existencia en la búsqueda de nuevos especímenes botánicos que añadir a sus herbarios. Los tres primeros volúmenes constituyen una joya de la etnobotánica con más de seiscientas especies recolectadas durante años en los Alpes, el sur de Francia y el norte de Italia. Sin embargo, el viaje más importante, debido a la variedad de plantas que descubrió para el mundo occidental, lo emprendió el 2 de septiembre de 1573 con destino a tierras sirias. La expedición fue financiada por los Manlich, una de las familias de comerciantes más poderosas de Augsburgo, con el encargo de descubrir nuevas especies de plantas medicinales con las que poder hacer negocio. Las guerras de religión que convulsionaron Francia durante los años 1572 y 1573 (la denominada cuarta guerra hugonote) fueron en parte responsables de que la corte francesa no pudiera devolver los préstamos que había recibido de la poderosa familia de comerciantes, lo que contribuyó a que, menos de un año después de que Rauwolf comenzara su viaje a través del Imperio otomano del cercano Oriente, la empresa de los Manlich se declarara en quiebra.

Rauwolf, liberado de sus obligaciones iniciales, recorrió durante dos años y medio los territorios de Siria, Bagdad y Tierra Santa, dedicándose con sus cinco sentidos a visitar bazares y jardines y a transitar bosques y campos de cultivo en busca de plantas desconocidas en Occidente. Con las plantas que fue descubriendo elaboró su cuarto herbario, el último, donde aparecen especies como el garbanzo (*Cicer arietinum*), el sorgo (*Sorghum* sp.) y la berenjena (*Solanum melongena*). La experiencia vivida entre los pueblos orientales también le sirvió para escribir el libro *Viaje a Oriente*, en cuyas páginas, escondida entre exuberantes descripciones de los lugares que había recorrido y las culturas que conoció, aparece una sutil y escueta referencia a un brebaje que el médico alemán había saboreado en el año 1573 junto a una familia en la ciudad siria de Alepo:

> Una bebida negra como la tinta. [...] La toman por la mañana en una taza de porcelana que se pasa de mano en mano y de la que cada uno bebe una taza. Está compuesto por agua y el fruto de un arbusto llamado *bunnu*.

Se trataba de la primera referencia hecha por un europeo a la que posiblemente sea la bebida más común en los hogares de nuestro país: el café. Lo más probable es que Rauwolf nunca viera el arbusto que los nativos denominaban *bunnu* (pues de haberlo tenido a mano, sus hojas, a buen seguro, aparecerían entre los ciento noventa especímenes recogidos en su cuarto herbario) y su conocimiento sobre la planta del café se limitara al brebaje oscuro extraído de sus semillas. Ahora sabemos que el vegetal al que llamó *bunnu* y cuyo extracto acuoso fue el primer occidental en probar no es otro que la principal planta productora de café: la *Coffea arabica.*

La planta del café crece de forma silvestre en muchos lugares del continente africano, pero su cultivo de forma intencionada por el hombre se produjo por primera vez en la actual Etiopía. Existen evidencias de que inicialmente se consumía el fruto molido y mezclado con una pasta grasa, que utilizaban los indígenas para recuperar las fuerzas durante los largos viajes a pie. Fueron los árabes, allá por el siglo XI, quienes comenzaron a preparar el café en forma de infusiones, solo que por entonces desconocían el proceso de tostado de las semillas del fruto (los granos) del café. Tres siglos después se empezó a tostar y a moler el grano antes de realizar la infusión, y desde aquel momento el café (más o menos como lo conocemos ahora) se extendió por todo el mundo árabe. Aquel fue el brebaje que probó Leonhard Rauwolf; el producto que, a principios del siglo XVII, los comerciantes venecianos trajeron a Europa; y la bebida estimulante de la que en la actualidad el 80 por ciento de los adultos españoles consume entre dos y tres tazas al día.

En nuestros días el café se ha convertido en una bebida social que reúne a las personas alrededor de una taza para charlar y que no se ingiere únicamente por su sabor, sino también por los efectos que produce en nuestro organismo. Una taza de café reduce la sensación de cansancio físico y fatiga mental, y nos mantiene en un estado de vigilia aun cuando nuestro cuerpo nos esté pidiendo un descanso. Hoy, hasta un niño pequeño sabe que la cafeína es la responsable de tales efectos, pero no siempre fue así. Hasta principios del siglo XIX no se descubrió la sustancia que se encontraba detrás de los efectos estimulantes y adictivos que tiene el café, y en este descubrimiento tuvo mucho que ver el gran escritor alemán máximo representante del Sturm und Drang ('tormenta e ímpetu') y culpable de los sufrimientos del joven Werther.

En una velada entre amigos en la que estaba presente Goethe, el químico Johann Wolfgang Döbereiner (el mismo que inventó uno de los primeros encendedores modernos y a quien se considera el autor intelectual de la tabla periódica de los elementos) refirió una curiosa historia sobre uno de sus alumnos en la Universidad de Jena. El estudiante de último año de Química Analítica, Friedlieb Ferdinand Runge, experto en la química de las plantas y conocido cariñosamente entre sus compañeros de clase como doctor Veneno, era capaz de dilatar y contraer la pupila de un gato a voluntad. Goethe quedó impresionado con el relato y, a través de Döbereiner, solicitó una entrevista con el muchacho, fascinado por el hecho de ver con sus propios ojos el experimento. Runge, con su pequeño gatito bajo el brazo y unas gotas de atropina extraídas de la planta de la belladona (*Atropa belladonna*) en el bolsillo, llegó a casa de Goethe y realizó la demostración. Complacido, el gran escritor le regaló un paquete de café y le animó a llevar a cabo sus análisis químicos con esta sustancia a cuya infusión era muy aficionado. Así lo hizo, y ese mismo año, en 1819, Runge descubrió la cafeína presente en el café.* Unos años después extraería esta misma sustancia en las hojas y capullos de la planta de té (*Camellia sinensis*).**

* Existen múltiples especies de café, cultivadas en al menos medio centenar de países, pero las dos especies comercialmente relevantes son la *Coffea arabica* (con una producción que ronda el 80 por ciento) y la *Coffea canephora* (cuya producción se estima en un 20 por ciento del total). Los granos de café de esta última se consideran de peor calidad, pero contienen casi el triple de cafeína que los producidos por la *Coffea arabica.*

** Se cree que la planta es originaria de la antigua China y llegó a Europa casi al mismo tiempo que el café. El alcaloide principal del té es la cafeína, a la cual, a veces y de forma inadecuada, llaman teína. Se consumen cuatro tipos de té: blanco (elaborado con brotes tiernos de la

La cafeína es la sustancia psicoactiva más consumida en el mundo (solo de café se beben 2.250 millones de tazas... cada día), pero también es un metabolito relativamente común en el mundo vegetal: la encontramos en las plantas del café y del té; en las semillas del cacao (*Theobroma cacao*), del guaraná (*Paullinia cupana*) y de la nuez de cola (*Cola acuminata*) que utilizó Pemberton para su famosa bebida, así como en las hojas y ramas de la yerba mate (*Ilex paraguariensis*) y en la corteza del yoco (*Paullinia yoco*). La enorme difusión de la cafeína en el mundo vegetal nos da una idea del importante papel que este compuesto químico juega dentro del reino de las plantas, más aún si sabemos que el arbusto del café produce su cafeína a través de una ruta enzimática diferente a la que emplean las plantas del cacao y del té.

La aparición de un mismo rasgo (en este caso de una misma molécula) de forma independiente en distintos organismos se conoce como «evolución convergente», y suele indicar que esa característica (o esa molécula) resulta muy útil para la adaptación del organismo a un entorno en concreto. Echando un vistazo al reino animal, el ojo tipo cámara de los pulpos y calamares tiene un origen diferente al ojo tipo cámara que poseemos los vertebrados, lo que confirma que la naturaleza suele reincidir en soluciones acertadas para problemas similares. Bien, pues los científicos han descubierto cuál es la importancia de la cafeína en el mundo vegetal: tal como se esperaba, el papel principal que desempeña esta sustancia es el de un veneno.

La cafeína que se fabrica en las hojas de la planta del café despliega una acción insecticida, bien eliminando directamente al insecto que ingiere parte de sus hojas, bien de modo indirecto a través de la evitación del vegetal por los insectos que han desarrollado unos receptores gustativos

---

planta), verde (no se fermentan las hojas), rojo (hojas semifermentadas) y negro (hojas fermentadas). Este último es el que contiene un mayor nivel de cafeína.

con los que reconocen la amarga y tóxica molécula. Pero la cafeína no solo afecta a los insectos: también se comporta como un veneno con otros vegetales. Así, cuando las hojas, los frutos o las semillas del café (o de cualquier otra de las muchas especies que sintetizan el alcaloide) se descomponen en el suelo, la cafeína liberada impide la germinación de las semillas de otras plantas que podrían, al crecer, convertirse en sus competidoras.

Que la cafeína es una ponzoña de origen vegetal ha sido una verdad asumida durante largo tiempo, hasta que un estudio científico descubrió pequeñas cantidades de esta sustancia en el néctar de algunas flores de las plantas de los géneros *Coffea* y *Citrus*, como el pomelo (*Citrus* × *paradisi*) o el naranjo (*Citrus* × *sinensis*). Se supone que las plantas tratan de evitar que los insectos las devoren, pero también intentan atraerlos a sus flores para que las polinicen, por lo que añadir un veneno al néctar no parece una estrategia adecuada para este último fin. Sin embargo, como sucede con todos los tóxicos, la cantidad de cafeína resulta relevante en cuanto a su acción, y la dosis que aparece en el néctar de estas plantas es muy pequeña, tanto que ni resulta tóxica ni es detectada por los receptores del gusto del insecto polinizador. Sin embargo —y aquí está la clave de su presencia en la flor—, sí afecta a su comportamiento. Se ha comprobado que la cafeína presente en el néctar de algunas flores potencia la actividad de las neuronas implicadas en el aprendizaje y en la memoria de las abejas melíferas (*Apis mellifera*), de modo que recuerdan mejor (hasta tres veces más) el aroma del néctar con cafeína y sacarosa que se les ha ofrecido como recompensa que la fragancia del néctar clásico que solo contiene sacarosa. Añadiendo una pequeña cantidad de cafeína al dulce néctar, la planta se asegura la fidelidad de las abejas, dirigiéndolas hacia su flor del mismo modo que millones de personas al levantarse cada mañana se dirigen a la cafetera. Y es que el proceso bioquímico y fisiológico mediante el cual la cafeína engancha a las abejas es prácticamente idéntico al que se produce en nuestro cerebro cuando bebemos una taza de café, un vaso de té o un refresco de cola.

Los químicos catalogan la cafeína dentro de un grupo de sustancias conocido como metilxantinas, donde aparecen otros compuestos de origen vegetal con una estructura química similar, como la teofilina o la teobromina, y que afectan de un modo parecido a nuestro sistema nervioso. Las metilxantinas en general, y la cafeína en particular, actúan bloqueando la acción inhibitoria que sobre el sistema nervioso central realiza otra sustancia, esta producida por nuestro organismo, llamada adenosina. Lo que, dicho así, sin saber siquiera qué es la adenosina, genera muchas más dudas que certezas. De modo que vamos a imaginarlo del siguiente modo: en la pared de una habitación llena de focos y lámparas tenemos un interruptor con forma de rueda que al girar nos permite regular la cantidad de luz que emiten los aparatos. Si giramos el regulador de la luz hacia la derecha, aumenta la luminosidad en la habitación, y si lo hacemos hacia la izquierda, disminuye. Nuestro sistema nervioso también tiene diferentes estados de «luminosidad», es decir, de activación: medio apagado cuando me encuentro dormido o simplemente relajado y encendido a pleno rendimiento cuando, por ejemplo, estoy realizando ejercicio físico o una actividad que necesita mucha concentración. Neurotransmisores clásicos como la acetilcolina, el glutamato o la dopamina, al ser liberados por las neuronas, hipotéticamente girarían el regulador hacia la derecha, favoreciendo la activación del sistema nervioso; mientras que una sustancia como la adenosina lo haría hacia la izquierda, relajándolo. La cafeína actúa como antagonista de la adenosina debido a que se une a los receptores que de esta sustancia hay en las neuronas, impidiendo que sea esta última molécula quien lo haga. De modo que, en la anterior analogía, la presencia de la cafeína en el organismo vendría a corresponderse con un bloqueo en el regulador de luz, que no podría girar a la izquierda pero sí a la derecha. La cafeína impide a la adenosina realizar su acción inhibitoria, y de ese modo provoca la activación generalizada del sistema nervioso central, que el individuo percibe en forma de un incremento en la atención y el rendimiento intelectual y físico, en una disminución del cansancio, la fatiga mental y el sueño y, en el caso de las abejas melíferas, en un recuerdo más intenso y perdurable de aquellas flores que producen el dulce néctar con cafeína.

Aun con la evidencia de la enorme capacidad que tiene para alterar el funcionamiento del sistema nervioso, no existe ningún estudio concluyente que relacione el consumo moderado de cafeína con problemas en la salud. Lo que sí sabemos —y la necesidad que muchos tienen de un café nada más levantarse es una muestra de ello— es que la privación de cafeína en un individuo acostumbrado a tomarla genera un síndrome de abstinencia (con sintomatología tanto física como psicológica) que solo cesa con una nueva ingesta del alcaloide de origen vegetal. Es decir, la cafeína presente en el café, en el té y en la Coca-Cola nos genera cierta dependencia de estas bebidas. No obstante, existe otro producto de origen vegetal que, conteniendo en general menor cantidad de cafeína, es incluso más adictivo.* Por supuesto, estoy hablando del chocolate.

## La planta de los dioses

El cabello largo, limpio, lacio, le llegaba hasta las orejas. De ojos alegres enmarcados por un rostro alargado y tenso, alto y con el cuerpo bien proporcionado, Moctezuma II no apa-

* No se hace referencia al chocolate como sustancia adictiva tal como se podría hacer con la cocaína o la cafeína, pues su consumo no produce cambios neuroadaptativos ni provoca síndrome de abstinencia alguno. Se habla de adicción al chocolate en el sentido del deseo de comerlo o de ingerir más cantidad por encima de los límites que por salud o estética nos hemos autoimpuesto.

rentaba siquiera los cuarenta años. De un modo similar describía el conquistador castellano Bernal Díaz del Castillo, en su *Historia verdadera de la conquista de la Nueva España*, al gran emperador de los aztecas. Mas en el relato de sus aventuras durante la conquista del Imperio mexica, datado hacia el año 1568, Díaz del Castillo no se limita a dibujar físicamente al mítico gobernante de los aztecas, sino que además nos detalla (curiosamente, según él mismo confiesa, de oídas) los fastuosos banquetes del emperador. Festines diarios compuestos por multitud de platos diferentes, elaborados principalmente a base de carne de origen dispar: faisanes y perdices, «patos mansos y bravos», venados y liebres..., «guisos de carnes de muchachos de poca edad». Dejando de lado la veracidad de la última afirmación, cuestionada por varios historiadores, en la pulcra mesa recubierta con manteles blancos y bajo la atenta mirada de cuatro mujeres que portaban paños y recipientes similares a aguamaniles, había una bebida que jamás faltaba: el *xocoatl* ('chocolate').

En enormes copas labradas en oro, Moctezuma bebía (se habla de una docena de tazas al día) un brebaje amargo elaborado a base de granos secos de cacao molidos en agua, al que se añadían especias para resaltar el sabor. Tan importante llegó a ser el cacao en la sociedad azteca que sus granos se convirtieron en moneda con la que adquirir bienes: un pollo se trocaba por seis granos de cacao y cien bastaban para comprar un buen esclavo. La relevancia que adquirió la semilla de la *Theobroma cacao* en el Imperio azteca, unido a las frecuentes referencias a este producto que hicieron los conquistadores españoles, llevó a pensar que este pueblo fue el primero en emplear las semillas de la planta del cacao. Sin embargo, el uso del fruto que produce la *Theobroma cacao* se remonta mucho tiempo atrás: sabemos que la civilización maya lo empleaba, y recientes estudios han descubierto restos del alcaloide teobromina, que es característico del cacao, en recipientes utilizados por la cultura olmeca hace aproximadamente 4.000 años.

La *Theobroma cacao* o cacaotero es un árbol que requiere unas condiciones ambientales muy concretas para su desarrollo: poca altitud, humedad, calor y recibir la menor cantidad posible de luz directa del sol. Condiciones que se cumplen a la perfección en la cuenca amazónica de donde es originaria y donde crece a la sombra de árboles de mucho mayor tamaño. Aunque fueron las civilizaciones mesoamericanas las primeras en domesticar la planta del cacao, el cultivo de la *Theobroma cacao* se fue expandiendo por casi todas las regiones tropicales del mundo comprendidas en una franja de diez grados de latitud a ambos lados del ecuador. De hecho, de los casi cinco millones de toneladas de cacao que se obtuvieron en el mundo durante el año 2019 la mayoría procedía de países centroafricanos, correspondiendo más del 60 por ciento de la producción a Costa de Marfil y Ghana.

Tres son las variedades de cacao que se comercializan: forastero, criollo y un híbrido surgido de ambas variedades denominado trinitario. La variedad de cacao forastero es la más empleada, reservándose el criollo para la elaboración de cacao de mayor calidad. Indagando en su genealogía descubrimos que la *Theobroma cacao* es una planta que pertenece a la misma familia que las malvas (*Malva* sp.) y el algodón (*Gossypium* sp.), aunque presenta algunas particularidades que no aparecen en sus parientes. Para empezar, es una planta que florece casi continuamente (un solo árbol puede llegar a producir más de 50.000 flores al año), y sus minúsculas flores arracimadas salen directamente del tronco o de las ramas más gruesas (los botánicos denominan caulifloras a este tipo de plantas). El tamaño de la flor va acorde con el de su polinizador: los mosquitos mordedores del género *Forcipomyia*, que raramente alcanzan los tres milímetros de longitud ni superan el mes de vida. Aunque estos insectos son unos eficaces polinizadores de la planta del cacao, se estima que menos de un 5 por ciento de las flores son polinizadas. Además, la planta del cacao ha desarrollado una interesante y a la vez simple estrategia para proteger sus hojas más jóvenes y sensibles de los animales que se alimentan de ellas. Cuando las frondas aparecen en el árbol son tan delicadas como tiernas y apetecibles para los herbívoros, de modo que la solución que ha encontrado la evolución para protegerlas es teñirlas de un color rojizo pálido o amarillo desleído, dotándolas de una presencia mustia, como si estuvieran marchitas; en definitiva, muestran un aspecto poco deseable para un comedor de hojas. Cuando van madurando, tiñéndose de verde y adquiriendo mayor consistencia, las hojas de la *Theobroma cacao* se vuelven más duras, gruesas y mucho más difíciles de masticar.

Mas la verdadera peculiaridad de esta planta la tenemos que buscar en su interior, pues las semillas del cacao contienen un enorme arsenal químico en el que podemos encontrar más de quinientas sustancias diferentes, muchas de las cuales afectan de un modo u otro al individuo que las consume. Algunas, como las procianidinas (abundantes también en las manzanas y en la piel de la uva), actúan como potentes agentes antioxidantes en el organismo, eliminando parte de los radicales libres que se producen durante el metabolismo de nuestras células. Diferentes estudios han descubierto que la ingesta regular de productos de cacao eleva el nivel de antioxidantes en el plasma sanguíneo, impidiendo la oxidación de la versión «negativa» del colesterol: las lipoproteínas de baja densidad, LDL, por sus siglas en inglés. Teniendo en cuenta que la oxidación en el plasma de las LDL se considera un factor decisivo para la aparición y el desarrollo de la ateroesclerosis, podemos intuir la importancia que tiene para nosotros consumir alimentos ricos en procianidinas que disminuyan las posibilidades de aparición de esta peligrosa afección del aparato circulatorio.

Por otro lado, las procianidinas, al igual que otros flavonoides presentes en el cacao, inducen la liberación del óxido nítrico (NO) en los tejidos del organismo, provocando la vasodilatación de las arterias. Esto hace que la sola presencia de estas moléculas químicas en la sangre baste para disminuir la presión sanguínea, lo que es especialmente relevante en individuos hipertensos. Además, la epicatequina, un tipo concreto de procianidina que contiene el cacao, atraviesa con facilidad la barrera hematoencefálica que protege al sistema nervioso central y, al inducir la producción del NO en este lugar, incrementa la perfusión cerebral y causa modificaciones a nivel neuronal en regiones vinculadas con la memoria y el aprendizaje. De hecho, se sospecha que la ingesta diaria de cacao rico en epicatequina disminuye el riesgo de accidentes cerebrovasculares, la degeneración cognitiva y la probabilidad de desarrollar la enfermedad de Alzheimer. Sin embargo, aun tratándose de moléculas capaces de actuar sobre el organismo a diferentes niveles, ni las procianidinas ni ninguno de los otros flavonoides que contiene el cacao explican esa especie de adicción irrefrenable que nos arrastra a consumir una onza de chocolate después de otra.

En busca de una explicación de los efectos placenteros que produce su consumo, los científicos pusieron el foco en dos sustancias: la 2-feniletilamina (PEA, por sus siglas en inglés) y la anandamida, ambas presentes en el cacao. No es de extrañar que la búsqueda de una molécula hedónica y adictiva se centrara en la PEA, pues se trata de una sustancia muy abundante en el chocolate (también en el vino y en el queso) que además mimetiza la acción que las anfetaminas tienen en el cerebro. Pero, aunque a tenor de la multitud de estudios que se realizaron sobre esta sustancia algunos investigadores parecieran renuentes a dejarla escapar, finalmente ha sido descartada debido al descubrimiento de que toda la PEA que ingresa en nuestro organismo es rápidamente destruida por una enzima conocida como monoaminooxidasa tipo B.

Una historia de fracaso similar aconteció con la anandamida. Esta molécula imita con eficacia los efectos que en el cerebro tiene el tetrahidrocannabinol (THC), la principal sustancia psicoactiva del cannabis (*Cannabis sativa*), postulándose instantáneamente como la responsable de los efectos placenteros y adictivos que produce la ingesta de chocolate. En este caso, la evidencia que obligó a los científicos a descartar la anandamida fue simplemente de tipo cuantitativo. Tan pequeña es la cantidad de anandamida presente en el cacao y tan minúscula la cuota que de esta absorbe el organismo que para producir efectos perceptibles en el cerebro de un individuo este debería engullir más de veinticinco kilogramos de chocolate de una sentada. Evidencia científica que, por lo visto, no parecía conocer la letrada de un reincidente traficante belga acusado de posesión y consumo de marihuana, cuando declaró ante el juez que el positivo por cannabinoides en orina de su cliente se debía a que poco antes de la prueba había ingerido una tableta de chocolate.

En realidad, las únicas sustancias psicoactivas presentes en el cacao que, por su mecanismo de acción y por la cantidad con la que aparecen y se absorben por el organismo, pueden causar efectos perceptibles sobre el cerebro del individuo se limitan, por lo que sabemos hasta ahora, a la cafeína y a su hermana melliza, la teobromina.* Ambas metilxantinas activan el sistema nervioso del mismo modo: bloqueando la acción inhibitoria de la adenosina, tal como hemos conocido sobradamente al hablar de la planta *Coffea arabica*. Lo cierto es que en esta tarea la cafeína resulta ser mucho más eficaz que la teobromina, pero la mayor abundancia de esta última en el cacao (contiene catorce veces más cantidad de teobromina que de cafeína), la menor velocidad de degradación (responsable de que la teobromina se mantenga durante más tiempo en la circulación sanguínea) y la más que probable sinergia entre ambas metilxantinas hacen que sea especialmente la teobromina del cacao la que desencadene efectos psicoactivos en el cerebro que

* La presencia de un grupo metilo ($-CH_3$) en la cafeína es lo único que diferencia estructuralmente a esta de la molécula de la teobromina.

afectan a la cognición, al comportamiento e incluso al estado de ánimo del individuo.

Las anteriores afirmaciones pueden conducirnos hasta una interesante cuestión: ¿puede la teobromina ser tóxica?, que viene a significar: ¿un consumo excesivo de cacao o de chocolate puede llegar a resultar fatal? Y la respuesta es... depende.

Si hablamos de seres humanos, la intoxicación por teobromina resulta casi imposible, pues la dosis letal se estima en un gramo de esta sustancia por cada kilogramo de masa que tenga el individuo. Teniendo en cuenta que la máxima cantidad de teobromina que encontramos en una tableta de chocolate con un 90 por ciento de cacao es de medio gramo, un niño de treinta kilogramos necesitaría ingerir aproximadamente sesenta tabletas de chocolate casi puro en menos de una tarde para que la teobromina pudiera amenazar su vida. Puede que se empache, pero por muy goloso que sea el chaval no parece probable que se envenene por comer chocolate.

Sin embargo, he dicho «depende» a la posibilidad de que el cacao resulte tóxico por el hecho de que muchos de nosotros convivimos con un buen amigo que es muy sensible a esta metilxantina y a quien una pequeña cantidad de chocolate podría arrastrar a la tumba. Los perros adoran el chocolate, pero no metabolizan bien la teobromina del cacao: tardan casi ocho veces más tiempo que nosotros en eliminarla, y esta sustancia es cinco veces más tóxica para ellos que para nosotros. Un perrito de cinco kilogramos manifestará alteraciones cardíacas debidas a la teobromina con solo ingerir una onza y media de chocolate, y morirá si come el equivalente a siete onzas.

Está claro que no debemos dar cacao, ni ningún producto que lo contenga, a nuestros perros, a no ser que el objetivo sea terminar con su vida. Pero ¿qué individuo en su sano juicio quiere matar a un perrete? Bueno, pues un estudio desarrollado en el año 2005 por el Centro de Investigación de la Vida Silvestre de los Estados Unidos de América evaluó la posibilidad de emplear las metilxantinas presentes en el chocolate para acabar, de una forma «socialmente aceptable», con lo que algunos agricultores y ganaderos consideraban una plaga de coyotes (*Canis latrans*). Por un lado, se trataba de reemplazar venenos clásicos como el cianuro y el fluoroacetato de sodio, que, debido a la fuerte presión ejercida por la opinión pública, se estaban prohibiendo en cada vez más estados norteamericanos; y, por otro, se buscaba dar con una sustancia que eliminara de forma selectiva a los cánidos sin afectar a otros animales que habitaran en el mismo ecosistema. La teobromina y la cafeína cumplían ambos requisitos y, además, según los investigadores, al asociarse a las bondades del chocolate y del café, el veneno encontraría menos detractores entre la opinión pública. Ante la imposibilidad de gastar miles de dólares para extraer ambas metilxantinas del cacao, utilizaron los desechos de la producción de chocolate y café para elaborar un tóxico que contenía teobromina y cafeína en una relación 5:1. Los investigadores estaban en lo cierto: la mezcla de metilxantinas en esa proporción se mostró tremendamente eficaz para sacrificar a los coyotes que tenían en el laboratorio. Por suerte, parece que esta investigación quedó restringida a las cuatro paredes del laboratorio, y que se sepa no se ha utilizado el producto para eliminar voluntariamente a ninguna especie de cánido.

# 3

# Las dos caras de una planta

*La humedad del Sena se le agarraba a los huesos como arañas de afiladas patas metálicas. ¿Qué coño hacía allí? Esta vez la curiosidad había podido más que la razón. Mientras golpeaba con la aldaba el portalón, fue consciente de que ya no había vuelta atrás. En el apartamento del escritor, a media luz y sentados alrededor de una mesa Luis XIV sostenida por cuatro hercúleos tritones de madera de tilo, se encontraban todos: el médico, el poeta, el pintor..., incluso dos o tres tipos que no conocía y que probablemente se irían de la lengua. Aún dudaba si salir corriendo cuando el anfitrión extrajo de un tarro transparente una pequeña porción de mermelada verdosa y la depositó en el platillo de café con arabescos añiles situado delante de él. El sabor de aquella pasta era distinto, peculiar, ¡hum..., interesante! Alguien se sentó al piano y, entre la bruma que empezaba a embotarle el cerebro, creyó identificar la melodía de una ópera de Meyerbeer. Aquella música, cada vez más lejana, traía reminiscencias de derrota. De repente, un tulipán oscuro como el carbón brotó del centro de la mesa y a su alrededor, como difuminados por un velo transparente, el fantasma de Cornelio de Witt se batía en un duelo de espadas con la guardia del cardenal Richelieu. Soñó con una isla, imaginó un castillo, sin duda vio a la bella Constance inerte entre los brazos de su mosquetero.*

*Cuando despertó, con la boca todavía pastosa y ofuscado el intelecto, Dumas juró que jamás volvería a tomar aquella sustancia.*

Durante cuatro años, los que van de 1845 a 1849, un grupo selecto de artistas franceses se reunía periódicamente en el Palacete Pimodan, ubicado en la calle Quai d'Anjou 17 de la isla parisina de San Luis. Allí, a la orilla del río Sena, tenían su residencia Charles Baudelaire y el pintor Fernand Boissard de Boisdenier. En el apartamento de este último se celebraban veladas a las que asistían de forma habitual los escritores Théophile Gautier y Honoré de Balzac, el pintor Eugéne Delacroix, el doctor Jacques-Joseph Moreau y el propio Baudelaire. Entre los visitantes ocasionales que se dejaban caer por la Quai d'Anjou destacaba uno muy especial: Alejandro Dumas. En aquellas reuniones no solo se hablaba de poesía, teatro y música y se discutía vehementemente sobre temas políticos y filosóficos...: también se consumía hachís.

El doctor Moreau había descubierto la resina viscosa de la *Cannabis sativa* durante un viaje al sur de Asia, y especulaba con la posibilidad de que esta sustancia le ayudase a elucidar la relación que según él existía entre el sueño y el delirio mental. Moreau introdujo el hachís en las reuniones del Pimodan, y en aquel entorno de creatividad la sustancia extraída del cáñamo alcanzó tal protagonismo que el fluctuante grupo de artistas que allí se congregaba semanalmente llegó a ser conocido como el Club de los hachisinos.

Aunque para la sociedad europea de principios del siglo XIX se trataba de una novedad, el cáñamo ya venía siendo utilizado por las sociedades humanas desde hacía miles de años. En la antigua China lo empleaban para fabricar cuerdas y textiles; en el 2000 a.C. se utilizaba en la India durante los rituales religiosos por su actividad psicotrópica; tablillas con escritura cuneiforme de hace 3.000 años revelan que el cannabis formaba parte de la farmacopea de los asirios; Heródoto cuenta que el pueblo de los escitas únicamente lavaba su cuerpo con los vapores que producían las semillas del cáñamo cuando se arrojaban sobre piedras candentes; y Plinio el Viejo, en su *Historia Natural* dedicada al emperador Tito, escribió que las raíces hervidas del cannabis calmaban los dolores producidos por la gota y por las articulaciones inflamadas. No obstante, el descubrimiento del cannabis para el mundo occidental no se produjo hasta bien entrado el siglo XIX, y fue intercedido por el médico irlandés William O'Shaughnessy.

Durante los años que pasó en Calcuta trabajando para la poderosa Compañía de las Indias Orientales, O'Shaughnessy se interesó por las propiedades de la planta del cannabis y sus posibles aplicaciones médicas. Había observado que el extracto resinoso del cáñamo, desconocido en Occidente, era empleado por los indios para tratar multitud de afecciones. El médico irlandés se percató de que pequeñas cantidades de la resina estimulaban el aparato digestivo y activaban extraordinariamente el sistema nervioso; mientras que, por el contrario, cuando la dosis era más elevada, se inducía insensibilidad y sedación. Durante los ocho años que permaneció en la colonia británica realizó múltiples experimentos con el cannabis, tanto en animales como en humanos, buscando una posible utilidad en el tratamiento del reumatismo, la hidrofobia o las convulsiones infantiles, y en la cura de enfermedades como el cólera o el tétanos. Descartando la utilidad en la mayoría de los trastornos sobre los que investigó, finalmente llegó a la conclusión de que el extracto resinoso del cannabis se postulaba como un potente antiespasmódico que podría resultar provechoso en la medicina occidental. Eso sí: el propio O'Shaughnessy, en el artículo científico publicado en 1843 donde exponía tanto sus experimentos como las conclusiones que de ellos extraía, recomendaba nuevos estudios que confirmasen o refutasen sus apreciaciones sobre el empleo del cannabis.

William O'Shaughnessy descubrió al mundo occidental una nueva sustancia, y los científicos y las farmacéuticas, espoleados por la novedad y esperanzados por la multitud de usos que las sociedades tradicionales le habían dado, no tardaron en ver en ella una herramienta con la que tratar todo tipo de afecciones. Se empezó a experimentar con el cannabis dentro de múltiples campos de la medicina; como ya sabemos, en el de la psiquiatría el doctor Jacques-Joseph Moreau utilizó a sus compañeros del Club de los hachisinos como sujetos voluntarios de experimentación. En la década de 1950, preparados farmacéuticos de cannabis fueron comercializados en varios países europeos, y en Estados Unidos se llegó a considerar una sustancia de utilidad médica. Los químicos presentes en dicha planta comenzaron a aparecer en múltiples y variados preparados a los que se les atribuía una capacidad casi milagrosa para curar enfermedades. Pero poco a poco la percepción sobre el cannabis empezó a cambiar, hasta que en el año 1961 dio un giro de ciento ochenta grados, cuando todos los productos de la planta del cannabis fueron incluidos en la Lista 1 de drogas de la Convención única sobre estupefacientes.

La Lista 1 de este tratado internacional para el control de drogas recogía aquellas sustancias que son muy adictivas y a las que era probable que se les diera un uso indebido fuera de su aplicación médica. En su vertiente de droga de uso recreativo, el cannabis se consume principalmente como marihuana (hojas y cogollos secos de la planta del cannabis), hachís (resina viscosa y seca del cannabis) y aceite (extracto del cannabis obtenido por su tratamiento con un disolvente orgánico). El consumo ilícito de los derivados del cannabis ya es un problema importante en nuestra sociedad, especialmente cuando se produce entre los más jóvenes, pero también es cierto que en las últimas décadas se ha renovado el interés por sus aplicaciones terapéuticas, tanto que ya existen fármacos en el mercado con componentes activos de la planta.

Podría parecer que estamos inmersos en un proceso cíclico de repetición de errores, pero lo cierto es que ahora nos encontramos en una situación muy diferente a la que vivía la sociedad cuando O'Shaughnessy le descubrió el cannabis. La ciencia se ha aliado con la química de la propia planta para revelarnos la presencia y el funcionamiento en nuestro organismo de todo un complejo sistema de receptores, mediadores y sustancias que mimetizan las sintetizadas por el cannabis. El sistema endocannabinoide que poseemos los animales nos permite explicar el modo en que las sustancias de esta planta generan sus efectos sobre el organismo y desencadenan la adicción, y este conocimiento nos abre la puerta a su empleo racional como fármacos con los que tratar distintas enfermedades.

## Sobre cannabinoides humanos

Al observar la presencia de un único pico, intenso y claramente marcado en la cromatografía de gases, el doctor Lumír Ondrej Hanus veía confirmada la percepción de que los acontecimientos que regirían su vida rompían con la direccionalidad acostumbrada. Hanus había podido abandonar su Checoslovaquia natal para trabajar en la Universidad Hebrea de Jerusalén gracias a una revolución de un cariz tan extrañamente pacífico que recibiría el sobrenombre de «terciopelo». La «revolución de terciopelo» fue una revuelta social no violenta que se produjo en Checoslovaquia durante la última semana de noviembre de 1989: comenzó con una manifestación estudiantil anticomunista por las calles de Praga; días después fue creciendo como una ola que se acerca a la orilla hasta romper en una gran huelga general; y terminó con el Partido Comunista (el único partido político permitido por entonces) abandonando el gobierno. Pero si el aparente oxímoron de revolución pacífica que le permitió abandonar su país natal ya parecía contradecir el orden histórico establecido, el descubrimiento de la anandamida, que realizaría el propio Hanus junto al científico estadounidense William Devane, ratificaba que los eventos cruciales en su vida no seguían un orden común.

Fue el director del grupo de investigación al que pertenecía Hanus, Raphael Mechoulam, décadas atrás —cuando era un joven investigador en el Instituto Weizmann de Ciencias en Israel—, quien había descubierto el principal componente psicoactivo de la *Cannabis sativa*: el Δ9-tetrahidrocannabinol (THC). Esta molécula es solo una de las quinientas que hasta hoy se han identificado en la planta de la marihuana, pero, junto con otro cannabinoide llamado cannabidiol (CBD, que a diferencia del THC carece de actividad psicoactiva), es la más relevante en cuanto a su acción sobre nuestro organismo como en lo referente a su posible utilidad farmacológica. Los cannabinoides contenidos en el cáñamo fueron los primeros en descubrirse; posteriormente se identificaron y localizaron en nuestro organismo los receptores sobre los que estas sustancias actúan; y solo al final, el 24 de marzo de 1992, invirtiendo lo que sería el proceso de elucidación habitual, Hanus y Devane consiguieron localizar el primer cannabinoide fabricado por nuestro organismo y no por una planta.

Cuando en 1990, Lumír Hanus pudo abandonar la Universidad Palacky Olomouc en Moravia, y los cultivos de marihuana con cuyas semillas trataba a niños con tuberculosis por su supuesta actividad antibacteriana, para incorporarse al grupo de investigación del profesor Mechoulam en Israel, ya se disponía de múltiples conocimientos dentro del área de los cannabinoides. Se sabía de la existencia de tres subespecies de la planta *Cannabis sativa:* la variedad *sativa*, la variedad *indica* y la variedad *ruderalis*, que contienen diferentes cantidades de THC. Lo cierto es que la cantidad de este componente en una planta de marihuana depende de varios factores, como las condiciones ambientales de su cultivo o la forma en la que es recogida y manipulada, y no solo de la variedad a la que pertenece. Pero de forma general podemos decir que la *Cannabis sativa indica* posee una cantidad apreciablemente mayor de THC que la *Cannabis sativa sativa*, y que la *Cannabis sativa ruderalis* tiene una concentración tan baja del metabolito psicotrópico que solo se utiliza como planta ornamental o para fabricar un incienso que desprende el característico olor de la marihuana.

Por entonces también se conocían muchos otros cannabinoides contenidos en el cáñamo, e incluso ya se habían identificado los dos receptores sobre los que actúa el THC en el organismo humano, bautizados como CB1 y CB2. Se sabía que los receptores de cannabinoides tipo CB1 estaban profusamente distribuidos por el sistema nervioso central y periférico, implicados en multitud de procesos fisiológicos y cognitivos relacionados con el procesamiento de la memoria, la modulación del dolor o el control del apetito. Además, se había descubierto que los receptores de cannabinoides CB1 eran especialmente abundantes en el hipocampo, una región del cerebro que «almacena» la información recién adquirida, aspecto que podría explicar la conexión existente entre el consumo continuado de cannabinoides con el deterioro de la memoria. Por otra parte, se reveló que la cantidad de receptores CB2 en el cerebro era muy pequeña, en contraste con su abundancia en las células inmunes, como los leucocitos, y en los tejidos vinculados a la inmunidad, como las amígdalas o el bazo. Evidencia anatómica que justificaría que la inmunosupresión inducida por los cannabinoides esté mediada por este segundo tipo de receptores.

Sin embargo, a pesar de la abundancia de ambos tipos de receptores cannabinoides en múltiples órganos y en diferentes ubicaciones del organismo, existe una región del cerebro donde están ausentes. Las áreas cerebrales relacionadas con el control y la regulación de la respiración y el latido del corazón no presentan receptores CB1 y CB2, de modo que el consumo del THC de la *Cannabis sativa* no se asocia con problemas cardíacos ni con insuficiencia respiratoria. La ausencia de este tipo de problemas, frecuente en la mayoría de las drogas, es otro de los factores que, junto con su actividad fisiológica a diferentes niveles, postula a los cannabinoides como fármacos en potencia.

Mucho era lo que se sabía sobre las sustancias contenidas en el cannabis y cuantiosa era la información de la que se disponía sobre sus receptores en el interior del organismo humano. Pero solo aquel día de la naciente primavera de 1992, cuando Hanus y Devane observaron en los resultados de la cromatografía el rastro que había dejado aquella sustancia extraída del cerebro de un cerdo, supimos que nuestro organismo poseía su propio sistema cannabinoide. La sustancia que habían descubierto en uno de los laboratorios de la Universidad Hebrea de Jerusalén se fijaba a los mismos receptores CB1 del cerebro que el THC de la *Cannabis sativa*, y desencadenaba unas respuestas fisiológicas similares aun tratándose de una molécula químicamente diferente. Sus descubridores la bautizaron como anandamida, combinando la palabra sánscrita *ananda*, que significa «deleite», con la palabra «amida», que refiere a la familia química a la que pertenece la sustancia. Invirtiendo el orden de un proceso que suele ir de dentro a fuera, de lo propio a lo ajeno, Hanus y Devane habían descubierto el sistema endocannabinoide partiendo de un compuesto químico sintetizado por una planta hasta llegar a una molécula creada por nuestro propio cerebro.

Poco a poco, tras el descubrimiento de la anandamida y de otros cannabinoides endógenos como el 2-araquidonilglicerol (2-AG), que mimetizan la acción del THC del cannabis, se ha ido revelando la importancia del papel que juega el sistema endocannabinoide en nuestro organismo. La compleja red formada por los receptores CB1 y CB2, los endocannabinoides y las proteínas implicadas en la regulación de estos últimos (todos ellos conforman el sistema endocannabinoide) participa en la modulación de múltiples funciones relacionadas con el sistema nervioso, inmunológico, reproductor y cardiovascular. De este modo, los cannabinoides —ya sean endógenos o sintetizados por una planta— afectan a la memoria, el apetito, el dolor, la temperatura corporal o el índice de glucemia. Recientemente se ha descubierto que el sistema endocannabinoide se encuentra deteriorado en individuos con enfermedades neurológicas, trastornos del comportamiento, infertilidad o cáncer. Estas evidencias han hecho valorar a la comunidad científica la posibilidad de emplear cannabinoides naturales o sus derivados sintéticos en el tratamiento de estas enfermedades. Desde luego, no se trata de una estrategia novedosa, pues desde antiguo se han empleado diferentes partes de la *Cannabis sativa* con fines analgésicos, antiinflamatorios, antiepilépticos o simplemente para estimular el apetito. En España, desde el año 2010, se receta un fármaco elaborado con sustancias de naturaleza cannabinoide (el nabiximols) para tratar la espasticidad en enfermos de esclerosis múltiple; y recientemente se ha comercializado otro medicamento para tratar ciertos tipos de epilepsia cuyo principio activo es el CBD.

Pero no todo en el panorama farmacéutico de los cannabinoides está despejado: también aparecen negros nubarrones que podrían aguarlo. El principal problema del uso de cannabinoides exógenos como fármacos surge de su capacidad para actuar sobre el sistema de recompensa del individuo y desencadenar una adicción. De hecho, el sistema endocannabinoide no solo está implicado en la adicción al hachís o a la marihuana, sino también a otras drogas como el alcohol, los opioides o la nicotina. No sería la primera vez que una sustancia de origen vegetal que se postulaba como la fuente de múltiples fármacos terminara convirtiéndose en una droga capaz de ocasionar graves problemas de salud en el individuo y de originar importantes conflictos en el seno de la sociedad. Precisamente si de lo que se trata es de encontrar una planta poseedora de sustancias químicas a las que históricamente el ser humano ha dado un uso radicalmente ambivalente —por un lado, como fármaco y, por otro, como peligrosa droga—, solo hay que darse un paseo por el campo para localizar un ubicuo, pequeño y discreto arbusto conocido como efedra.

El calor era asfixiante. Fuera, el sol del desierto caía a plomo; dentro del carro de combate, la temperatura superaba los 45 °C. Alguien gritó desde la torreta de uno de los tanques A15 Crusader británicos... A dos kilómetros se levantaba una gigantesca polvareda que envolvía a las temibles tropas del Afrika Korps. El comandante se llevó la mano al bolsillo superior de la guerrera y echó una mirada firme a los soldados mientras asentía, confiado y en silencio: había llegado la hora de tomar la píldora de bencedrina.

Bernard Law Montgomery, conocido como el «general espartano» entre sus soldados, se encontraba al mando del Octavo Ejército británico combatiendo a los alemanes en el norte de África. A finales del mes de octubre de 1942, al sur de la localidad egipcia de El Alamein, la lucha entre las tropas aliadas y la fuerza militar nazi dirigida por el general Erwin Rommel se había recrudecido. En pocos días, el Zorro del Desierto —apodo que recibía el estratega alemán— y sus Afrika Korps tendrían que retirarse hacia Túnez, mientras Montgomery celebraría la victoria en la segunda batalla de El Alamein. Algunas semanas antes, mientras el combate entre los Aliados y las potencias del Eje se desarrollaba sin tregua en pleno desierto, los soldados a las órdenes de Montgomery creían tener escondido en el fondo de sus bolsillos el secreto que les infundiría valor y los haría ganar la guerra.

Unos meses antes, cuando supo que debía abandonar territorio francés para ponerse al mando del Octavo Ejército en África, al comandante Montgomery únicamente le preocupaba que la terrible fama de Rommel y de sus Afrika Korps amedrentara a sus tropas. La sola mención del Zorro del Desierto provocaba entre los soldados británicos un mal disimulado murmullo de desasosiego, y Montgomery no estaba dispuesto a perder una sola batalla por la falta de entereza de sus subordinados. El comandante, como la mayoría de los mandos del Ejército británico, sabía que desde 1940 el

Ministerio del Aire de su país estaba desarrollando un programa de investigación en busca de remedios químicos con los que reducir la fatiga que sufrían los pilotos de combate durante y después de una misión. Tras descartar varias sustancias, el extraño grupo formado por científicos y militares creía haber encontrado una molécula que podría servir para combatir el cansancio e incrementar el rendimiento de los soldados durante el combate. Se llamaba bencedrina y, curiosamente, se llevaba empleando desde hacía más de una década para tratar el asma. La bencedrina era una sustancia sintética de naturaleza anfetamínica cuya génesis estaba directamente vinculada a otras dos sustancias, en este caso naturales: una de origen animal, la adrenalina, y la otra vegetal, la efedrina.

Edward Sharpey-Schafer y George Olivier eran dos médicos ingleses que a finales del siglo XIX experimentaban en los laboratorios de la University College de Londres con un material cuando menos singular: el extracto de las glándulas suprarrenales de un ternero. Para prepararlo, primero infusionaban en agua, alcohol o éter las glándulas trituradas del animal; posteriormente, evaporaban el solvente y disolvían el residuo en una suspensión salina; y, finalmente, inyectaban el extracto directamente en la sangre de gatos, conejos, cobayas y monos vivos. Observaron que de forma invariable aumentaba el tono del tejido muscular y se incrementaban tanto el ritmo cardíaco como la presión arterial en el animal de experimentación. Ambos investigadores llegaron a la conclusión de que las cápsulas situadas sobre los riñones sintetizaban y liberaban a la sangre un «material» capaz de inducir dichos efectos, pero no pudieron identificarlo. Tan solo cinco años después, el científico japonés Jokichi Takamine, que se había instalado en Estados Unidos enviado por su país para aprender sobre la química de los fertilizantes, ideó un mecanismo que le permitía extraer de las cápsulas suprarrenales aquel material sobre cuya existencia conjeturasen Schafer y Olivier. Takamine lo llamó adrenalina, y desde aquel momento comenzó a emplearse en el ámbito médico para controlar las hemorragias que se producían durante la cirugía y para el tratamiento de las alergias y el asma.

La adrenalina fue la primera hormona que se descubrió, y pronto se comprendió que eran las cápsulas suprarrenales quienes la liberaban a la sangre bajo situaciones de peligro o estrés. La adrenalina incrementa la fuerza muscular y el latido cardíaco, contrae los vasos sanguíneos y dilata los bronquios permitiendo una respiración más profunda y eficaz. Todos ellos son efectos fisiológicos vinculados al sistema nervioso simpático que comparten la finalidad de aumentar la probabilidad de éxito que tiene el individuo para escapar con vida de una situación peligrosa. La molécula de adrenalina no tardó en copiarse en los laboratorios y, debido a su capacidad para revertir el estrechamiento del árbol bronquial, emplearse como medicamento en los individuos asmáticos. Esta sustancia se debía inyectar durante un ataque de asma, ya que no podía ingerirse en forma de cápsula o pastilla por el hecho de que la adrenalina sintética se destruye nada más entrar en contacto con las enzimas del duodeno, antes de llegar a la sangre. Además, el enfermo no podía autoadministrarse el fármaco y se veía obligado a acudir a la consulta del médico en cuanto sentía la primera sensación de ahogo, sabiendo que una vez que el ataque de asma se desencadenaba no era nada sencillo de revertir. Los científicos trataron de encontrar un derivado de la adrenalina (o una sustancia que presentase una actividad similar) con una mayor estabilidad, que permitiera administrarla de forma oral. Los esfuerzos resultaron una y otra vez infructuosos, hasta que en 1923 el científico chinoestadounidense Ko Kuei Chen descubrió —o, más bien, redescubrió— una sustancia llamada efedrina, que mimetizaba a la perfección los efectos de la adrenalina y que, además de poder administrarse por vía oral, mantenía la acción broncodilatadora durante mucho más tiempo.

La efedrina es un alcaloide que aparece de forma natural en las plantas del género *Ephedra*: pequeños arbustos del grupo de las gimnospermas que crecen en las zonas áridas de casi todo el planeta. Chen extrajo la efedrina del *mahuang* (*Ephedra sinica*), ya que, aunque existen más de medio centenar de especies de efedras repartidas por el mundo, solo las que crecen en China, como la *Ephedra sinica*, o en la India, las especies *Ephedra intermedia* y *Ephedra gerardiana*, producen cantidades apreciables de efedrina. Y es que cada especie de efedra, aun compartiendo un aspecto similar —ramas duras y esbeltas, hojas reducidas a escamas que le permite combatir la sequedad y resistir la acción del viento, y la segregación de las flores masculinas y femeninas en diferentes individuos—, produce una cantidad enormemente variable de alcaloides.

Tan variable como los usos que históricamente se le han dado a la planta: los parsis empleaban el extracto de la efedra mezclada con alcohol para provocar estados de euforia durante sus ceremonias religiosas de zoroastrismo; algunos pueblos indígenas americanos frotaban sus genitales con las ramas de la efedra pensando, ingenuamente, que podría protegerlos de la sífilis y la gonorrea; y Dioscórides recomendaba majar las brácteas rojas y carnosas de la planta y mezclarlas con vino para tratar los dolores menstruales. Pero si hay un pueblo que ha empleado con exuberancia las efedras, ese ha sido el chino. Desde que el emperador Shennong, hace más de 4.700 años, catalogase la *Ephedra sinica* dentro de su inventario sobre plantas amargas, la efedra ha sido utilizada por las antiguas civilizaciones chinas para tratar multitud de síntomas, especialmente la tos y la fiebre.

La ciencia no había avalado la utilidad de las plantas del género *Ephedra* en la mayoría de los usos que tradicionalmente se le habían dado, hasta que Chen, de vuelta a su país natal procedente de Estados Unidos para cuidar de su madre enferma, se propuso investigar algunas de las sustancias que se utilizaban en la antigua farmacopea china. El producto extraído de la planta *ma-huang*, la efedrina, fue uno de los que llamó su atención. Y con toda razón, ya que en los primeros experimentos que desarrolló con el extracto de esta planta descubrió el enorme potencial que atesoraba para tratar el asma. Chen y Carl Schmidt, su compañero de trabajo en el Peking Union Medical College, publicaron un artículo en el que se detallaban sus experiencias con la efedrina extraída del *ma-huang* y su potente acción broncodilatadora. El éxito que alcanzó este artículo entre la comunidad médica fue de tal calibre que todos los pediatras y neumólogos querían hacerse con el principio activo de la planta para tratar a sus pacientes con un fármaco que no necesitaba ser inyectado. Para el año 1930 la efedrina ya había desplazado a la adrenalina y se consideraba el fármaco fundamental con el que tratar el asma. El auge de la efedrina desató una gigantesca demanda de la *Ephedra sinica* que solo crecía en China, y los primeros problemas de abastecimiento de efedrina comenzaron a aparecer. Más aún cuando en 1937 los japoneses invadieron el norte y el este de China, iniciando así la segunda guerra sino-japonesa, pues una de sus primeras acciones fue limitar la exportación de la planta hacia Occidente. La importación de las especies indias de la efedra que también contenían cantidades adecuadas de efedrina solucionó solo en parte, y por un tiempo, el problema de abastecimiento.

Por otro lado, aunque el estudio de Chen y Schmidt consideraba a la efedrina una sustancia casi inocua y no habían encontrado ningún indicio de que pudiera producir tolerancia, el uso generalizado de la efedrina demostró que la sustancia era más tóxica de lo esperado: su consumo continuado obligaba al individuo a ingerir cada vez una mayor cantidad del fármaco para lograr el mismo efecto que conseguía antes con una dosis menor. Estos inconvenientes hicieron que los científicos se pusieran a buscar una alternativa sintética a la efedrina. Finalmente, sería el químico estadounidense Gordon Alles quien daría con ella.

El 3 de junio de 1939, Alles se inyectó en el brazo 50 miligramos de una sustancia que acababa de descubrir y que creía el perfecto sustituto sintético de la efedrina. El sulfato de anfetamina replicaba los efectos de la efedrina sin necesidad de recurrir a la efedra china o india, y además, al tratarse de una sustancia volátil, se podía suministrar mediante inhaladores que la conducían directamente hasta los pulmones. Los inhaladores a base de la anfetamina de Allen se hicieron muy populares para tratar el asma y se vendieron sin receta médica y sin ningún tipo de control sanitario bajo el nombre de Benzedrina®. El entusiasmo con el que la comunidad médica y farmacéutica recibió a este medicamento hizo que se le buscaran nuevas aplicaciones en el campo de la salud, postulándose rápidamente como una sustancia capaz de minimizar la fatiga física y de aumentar la concentración. Lo cierto es que los múltiples experimentos que se realizaron con la anfetamina no demostraban de una forma clara esa posibilidad, lo que no impidió que los estudiantes la consumiesen en época de exámenes y que tanto el Ejército Aliado como los alemanes y los japoneses la empleasen con sus soldados durante la Segunda Guerra Mundial.

Al comandante Bernard Montgomery le bastó con el pseudoexperimento que realizó con sus propias tropas para convencerse de la necesidad de drogar a sus soldados antes de combatir contra los Afrika Korps de Erwin Rommel. Montgomery comparó el rendimiento de dos escuadrones de infantería, solo uno de ellos medicado con bencedrina, durante más de dos días andando, disparando y excavando trincheras sin descanso. El «batallón de la bencedrina» realizó todas las tareas en menos tiempo, mostrando no solo mayor pundonor, sino un talante más animado. La percepción personal de que quizá no eliminaba el cansancio ni favorecía la concentración, pero de que incrementaba la moral, la confianza y el valor fue la que llevó al general espartano a suministrar cápsulas de bencedrina a sus soldados durante la batalla de El Alamein. Los imitadores de la adrenalina tardaron poco tiempo en mostrar su cara más oscura, y si en el año 2003 el pícher de los Orioles de Baltimore moría con solo veintitrés años por culpa de unas pastillas de efedrina que había consumido para bajar de peso, fue la bencedrina que tomaron los soldados de uno y otro bando durante la Segunda Guerra Mundial la que parece que desempeñó un papel relevante en el estado psicótico que mostraron los soldados en alguno de los episodios más salvajes e irracionales de aquella contienda.

La bencedrina fue la primera de las sustancias anfetamínicas que surgieron a la sombra de la planta de la efedrina y, a su vez, precursora de algunas de las drogas de diseño más consumidas en la actualidad, como el éxtasis o MDMA (3,4-metilendioximetanfetamina). De esta forma, una sustancia que se postulaba como fármaco quedó finalmente reducida a imprescindible antepasado de drogas de uso recreativo cuyo consumo está prohibido. Mas, a veces, el papel puede invertirse, y una sustancia extremadamente venenosa —que *a priori* deberíamos evitar a toda costa— se transforma, en manos del conocimiento científico, en el contexto adecuado y en dosis determinadas, en un compuesto de utilidad farmacológica. ¿Quién diría que el tóxico estramonio oculta en sus tejidos alcaloides muy útiles en el tratamiento de enfermedades que difícilmente podemos sintetizar en el laboratorio?

## La planta de la verdad

En cuclillas, completamente desnudo, agitando una cuchara de palo a modo de mudo sonajero, el joven sonreía desde el fondo de la celda, regalando muecas grotescas como si fuera un mono perturbado a cualquiera que se asomara al ventanuco de la puerta. Era este quien mostraba los signos más acentuados de demencia entre aquellos soldados británicos que se habían vuelto locos después de comer el plato de verduras hervidas. A pesar de las carcajadas de sus compañeros, al capitán no le había hecho ninguna gracia, y los encerró para evitar que se hicieran daño en las celdas que estaban reservadas a los hombres de Bacon. Para los soldados, esta era una medida extraña, pues la actitud de los afectados difícilmente podía ser más pacífica.

El 30 de julio de 1676, Nathaniel Bacon, después de tomar por la fuerza la ciudad de Jamestown, emitió la *Declaración del Pueblo*, en la que aseguraba a sus conciudadanos que el gobernador de Virginia, sir William Berkeley, era un corrupto que apoyaba a los terratenientes más pudientes mientras se había vendido sin ningún respeto por los de su raza a los salvajes indios. Bacon era un joven colono, emparentado con el gobernador, que encabezó la que probablemente fuese la primera rebelión en las colonias americanas. El origen de la rebelión en el primer asentamiento inglés permanente en tierras norteamericanas tuvo múltiples causas, pero la desigualdad en el reparto de las tierras de cultivo y la mala gestión de las relaciones con los nativos americanos fueron dos de las más relevantes. Se acusaba a sir William Berkeley de favorecer a los granjeros más ricos concediéndoles las tierras más fértiles y menos peligrosas situadas junto a la costa atlántica, obligando así al resto de los colonos a ocupar las zonas del interior, más expuestas al ataque de las distintas tribus indias que las habitaban. Ante las demandas de los granjeros cuyas tierras se encontraban en el interior, el gobernador de Virginia se limitó a levantar fuertes que no solo resultaban ineficaces contra los ataques de los indios, sino que los propios granjeros debían pagar con sus impuestos. Al aumentar la tensión con sus vecinos de las tribus de los doeg y los pamunkey, el malestar entre los colonos alcanzó un punto de no retorno, llegando a exigir al gobernador que las tribus indias fueran inmediatamente expulsadas de su territorio. Un conflicto que finalmente detonó cuando Bacon, comandando un ejército de quinientos hombres, atacó varios asentamientos indios para después asaltar y tomar el control de la ciudad de Jamestown. Ante el feo cariz que empezaba a tomar la revuelta, William Berkeley solicitó la ayuda del Ejército británico, y el rey Carlos II de Inglaterra envió hasta Virginia un escuadrón de la Marina Real para poner orden. Cuando los soldados enviados por el rey de Inglaterra llegaron al continente americano, Bacon acababa de morir de disentería, por lo que les resultó sencillo terminar con la rebelión. Aunque, por lo visto, el desconocimiento que tenían de la flora del lugar estuvo a punto de ponerlos a ellos fuera de combate antes incluso de poder coger las armas. Un grupo de entre los soldados que acudieron a Jamestown para sofocar la revuelta de Bacon decidió aprovechar el frescor de la mañana para pasear y recoger las hojas espectaculares y exuberantes de una planta que crecía por doquier en aquel territorio: las hirvieron y se las cenaron en forma de ensalada. Solo que lo que parecía una digestiva y suave ensalada estaba elaborada con uno de los vegetales más tóxicos que existen en la naturaleza: el estramonio (*Datura stramonium*).

El estramonio es un arbusto originario de Asia que por su facilidad para adaptarse a diferentes condiciones climáticas y edáficas se ha extendido por medio mundo, colonizando desde ambientes tropicales hasta las regiones templadas. Es una planta que produce una gran variedad de sustancias químicas, entre las que destaca una clase muy especial que se agrupa bajo el nombre genérico de «alcaloides del tropano». Estas moléculas contienen en su estructura química un anillo de carbono de siete eslabones unido a un átomo de nitrógeno, adquiriendo en conjunto una disposición de biciclo que se conoce como «tropano». Probablemente la cocaína de la *Erythroxylum coca* sea el alcaloide tropánico más conocido, pero el estramonio compensa la carencia de esta famosa sustancia con cantidades apreciables de otras tres: la escopolamina, la atropina y la hiosciamina, que se acumulan en la raíz, el tallo, las hojas y las semillas de la planta.

Como sucede con muchos de los metabolitos secundarios que producen los seres vegetales, la *Datura stramonium* los utiliza para protegerse de la acción de los herbívoros. En concreto, los alcaloides del tropano son muy eficaces a la hora de bloquear los receptores muscarínicos que participan en el correcto funcionamiento del sistema nervioso del animal. Este tipo de receptores se distribuye abundantemente por las células del sistema nervioso, pero también aparece en otros tejidos, como el cardíaco o el músculo liso, de modo que su acción es sistémica y no se limita a un solo órgano o tejido. Dicho tipo de receptores recibió el nombre de muscarínico cuando se descubrió la capacidad que tiene la muscarina presente en algunas setas —como la blanquirroja *Amanita muscaria*, omnipresente en nuestros bosques— para unirse selectiva y específicamente a ellos. En realidad, se trata de receptores cuyo ligando endógeno es la acetilcolina,* de modo que la muscarina de los hongos simplemente imita la acción del más famoso de los neurotransmisores.

Los alcaloides del estramonio también interactúan sobre los mismos receptores muscarínicos que la acetilcolina y la muscarina, pero en vez de activarlos bloquean su acción, llevando a cabo un efecto denominado anticolinérgico. Así, cuando los incautos soldados de la Marina Real degustaron un plato elaborado a base de las hojas del estramonio, la escopolamina y la atropina —que en cantidades nada despreciables se acumulaban en ellas— bloquearon los receptores muscarínicos de su sistema nervioso, desencadenando en los pobres soldados una variedad de efectos psicóticos, sedantes y amnésicos. Mas los efectos fisiológicos que inducen los alcaloides del tropano contenidos en el estramonio pueden ser mucho más variados, provocando en el individuo que los ha consumido desde una simple y fuerte agitación nerviosa acompañada de sequedad de boca y taquicardia, pasando por la aparición de visión borrosa e hipertermia,

* La acetilcolina, tal como se explica en el capítulo 7, «Tóxicos y adictivos», también se fija a los receptores nicotínicos de las neuronas.

hasta llegar al delirio, el coma e incluso, en los casos más extremos, la muerte. Es difícil, no obstante, que el consumo de estramonio termine con la vida de un individuo, pues la dosis letal de sus metabolitos es relativamente elevada, estimándose en unos 100 miligramos de escopolamina. El caso de los dos jóvenes de apenas dieciocho años que fallecieron en agosto de 2011 tras beber una infusión elaborada con las semillas de la planta en una fiesta *rave* en los alrededores de Madrid no es en absoluto frecuente, como tampoco lo son las intoxicaciones involuntarias del estilo de la que sufrieron los soldados británicos en Virginia. Mucho más habituales son los ingresos en urgencias hospitalarias de jóvenes y adolescentes que se han intoxicado por consumir deliberadamente alguna parte de la planta buscando sus efectos eufóricos y alucinógenos. Normalmente los servicios médicos terminan por salvarles la vida, pero no pueden evitar que las alteraciones producidas por los alcaloides del tropano sobre el sistema nervioso se prolonguen durante días, y que la amnesia a corto plazo aparezca como uno de sus principales e indeseados efectos secundarios. De hecho, fueron estos episodios de amnesia inducidos por el estramonio los que llamaron de manera notable la atención del médico rural Robert House cuando, alrededor del año 1910, trataba a las parturientas con la escopolamina en el pequeño pueblo texano de Ferris. Tanto le sorprendió la amnesia lúcida que mostraban sus pacientes que tuvo la peregrina idea de emplear la sustancia contenida en la planta del estramonio como un suero de la verdad.

Durante la primera década del siglo XX, la escopolamina (en forma de bromhidrato de escopolamina) era utilizada en muy bajas dosis para aliviar los dolores del parto. Los médicos observaron que su actividad analgésica era muy limitada, por lo que no disminuía demasiado el dolor, pero el alcaloide del estramonio inducía un estado de semiinconsciencia que llamaron «sueño crepuscular», el cual no solo relajaba a la paciente, sino que además eliminaba todo recuerdo de la experiencia dolorosa. House se percató de que el estado en el que se encontraba la parturienta bajo la acción de la droga, aun catalogándose como de inconsciente, no afectaba en absoluto a su capacidad de pensar y de hablar, y de que la amnesia que le impedía recordar el dolor no afectaba en modo alguno a los eventos pasados. Según las apreciaciones del doctor House, la escopolamina transformaba los actos volitivos en un mero acto reflejo de estímulo-respuesta que permitía al individuo bajo los efectos de la droga responder a las preguntas sin la participación de la razón. Dicho de otro modo, el suero de la verdad arrancaba la voluntad del individuo pero no su claridad mental, de modo que al ser interrogado bajo la acción de la escopolamina, y aun queriendo, no podía mentir.

En manos de Robert House la sustancia producida por la *Datura stramonium* se convirtió en el primer suero de la verdad. A partir del año 1915, el bromhidrato de escopolamina empezó a caer en desuso dentro del ámbito obstétrico, mientras que paralelamente comenzaba a cobrar importancia en el forense. El 13 de febrero de 1922, House realizó su primer experimento con la escopolamina como suero de la verdad. En presencia del fiscal del distrito de Dallas y de varios agentes de policía, el detenido W. S. Scrivenor, que se declaraba inocente de la acusación de atraco, aceptaba someterse al experimento con la droga de la verdad de House. Después de negar nuevamente su participación en el robo, ahora bajo los efectos de la escopolamina, el presunto ladrón afirmó que «las respuestas a las preguntas se deslizaron en mi mente sin ningún deseo de detenerlas, y sentí que no podía añadirles ningún adorno imaginativo». Aunque el juez no consideró pertinente para su veredicto la declaración realizada por el preso bajo el suero de la verdad, los periódicos se hicieron eco del acontecimiento, hecho que provocó que tanto la comunidad médica como la judicial empezaran a barajar el posible uso de la escopolamina para discriminar entre la mentira y la verdad.

Fueron muchos los pseudoexperimentos que House realizó posteriormente con su droga de la verdad. En uno de los más famosos utilizó la escopolamina para sonsacar la culpabilidad de un grupo de sospechosos, bautizados por los medios de comunicación como «el sindicato del hacha», de haber asesinado a hachazos a más de dos docenas de personas en la ciudad de Birmingham, en el estado de Alabama, desde noviembre de 1919 hasta mediados de 1924. Una mezcla de escopolamina y morfina permitió a House arrancar la confesión a tres de los componentes del sindicato del hacha, lo que les valió ser condenados a morir en la horca, si bien la pena les fue finalmente conmutada por la cadena perpetua. Experiencias similares llevadas a cabo en prisiones y juzgados a lo largo de todo el país parecían postular a la escopolamina como el componente fundamental del suero de la verdad; sin embargo, tras la repentina muerte del doctor Robert House en 1930, el principal alcaloide del estramonio se quedó sin su valedor y poco a poco fue olvidado. No así la posibilidad que el propio House había descubierto a la sociedad: la existencia de un suero que revelara la verdad. Más recientemente, ese papel —con importantes dudas sobre su utilidad— se lo ha arrogado una famosa sustancia llamada pentotal sódico, la cual desgraciadamente también se utiliza en algunos estados norteamericanos para ejecutar a los condenados a muerte mediante la llamada inyección letal.

El descubrimiento de sustancias más sencillas de obtener y más fáciles de dosificar —y, al parecer, también más eficaces en el enmarañado arte de extraer la verdad— desplazó a la escopolamina del bando de los médicos, la policía, los fiscales y los jueces. Mientras, paradójicamente, esa capacidad para provocar amnesia y someter la voluntad del individuo, en manos de delincuentes, ha terminado por sentarla en el banquillo de los acusados. Parapetada bajo el rimbombante apelativo de burundanga, los efectos anticolinérgicos de la escopolamina —más aún cuando se combina con depresores del sistema nervioso central, como las benzodiacepinas— la han postulado como una herramienta ideal para cometer delitos sin dejar apenas rastro.

Los individuos sometidos a sumisión química con escopolamina no ofrecen resistencia alguna al delincuente y difícilmente recuerdan algo de lo sucedido. El número de delitos que se atribuyen al empleo de la burundanga se ha visto radicalmente acrecentado por los medios de comunicación, generando una alarma que a tenor de su correlación con los casos realmente demostrados o referidos por la comunidad científica podríamos considerar muy exagerada. No obstante, conviene tener en cuenta la dificultad que entraña detectar la presencia de esta sustancia en individuos que han sufrido robos o agresiones sexuales, por lo que de igual modo que es probable que los medios de comunicación hayan agigantado el problema, también lo es que, debido a que la vida media de la escopolamina en sangre es muy corta (apenas dos horas y media) y que los servicios de urgencias de nuestro país carecen de las herramientas adecuadas para detectar esta sustancia en el paciente, se haya subestimado el número de casos recogidos en la literatura científica.

No obstante, del mismo modo que algunos de los componentes de la planta del cannabis o de la efedra, los alcaloides contenidos en el estramonio también han encontrado su empleo en el mundo de la farmacología actual. La escopolamina de la *Datura stramonium* puede comportarse como un peligroso veneno que amenace nuestra vida, pero también como principio activo de fármacos que contribuyan a mejorarla. Actualmente, debido a su acción anticolinérgica, este alcaloide se emplea para tratar o evitar las náuseas y los vómitos, especialmente los provocados por la anestesia tras una intervención quirúrgica. En España se utiliza un derivado de la escopolamina, el butilbromuro de escopolamina, para combatir los espasmos en el tracto digestivo y genitourinario, que es comercializado bajo el nombre de Buscapina®. La gran ventaja que tiene este derivado frente a la propia escopolamina resulta de su incapacidad para atravesar la barrera hematoencefálica, de modo que no provoca efectos secundarios indeseados sobre el sistema nervioso central. La síntesis química de la escopolamina es compleja y costosa. Los científicos están recurriendo a la ayuda de los microorganismos y de la biotecnología para hacer que su síntesis sea económicamente viable, pero por ahora solo se extrae de las plantas. El estramonio, la belladona (*Atropa belladonna*), el floripondio (*Brugmansia arborea*) y muchos de los vegetales de la familia de las solanáceas contienen cantidades importantes de escopolamina. Sin embargo, actualmente toda la producción mundial de escopolamina se extrae de las hojas de los híbridos de la *Duboisia myoporoides* y la *Duboisia leichhardtii*, solanáceas que crecen de forma natural en los bosques húmedos del este de Australia.

# PARTE II

# ÁRBOLES CON QUÍMICA... Y MUCHA HISTORIA

# 4

# Semillas viajeras

*Sentía la presión de dos pares de manos que le sujetaban los brazos como grilletes de callo y hueso, pero la negligente fuerza con la que la retenían los soldados no dolía tanto como las acusaciones del virrey. No, ¡de ninguna manera!, ella no era una asesina. Aunque quizás fuera una traidora. Nunca, hasta ese día, ninguno de los suyos había revelado a un extraño los secretos del árbol sanador... y ahora ella había roto el juramento para salvar la vida de su ama.*

*«Jamás deben descubrirlo.» «Los extranjeros son monstruos que han arrancado a nuestros hijos la libertad y deben ser castigados.» «El árbol sagrado es nuestro protector y a través de él tomaremos venganza.» Estas frases tantas veces oídas en la asamblea de la tribu se repetían en su cabeza palabra por palabra, mientras delante de ella la condesa agonizaba en la cama, el virrey contraía los músculos de la mandíbula como si fuera un caimán hambriento, los soldados relajaban la presión de los esqueléticos brazos de la india, y el vaso... el vaso con el antídoto reposaba indiferente junto a la cabecera de la cama. Si el esposo hubiera entrado solo dos segundos después, habría tenido el tiempo suficiente para darle la medicina, y se habrían salvado las dos.*

*De repente, quizás por el miedo, tal vez por la rabia, la india sacó fuerzas de donde no creía tenerlas y de un tirón se desembarazó del cepo humano que la atrapaba. En un instante llegó hasta el cabecero de la enferma y, ante los ojos sorprendidos y aterrados del virrey, dio un largo trago del brebaje. Con decisión, y a la vez con delicadeza, levantó la cabeza de la condesa de Chinchón, virreina del Perú, apartó los mechones sudorosos que se le pegaban a la comisura de la boca y le dio a beber el resto.*

Muchas son las historias que se han contado sobre el descubrimiento de la quinina, pero quizás la más famosa, y sin duda la más creativa, sea la que protagonizaba la condesa de Chinchón, segunda esposa de don Luis Jerónimo Fernández Cabrera y Bobadilla de la Cerda, cuarto conde de Chinchón y virrey del Perú desde 1629 a 1639. Cuenta la leyenda que la condesa de Chinchón cayó gravemente enferma de malaria y que solo un antiguo remedio preparado por los indios peruanos a base de la corteza de la quina (*Cinchona officinalis*) pudo salvarle la vida. En la versión que la escritora francesa Madame de Genlis convirtió en la novela *Zuma o el descubrimiento de la quinina*, es una hermosa e inocente nativa (cuyo nombre indígena da título a la novela) quien mantiene una lucha interior entre respetar el secreto que oculta el árbol de la quina o emplear la medicina que de este se extrae para tratar las fiebres que están matando a su ama, la condesa de Chinchón, que tan buena ha sido siempre con ella.

El relato con el que se inicia este capítulo no deja de estar basado en la historia de la condesa de Chinchón y de su fiel doncella Zuma, pero, a modo de burdo remedo de un cuento de Borges, se trata de imaginar lo que otro ya había imaginado de lo imaginado por un anterior. En definitiva, es muy poco probable que la historia sobre el descubrimiento de la quinina y la condesa de Chinchón tenga algún sustento sólido en la realidad. Aspecto que no debió importar al gran naturalista sueco Carl von Linneo, pues, ajeno a la veracidad de la historia, nombró al árbol del que se extrae la quinina como *Cinchona officinalis* en honor de la condesa.

De lo que sí nos han llegado evidencias históricas es del hecho de que los pobladores andinos utilizaban la corteza de la *Cinchona officinalis*, que ellos llamaban «kina-kina», para tratar la fiebre y otros síntomas asociados a distintas enfermedades, desde mucho antes de la llegada de los europeos y de la malaria. Los misioneros jesuitas observaron a los nativos y probaron, con éxito, a utilizar la kina-kina con los enfermos de malaria. Mas lo que en un principio podría parecer fruto de la casualidad, en realidad tiene un origen de lo más racional: a mediados del siglo XVI la orden jesuita había fundado en Lima el Colegio Máximo de San Pablo, que, además de una gigantesca biblioteca, poseía la mejor botica de todo el Nuevo Mundo. En ella no solo se almacenaban los fármacos para después distribuirlos entre las diferentes misiones, sino que también se realizaban estudios y pruebas empíricas con sustancias ignoradas por el mundo occidental, pero conocidas y utilizadas por los nativos. De allí, de la mano del jesuita que ostentaba el cargo de procurador del Perú ante Roma, llegó por primera vez a Europa el «polvo de los jesuitas», conteniendo la quinina que durante siglos se ha empleado para tratar —y en algunos casos, de forma inadecuada, para prevenir— la malaria.

## De mosquitos y plantas amargas

Fue un 4 de noviembre del año 1903 cuando se proclamó la independencia de la República de Panamá; solo diez días después el recién creado Gobierno panameño firmó el Tratado Hay-Bunau Varilla con los Estados Unidos de América. Con este acuerdo, similar al que muy pocos meses antes había rechazado el Congreso de Colombia, el Gobierno de Theodore Roosevelt se aseguraba la construcción del Canal de Panamá y su concesión a perpetuidad.* Por su parte, Panamá, además de ciertas compensaciones económicas, se garantizaba la protección de una de las naciones más pode-

* Con la firma en 1977 de los Tratados Torrijos-Carter, el Canal de Panamá sería devuelto al país centroamericano.

rosas del mundo frente a las posibles represalias de Colombia, país de quien, después de múltiples intentos, se acababa de independizar con la inestimable ayuda de los norteamericanos. Roosevelt consideraba de vital importancia para la futura economía de la nación que gobernaba controlar el proyecto que comunicaría los océanos Atlántico y Pacífico, pero no era ajeno a una de las grandes dificultades a la que tendrían que enfrentarse los trabajadores durante los años que duraría su construcción: la malaria.

Esta enfermedad, que aún hoy mata a más de 1.700 personas cada día, es causada por un minúsculo protozoo del género *Plasmodium* que pasa de persona a persona mediante la picadura de la hembra del mosquito *Anopheles*. El parásito responsable de la malaria se oculta en las glándulas salivales del mosquito, de modo que cuando el insecto pica a un individuo para alimentarse, el *Plasmodium* aprovecha la circunstancia para llegar a la sangre de la víctima. Una vez dentro del organismo de su hospedador viaja hasta el hígado, lugar donde puede permanecer durante meses, incluso años, mientras se multiplica en el interior de las células hepáticas. En un determinado momento, miles de estos parásitos abandonan el hígado y llegan al torrente sanguíneo, invadiendo y destruyendo los glóbulos rojos del individuo. La fiebre incapacitante y los escalofríos son los síntomas más comunes de esta enfermedad, que además suelen aparecer y desaparecer de forma cíclica (lo normal es que se manifiesten cada tres días, motivo por el que la malaria llegó a conocerse con el nombre de «fiebres tercianas»). Pero la enfermedad puede evolucionar hasta una insuficiencia hepática o renal y terminar, en no pocas ocasiones, con la muerte del individuo.

Con el objetivo de minimizar en lo posible las bajas debidas a la malaria, y las pérdidas económicas que inevitablemente vendrían asociadas, el Gobierno norteamericano puso a la cabeza del equipo sanitario que trabajaría en el istmo de Panamá al coronel William C. Gorgas, experimentado militar que ya había enfrentado con cierto éxito la amenaza que suponían las enfermedades tropicales para todo un ejército durante su estancia en la isla de Cuba. Del tiempo que Gorgas pasó dirigiendo el hospital militar en la pequeña villa cubana de Siboney, durante la guerra hispano-estadounidense (que terminó en lo que para los españoles fue el Desastre del 98), sacó una conclusión que habría de dirigir sus posteriores actuaciones en Panamá:

> Las bajas por incapacidad debidas a la malaria son mucho mayores que las que producen el resto de las enfermedades juntas [se refiere, entre otras, a la fiebre amarilla y a la tifoidea]. [...] Hacia principios de agosto había muy pocos individuos que no padecieran fiebre, y el ejército, en su conjunto, apenas podía moverse. La depresión mental causada por esta enfermedad difícilmente puede ser apreciada por cualquiera que no la haya visto, y contra un nuevo enemigo de fuerza muy inferior nuestro ejército en ese momento habría estado completamente indefenso. Esta campaña fue un buen ejemplo de lo que podría ocurrirle a un ejército que opera en los trópicos y está sujeto a la malaria sin control.

Tal era el miedo que tenía el coronel Gorgas a los estragos que la malaria podría ocasionar entre los trabajadores que iban a desarrollar las obras del Canal de Panamá que no se conformó con que sus tropas drenaran la mayor parte de las aguas muertas acumuladas en estanques, charcas y acequias para evitar la propagación del mosquito *Anopheles*, sino que administró a trabajadores y soldados dosis elevadas de quinina en muy cortos periodos de tiempo con la finalidad de evitar que enfermaran. El alcaloide de sabor amargo que fabrican ciertas plantas de la familia de las rubiáceas con el objetivo de defenderse de los herbívoros se había erigido como una herramienta imprescindible, tanto o más que excavadoras, grúas y camiones, en la construcción del Canal de Panamá. No era esta la primera vez, ni sería la última, que la quinina desempeñaba un papel crucial en los planes y proyectos humanos, muchos de ellos de naturaleza bélica.

Ya durante la guerra de secesión americana (1861-1865) los nacionalistas de la Unión llevaron a cabo un bloqueo naval que impedía a los estados de la Confederación utilizar los puertos para comerciar y abastecerse, entre otros productos, de la quinina que procedente de Sudamérica debía desembarcar en sus muelles. Sin quinina, en un lugar donde era endémica, la malaria empezó a hacer estragos entre los soldados confederados, no tanto por el número de víctimas como por el de soldados aquejados de fuertes y recurrentes fiebres que les impedían combatir. La desesperación de los mandos militares sureños ante la escasez de quinina con la que tratar a sus tropas los forzó a buscar otras fuentes de origen vegetal que calmaran las fiebres. El médico Joseph Jones, que ejercía durante la guerra como cirujano del Ejército confederado, fue el encargado de revisar la literatura médica en busca de principios activos vegetales que pudieran sustituir a la quinina. La Oficina del Cirujano General del Ejército Confederado publicó un escueto folleto que contenía una docena de plantas (todas ellas crecían de forma natural en los estados del sur) propuestas por Jones para tratar la malaria. El catálogo botánico también se suministró a la población y apareció publicado en anuncios de periódico, pues eran los propios ciudadanos quienes recolectaban y entregaban las plantas en las oficinas del Ejército. La magnolia (*Magnolia grandiflora*), la catalpa común (*Catalpa cordifolia*), la tuya (*Thuja occidentalis*) e incluso el maíz (*Zea mays*) se propusieron como alternativas, todas ellas fallidas, al principal alcaloide de la *Cinchona officinalis*.

El Ejército de la Unión no fue el único en deducir que, en un entorno donde la malaria campa a sus anchas, limitar el acceso de quinina al enemigo podría convertirse en una acertada estrategia bélica que contribuiría de forma decisiva a ganar una guerra, pues una táctica similar fue empleada varias décadas después por los japoneses durante la Segunda Guerra Mundial. Frente a la cada vez menor cantidad de quinina que se podía extraer de los sobreexplotados bosques de la quina en Perú y Bolivia, la isla de Java disponía de importantes plantaciones de estos árboles, descendientes de los ancestros sudamericanos cuyas semillas los holandeses habían llevado de forma clandestina hasta Java cuando esta formaba parte de las Indias Neerlandesas. Al invadir la isla asiática, a principios de 1942, Japón impidió a los Aliados el acceso a la quinina con la que tratar a sus soldados de la malaria que los acosaba. Durante los meses de octubre y noviembre de 1942, las tropas estadounidenses y las australianas se vieron inmersas en una ofensiva contra los japoneses en Nueva Guinea, zona considerada endémica de malaria. Los americanos contabilizaron 1.598 bajas durante la batalla y 6.292 debidas a la malaria. Al Ejército australiano le fue aún peor: frente a los 6.154 soldados muertos en combate, 21.600 sucumbieron a la malaria.

Evidencias como las anteriores nos dan una idea de la importancia que puede tener en el devenir de una guerra lo que *a priori* es el simple metabolito secundario de una planta. Pero ¿de qué modo la sustancia extraída de la *Cinchona officinalis* combate tan eficazmente la malaria? El mecanismo mediante el que la quinina destruye los parásitos responsables de la malaria no ha sido del todo esclarecido, pero las investigaciones apuntan a que su acción se desarrolla en el interior del propio glóbulo rojo humano, donde se esconde el parásito. Ocultos dentro de los eritrocitos a los que van a destruir, los *Plasmodium* tienen un peligroso enemigo en el grupo hemo de la hemoglobina, que contiene y da color a la célula sanguínea. Resulta que esta sustancia es altamente tóxica para el parásito, de modo que mientras este prolifera en el interior del glóbulo rojo, y antes de destruirlo, debe transformar el grupo hemo en una sustancia inocua para él, conocida como hemozoína. La quinina, si bien todavía no sabemos a ciencia cierta cómo lo hace, impide la transformación del grupo hemo en hemozoína, provocando así la muerte del patógeno.

Independientemente de cuál sea su mecanismo de acción, no hay ninguna duda de que la quinina extraída de la corteza de la *Cinchona officinalis* ha resultado ser una sustancia muy efectiva para el tratamiento de la malaria. De hecho, todavía se sigue utilizando en muchos países africanos para el tratamiento de casos de malaria de baja gravedad. Esta evidencia no impide que en determinados contextos —por ejemplo, empleada como profilaxis— haya generado, en vez de solucionado, problemas de salud. La decisión del coronel Gorgas de utilizar la quinina en grandes dosis como preventivo de la malaria durante la construcción del Canal de Panamá no solo resultó ineficaz en la mayoría de las ocasiones, sino que se convirtió en un grave problema de salud pública. En primer lugar, el tratamiento preventivo con quinina suprimía la infección en muchos individuos, pero estos no eliminaban los parásitos de la sangre, sino que los mantenían y acumulaban en el rojo fluido en un estado que era infectivo para el mosquito. Así, aunque el trabajador no llegase a enfermar y pudiera trabajar sin descanso en la construcción que uniría dos océanos, se convertía en una despensa andante de parásitos listos para llegar hasta las glándulas salivales de los mosquitos que lo picasen buscando alimento, y que al picar a otro individuo sano le contagiarían con la enfermedad. La errónea estrategia del bienintencionado coronel William Gorgas tuvo un segundo y más inmediato efecto secundario: la muerte de más de doscientos veinticinco trabajadores, en su mayoría españoles e italianos, por la conocida como «fiebre de aguas negras». Elevadas dosis de quinina, la presencia del *Plasmodium* (especialmente cuando se trata de la especie *Plasmodium falciparum*) en la sangre y cierta predisposición genética combinadas provocaban la destrucción masiva de glóbulos rojos y, con mucha frecuencia, la muerte del individuo.

El de la quinina es un relato de éxito para la propia sustancia, que es considerada actualmente una de las moléculas más importantes en la historia de la humanidad, pero su notoriedad también ha sido responsable de la debacle en la que se encuentra sumida su principal productora en la naturaleza. Desde su descubrimiento como antimalárico hasta el año 1820, cuando los farmacéuticos franceses Joseph Caventou y Joseph Pelletier consiguieron aislarla de los tejidos de la planta, se preparaba triturando la corteza del árbol hasta obtener un fino polvo, el cual se mezclaba normalmente con vino antes de ser bebido por el enfermo. A partir del hallazgo de los Joseph se empezó a emplear la quinina pura sin otros restos del vegetal, lo que no evitaba la destrucción de un árbol que solo crecía en regiones amazónicas circunscritas a áreas muy concretas de Perú, Ecuador, Colombia y Bolivia. A la gigantesca demanda mundial de quinina para tratar la malaria se unieron la dificultad para identificar adecuadamente a la *Cinchona officinalis* —por su parecido con otras cinchonas con las que comparte hábitat (como la *Cinchona capuli*, la *Cinchona macrocalyx* o la *Cinchona lancifolia*), las cuales poseen cantidades muy inferiores de quinina— y el minúsculo tamaño de sus semillas que, aun facilitando su dispersión, complicaba muchísimo la germinación. Es cierto que en la actualidad podemos sintetizar la quinina en los laboratorios, pero continúa siendo mucho más sencillo y menos costoso (en términos económicos, no ambientales) extraerla de su fuente natural. No es menos cierto que desde hace algunas décadas disponemos de fármacos antimaláricos de origen sintético, como la cloroquina y la hidroxicloroquina, pero la frecuencia con la que los parásitos desarrollan resistencias ante estos fármacos ha supuesto el retorno de la quinina en algunos países, especialmente del denominado tercer mundo. Todos los factores anteriores, en mayor o menor medida, han conducido a que en la actualidad la *Cinchona officinalis* esté catalogada como especie en peligro según los criterios que establece la IUCN.*

* Unión Internacional para la Conservación de la Naturaleza, IUCN por sus siglas en inglés.

Por ende, la quinina, excepto en los casos concretos de aparición de resistencia a los antimaláricos clásicos, solo se emplea actualmente en el tratamiento de la babesiosis, una enfermedad poco frecuente provocada por un parásito llamado *Babesia microti* que, al igual que el *Plasmodium* de la malaria, infecta los glóbulos rojos de la sangre, solo que en vez de transmitirse por la picadura de un mosquito lo hace por el mordisco de una garrapata. Sin embargo, aun relegada a un uso médico muy restringido, esta sustancia no ha perdido ni un ápice de la fama que alcanzase en siglos anteriores, pero no ya como el principio activo de un fármaco, sino como el componente de un refresco: el agua tónica.

Fue en 1858 cuando al empresario londinense Erasmus Bond, propietario de la compañía Pitt and Company, se le ocurrió combinar otro de los descubrimientos de moda, el agua carbonatada, con la famosa quinina para preparar un tónico aromatizado que denominó Pitt's Aerated Tonic Water. Pero la compañía de Bond no presentó en sociedad el producto como un simple refresco, sino como un medicamento. El 17 de agosto de 1861, en páginas interiores de la revista médica *The Lancet*, se podía leer la siguiente información publicitaria de las bondades que sobre la salud tenía el agua de Erasmus Bond, una de las primeras tónicas de la historia:

> En pacientes febriles, nerviosos, epilépticos, histéricos; en los temperamentos neurálgicos, reumáticos y gotosos, especialmente en forma crónica, y en climas tropicales o cálidos, en los que muy a menudo las bebidas más fuertes son completamente inadmisibles, el agua tónica resultará ser una bebida dietética muy valiosa para promover el apetito y la digestión, y sería de peculiar valor para los pacientes convalecientes de la fiebre o disentería de la India y otros climas cálidos.

Un reciente estudio desarrollado por científicos alemanes del Instituto Bernhard Nocht de Medicina Tropical comprobó que sería necesario ingerir cantidades exageradas de tónica para alcanzar niveles de quinina en la sangre del individuo que tuviesen alguna, aunque mínima, eficacia terapéutica contra el parásito de la malaria. No es descartable que en el agua tónica que bebían en el Reino Unido durante la época victoriana la cantidad de quinina fuera mucho mayor y el brebaje realmente actuase como un fármaco, pero eso sí: un incremento de quinina lleva forzosamente aparejado un incremento del amargor que presenta la bebida. Quizás por ese motivo los colonos británicos en la India comenzaran a mezclar el agua tónica con ginebra... o quizás no fuera ese el motivo. ¿Quién sabe? ¿No le añadimos nosotros ahora frambuesas y pepino a un *gin-tonic* sin un motivo claro?

Es muy probable que en sus inicios el agua tónica se considerase una especie de fármaco y que solo después, cuando se descartaron todas las posibles aplicaciones médicas, se convirtiera en lo que ahora es: un refresco. De hecho, existen varios artículos alimenticios que han seguido una trayectoria similar; por ejemplo, la goma de mascar. En su origen el chicle se vendió como un producto que prometía ejercer ciertas bondades sobre la salud del consumidor, y hoy día, cuando millones de personas lo consumen como una golosina y casi nadie lo relaciona con la salud, curiosamente, se postula como un interesante medio para suministrar fármacos.

### Vegetales para masticar

Esta vez no se lo perdonarían. Que su alteza serenísima el general Santa Anna buscara refugio en el mismo país que había arrebatado a los mexicanos gran parte de su territorio era un pecado imperdonable. Antonio López de Santa Anna, el héroe de Tampico que combatió contra los españoles por la independencia de México, el bravo guerrero que perdió una pierna y varios dedos de la mano luchando con los franceses por culpa de unos malditos pasteles,* el mismo que alcanzó la presidencia de su país al menos en once ocasiones diferentes, se había exiliado en Estados Unidos después de que México perdiera la guerra y de que el propio general firmara el Tratado de Guadalupe Hidalgo, cediendo más de la mitad de la superficie del país a los gringos por 15 millones de miserables dólares. Santa Anna había renunciado definitivamente a la presidencia de México y quizás nunca pudiera regresar, pero allá donde el destino lo arrastrase siempre llevaría encima, más bien aplastada entre las muelas, una minúscula porción de su país: la pegajosa savia del chicozapote.

La *Manilkara zapota*, comúnmente conocida como chicozapote, es un árbol de lo más conformista, pues se muestra indiferente al tipo de suelo en el que hunde las raíces y al relieve —plano, inclinado o escarpado— que lo ve crecer, desarrollándose bajo casi cualquier condición siempre y cuando las temperaturas no desciendan demasiado y disponga de suficiente humedad en el ambiente. Se trata de un árbol originario de Centroamérica, pero su gran adaptabilidad le ha permitido llegar a casi todas las regiones tropicales del mundo donde el humano ha tenido a bien llevarlo. Grandes plantaciones de chicozapote crecen hoy en la India, Tailandia o las Filipinas, donde su fruto —similar al níspero— es muy apreciado. No obstante, los antiguos mayas también empleaban la savia de la *Manilkara zapota* para elaborar una sustancia gomosa de la que se servían para limpiar la boca y

* Se conoce como la «guerra de los pasteles» al conflicto que en 1838 enfrentó al pueblo mexicano con los franceses. El nombre se debe a la creencia de que el conflicto se originó, entre otros motivos, por unos pasteles (más de mil) que los oficiales mexicanos se comieron y se negaron a pagar al dueño francés de un establecimiento de una localidad cercana a la actual Ciudad de México. En realidad, la causa de la guerra se debió a la negativa del Gobierno mexicano a conceder ciertas prerrogativas en lo referente a las rutas comerciales francesas por Centroamérica.

las encías después de comer o simplemente para inducir la salivación.

El procedimiento que utilizaba la antigua civilización precolombina para extraer y preparar el chicle debió de ser muy similar al que todavía hoy llevan a cabo los últimos chicleros del estado mexicano de Quintana Roo. En los bosques húmedos de la península de Yucatán, y siempre durante la época de lluvias, los chicleros seleccionan cuidadosamente aquellos ejemplares de chicozapotes que, tras al menos ocho años de descanso, se han recuperado adecuadamente de la última extracción de savia. Empleando un machete afilado realizan profundas incisiones en la corteza del árbol, desde la base del tronco hasta los lugares más elevados, limítrofes con la copa. Una especie de resina desciende lentamente por las heridas transversales que se le han infligido al árbol, pudiéndose recolectar hasta ocho kilogramos de producto por cada uno. Se eliminan los residuos de mayor tamaño de la resina extraída mediante el sangrado del chicozapote y, a continuación, se procede a su cocción, evaporando parte del agua que contiene hasta obtener una sustancia densa y viscosa que al enfriarse forma el chicle.

El general Santa Anna recibía periódicamente desde su país natal pedazos de savia purificada y solidificada de la *Manilkara zapota*, que masticaba a casi cualquier hora del día, incluso bajo la asombrada mirada de su secretario personal. El futuro inventor y comerciante estadounidense Thomas Adams ejercía por entonces de ayudante del general mexicano en el exilio, y su perspicacia natural para los negocios intuyó en aquella gomosa sustancia un sustituto barato para el caucho con el que se fabricaban los neumáticos de los automóviles. Sin embargo, la savia solidificada del chicozapote era demasiado blanda como para soportar los efectos mecánicos de la fricción y las altas temperaturas que se generaban cuando las ruedas rozaban sobre la carretera. De modo que, tras descartarlo también como material para fabricar juguetes y otros variopintos tipos de productos, se le ocurrió emplear la goma del chicozapote tal como lo hacía el propio expresidente mexicano: como goma de mascar.

En 1871, Thomas Adams comenzó a comercializar el chicle elaborado con la savia de la *Manilkara zapota* bajo el nombre de Adams New York Chewing Gum, y poco tiempo después añadió a la goma de mascar un saborizante a regaliz con el que preparó el legendario chicle Black Jack. Aunque poco a poco el chicle comenzaba a abrirse paso en el mercado norteamericano (no en vano el propio Adams construyó la primera máquina expendedora de chicles), no fue hasta que el empresario y dueño del equipo profesional de béisbol de los Chicago Cubs, William Wrigley Jr., ideara una sencilla y efectiva estrategia de *marketing* que el chicle consiguiera alcanzar las cotas de popularidad que hasta hoy mantiene. En 1915, Wrigley buscó a sus futuros clientes entre las páginas de las guías telefónicas de las principales ciudades de Estados Unidos, y a cada ciudadano que en ella aparecía le envió gratuitamente un paquete de chicles: el éxito del producto fue casi inmediato. Se estima que cada año se venden en el mundo 374.000 millones de chicles, en cuya elaboración se emplean 560.000 toneladas de material. Por suerte para la existencia del chicozapote, en la actualidad son muy pocos los chicles que se elaboran empleando su savia, siendo su principal componente el acetato de polivinilo que se extrae de la fracción de naftas del petróleo y al que se añaden diferentes saborizantes.

Tan grande fue la fama que alcanzó el chicle que las empresas farmacéuticas no tardaron en ver en este producto de origen vegetal una alternativa barata y sencilla a las píldoras y los jarabes en la administración de fármacos. El primer «chicle funcional» (pues así se denomina a la goma de mascar que porta algún fármaco) se comercializó el año 1924 en Estados Unidos bajo el nombre de Aspergum. Se trataba de un chicle con sabor a naranja que contenía 0,227 gramos de ácido acetilsalicílico y que, tal como referían los anuncios publicitarios que inundaban las páginas interiores de los periódicos, se vendía en paquetes de dieciséis unidades, permitía tomar la aspirina en formato masticable en cualquier lugar y momento ya que prescindía del agua... y a los niños les encantaba. Esta última afirmación podría haberse tratado de una opinión interesada de la empresa que comercializaba el producto si no fuera porque la experiencia nos ha demostrado el profundo vínculo que se establece entre niños y jóvenes con el chicle. Extraña es la ocasión en la que un maestro no tiene que pedir a alguno de sus alumnos en el aula que se saque el chicle de la boca y lo tire a la papelera. Curiosamente, en el año 2010, se desarrolló en el estado alemán de Baviera un estudio piloto en el que los maestros de primaria daban chicles a sus alumnos para masticarlos durante la clase con el objetivo de favorecer su concentración y facilitar el aprendizaje. La opinión de algunos neurólogos es que la masticación constante de un chicle estimula áreas cerebrales relacionadas con la atención, activa el estado de alerta, al aumentar el flujo de sangre que llega al cerebro, y disminuye los niveles de cortisol y, de ese modo, el estrés del individuo. En realidad se trata de especulaciones con cierto fundamento que todavía no han sido confirmadas, y que de hacerlo abrirían un nuevo mundo de posibilidades terapéuticas para el chicle. Mas lo que sabemos con certeza (porque la propia Barbra Streisand lo confesó en una entrevista) es que al menos había una niña que a finales de los años cincuenta daba alguna utilidad a los chicles medicados de la marca Aspergum; no por su acción analgésica, tampoco por su sabor, sino por el hecho de que su color era similar al del esmalte de la dentadura, y la futura actriz y cantante podía introducirse en los huecos de la encía bolitas mascadas del chicle que simulasen los dos dientes que le habían arrancado y cuya ausencia se notaría demasiado en la obra de teatro de la que era protagonista.

A pesar de que aún se siguen fabricando chicles funcionales con los más variados fármacos, que contienen desde antibióticos para eliminar las bacterias de la boca, pasando por la nicotina con la que se trata de deshabituar al fumador, hasta antifúngicos con los que combatir la candidiasis orofaríngea en enfermos de sida, su empleo sigue siendo marginal. En la actualidad algunos grupos de investigación han vuelto a poner el foco en la goma de mascar como medio seguro y eficaz para suministrar fármacos al paciente. El empleo de chicles, en los que el azúcar que se añadía de forma clásica se ha sustituido por edulcorantes relativamente menos dañinos para la salud, tiene como ventaja frente a otros métodos de administración de fármacos un menor riesgo de sobredosis, una mejor aceptación por niños y adolescentes y el hecho, tal como pregonaba la publicidad del Aspergum, de que no se necesita agua para tomarlo con seguridad. El posible venidero auge de los chicles medicinales llevaría aparejada la búsqueda de nuevas materias primas de origen vegetal que acabasen con la hegemonía de los productos derivados del petróleo, que cada vez con mayor frecuencia se perciben como dañinos para el medio ambiente. Entre las sustancias naturales que se están estudiando como posibles portadores de fármacos en chicles funcionales destaca, por su abundancia y la capacidad para llevar a cabo una liberación sostenida y controlada del principio activo, un compuesto vegetal termoplástico de color amarillo pálido, muy similar al ámbar, llamado colofonia. Esta resina —que, mezclada con otras sustancias, ha sido empleada tradicionalmente por el Vaticano para producir la fumata blanca que anuncia a la cristiandad la elección de un nuevo papa— aparece en muchas de las especies de coníferas, pero es especialmente abundante en el *Pinus taeda.*

El taeda es un pino de gran tamaño característico del sureste de Estados Unidos que fácilmente supera los treinta metros de altura y que, en ocasiones, incluso roza el medio centenar de metros. Como nuestro pino canario (*Pinus canariensis*), agrupa sus acículas de tres en tres, pero a diferencia de este gusta por suelos encharcados y pantanosos. Cierto es que el más famoso de los taeda crecía tranquilamente sobre el cuidado césped junto al hoyo 17 en el Augusta National Golf Club, haciendo la vida imposible al presidente Eisenhower, pues rara era la ocasión en que no golpeara sus ramas con la bola. Tanta antipatía suscitaba el árbol en el presidente que en una de las reuniones del club insistió en que debía ser arrancado. Por suerte, no le hicieron ningún caso, aunque desde entonces se le conoció como «el árbol de Eisenhower». Es probable que Tiger Woods también tuviera algún mal pensamiento sobre el pino después de dañarse el tendón de Aquiles al resbalar con sus acículas; pero tuvo que ser una tormenta de hielo quien terminara en el año 2014 con el soberbio taeda. Aun lamentando la pérdida de un hermoso árbol de más de cien años, tenemos la suerte de que todavía quedan muchos taeda, ya que se trata de la segunda especie arbórea más abundante en Estados Unidos. Quizás sea esta la causa de que la colofonia que produce se postule como una materia abundante y barata con la que fabricar chicles medicinales, y también es posible que por tratarse de un árbol simbólico en Estados Unidos sus semillas fueron elegidas para viajar a la Luna.

## Árboles en la Luna

Jamás había tenido una sensación de soledad tan abismal, ni siquiera en aquellas ocasiones cuando, sostenido por el paracaídas, se sumergía entre el humo denso, opresivo y asfixiante que nacía del grito silencioso de cientos de árboles ardiendo. Allí, en el módulo de comando que habría de devolverlos a casa, a 384.000 kilómetros de su hogar, girando en órbita alrededor de la Luna, Stuart Roosa, piloto de la misión Apolo XIV, debió de sentir un desamparo como solo un puñado de hombres han llegado a imaginar. Durante los dos días que Roosa estuvo solo en la pequeña nave, girando alrededor del satélite en la oscuridad del espacio, su única compañía con vida serían las semillas que había traído con él desde la Tierra.

Antes de ocupar el cargo de piloto de pruebas para la Fuerza Aérea de Estados Unidos y, posteriormente, de astronauta, Stuart Roosa había trabajado como paracaidista en el servicio forestal, acostumbrándose a aterrizar con su paracaídas en mitad de un incendio, para una vez entre las llamas cavar una trinchera que detuviera, o al menos demorara, su propagación. El arrojo que le reconocían sus excompañeros y la habilidad que después demostró como piloto de combate solo fueron dos de los motivos para ser elegido componente de la tripulación principal de la misión Apolo XIV, sin siquiera haber formado parte previamente de alguna tripulación de respaldo. Saltándose una norma no escrita, el novato Roosa sería el encargado de pilotar el módulo de comando Kitty Hawk en la misión, de la que también formaban parte los astronautas Edgar Mitchell y Alan Shepard. Pocas semanas antes del lanzamiento del Apolo XIV (el último día de enero de 1971), el jefe del servicio forestal, que conocía a Roosa de sus días de paracaidista, le consultó sobre la posibilidad de llevar al espacio junto a su equipaje varias bolsitas de plástico llenas de semillas. El objetivo científico de tal propuesta consistía en estudiar la viabilidad genética de las semillas de varios árboles comunes una vez tratasen de ser germinadas en la Tierra tras pasar varios días en condiciones de baja gravedad en el espacio.

Mientras Shepard y Mitchell se encontraban sobre la superficie lunar recogiendo muestras de rocas (más de cuarenta kilogramos trajeron de aquella misión), realizando experimentos y, especialmente el comandante Alan Shepard, jugando un par de bolas al golf entre los cráteres lunares, Roosa se hallaba a los mandos del Kitty Hawk orbitando alrededor de la Luna, haciendo fotos al satélite inerte y con varios centenares de semillas que debían volver a la Tierra haciéndole compañía. Los científicos del servicio forestal habían suministrado a Roosa simientes de cinco tipos de árboles muy comunes en Estados Unidos. Por supuesto, entre ellas se encontraban las relativas a la especie a la que pertenece el árbol de Eisenhower, pero también al liquidámbar (*Liquidambar styraciflua*), al abeto de Douglas (*Pseudotsuga menziesii*), a la secuoya (*Sequoia sempervirens*) y al plátano occidental (*Platanus occidentalis*). Cuando el 9 de febrero de 1971 los tres astronautas amerizaron en pleno océano Pacífico, entre los materiales y muestras lunares que traían con ellos se encontraban varios centenares de semillas.

En la Universidad de Arizona, como discreto compañero de un achacoso banco de madera, en un pequeño jardín situado entre el planetario y el edificio de ciencias espaciales Kuiper, crece vigoroso un plátano occidental que cuentan conoció la Luna siendo tan solo un embrión. Las semillas que junto a Roosa retornaron a la Tierra no mostraron diferencia alguna con las que permanecieron como grupo de control en los laboratorios del servicio forestal estadounidense, y la mayoría germinaron sin ningún problema. Lo curioso es que, pese a tratarse de un estudio científico que debería estar controlado, durante mucho tiempo se perdió la pista de las semillas lunares, que fueron donadas a distintas instituciones educativas, artísticas o políticas del país, o viajaron a otras naciones como Francia o Brasil en forma de regalo de buena voluntad de las autoridades norteamericanas. Jack Roosa, tras la muerte de su padre Stuart Roosa, comenzó con la laboriosa búsqueda de las simientes lunares con el objetivo de confeccionar un informe que recogiera la localización exacta y la fecha en que fueron plantados los árboles que tuvieron su origen en las semillas que llevó al espacio su progenitor. Precisamente, en el año 2015, a la sombra del espécimen de plátano occidental que crece en la Universidad de Arizona, Jack Roosa realizó un discurso para celebrar los cuarenta años que cumplía el árbol lunar y homenajear al astronauta que llevó las semillas al espacio.

Lo cierto es que de no conocerse la insólita historia de la semilla que lo engendró, el plátano que crece en la Universidad de Arizona no llamaría la atención de nadie, pues parece una planta más de las muchas que tenemos en nuestras ciudades. Los árboles del género *Platanus* son árboles urbanitas, a los cuales podemos ver proliferar saludablemente en los rincones de casi cualquier ciudad del mundo. Es un árbol que se desarrolla sin problema en todo tipo de suelos: su crecimiento es muy rápido, soporta temperaturas extremas sin sufrir apenas daño, las sequías parecen no afectarle y tolera con estoicismo el aire contaminado de las grandes ciudades. Este todoterreno del mundo vegetal es muy apreciado en el medio urbano tanto por la sombra que producen sus grandes hojas palmeadas (no en vano al híbrido *Platanus* × *hispanica* lo llamamos «plátano de sombra») como por su capacidad para acumular contaminantes en la corteza y capturar materia particulada con sus hojas.

La materia particulada (PM) está constituida por partículas muy pequeñas y de naturaleza variada que penetran a través de la nariz y la boca y alcanzan con facilidad las vías respiratorias inferiores. Tan minúsculas son estas partículas que llegan sin problema hasta los alveolos pulmonares y pasan a través de estos a la sangre, que las distribuye por los diferentes órganos del individuo. La peligrosidad de la materia particulada depende de la naturaleza química de esta, pero de forma general, y debido a su minúsculo tamaño, se considera muy dañina para la salud: se estima que en áreas urbanas muy contaminadas la inspiración diaria de materia particulada acorta la vida del individuo en casi tres años. Los automóviles son su principal fuente de emisión en las ciudades, y los árboles la única herramienta de la que podemos valernos para eliminar estos contaminantes una vez que se encuentran dispersos en el aire. Un estudio realizado en la ciudad de Chicago durante la primera década del siglo XXI calculó que, en un solo año, los árboles de la ciudad habían retirado del aire unas 212 toneladas de materia particulada.

Las hojas de los árboles del género *Platanus* son muy eficaces atrapando la materia particulada y, al producir generosas sombras, contribuyen a regular el microclima de la ciudad y a hacerla más habitable. Sin embargo, la presencia de este tipo de árboles en el entorno urbano también desencadena algunos problemas para la salud del ciudadano. Los *Platanus* emplean la polinización anemófila (se valen de las rachas de viento para dispersar el polen), y para optimizar este proceso la evolución ha optado por la estrategia del «burro grande»: es decir, sus inflorescencias producen cantidades ingentes de polen (de las mayores conocidas entre las plantas angiospermas) y, para colmo de los alérgicos, su periodo de floración se extiende durante varias semanas. Ambos factores, junto con la pequeña cantidad que de este polen se necesita para desencadenar una respuesta alérgica en el individuo, hacen que el plátano alcance una puntuación elevada dentro de un parámetro conocido como valor del potencial alergénico (VPA). De este modo, se le considera la principal especie arbórea responsable de provocar la alergia al polen dentro de las áreas urbanas.

Más allá de las enormes cantidades de polen que fabrican sus flores, los científicos han descubierto otro tipo de sustancia que los plátanos también sintetizan en abundancia y que ocultan como un tesoro en su corteza, hojas y frutos: unos compuestos químicos de naturaleza fenólica que se denominan de forma genérica «platanósidos». Estas sustancias son, como tantas otras en otros tantos vegetales, metabolitos secundarios que el árbol utiliza para protegerse de microorganismos y animales herbívoros, y que en ciertos contextos el hombre ha empleado en su propio beneficio. Dioscórides recomendaba las hojas tiernas del *Platanus orientalis* cocidas en vino para hacer cataplasmas con las que tratar la conjuntivitis y los flemones; el médico persa Avicena aconsejaba recolectar las hojas del plátano cuando amarilleaban y utilizarlas para aplacar el dolor de muelas; y las hojas y corteza del *Platanus occidentalis* fueron el principal ingrediente de las infusiones que preparaban los nativos americanos para combatir el resfriado y la tos. Aplicaciones, todas ellas, que carecen de suficiente evidencia científica (el propio Dioscórides también recetaba las cataplasmas de hojas de plátano para curar la mordedura de una serpiente venenosa). Parecían, pues, ser el resultado de creencias y tradiciones no del todo acertadas... hasta que recientemente los científicos han descubierto que los platanósidos que contiene el fruto de los árboles del género *Platanus* se postulan como una de las sustancias más prometedoras para elaborar medicamentos que nos defiendan de las letales bacterias multirresistentes a los antibióticos.

Con el descubrimiento de la penicilina comenzó una época dorada en la producción de fármacos que permitían combatir eficazmente las enfermedades infecciosas de origen bacteriano. Muchas de las afecciones que arrastraban a nuestros antepasados a la tumba con el uso de los antibióticos parecían transformarse en un mal sueño condenado al olvido. La sustancia producida por el hongo *Penicillium notatum*, que en 1928 Alexander Fleming descubriese colonizando las placas sembradas de bacterias que dejó olvidadas en su laboratorio del St. Mary's Hospital Medical School, en Londres, sería la primera de las 8.000 sustancias diferentes que actualmente sabemos capaces de matar bacterias. En realidad tan solo un centenar de esas sustancias, por presentar baja toxicidad para los seres humanos, pueden ser empleadas como antibióticos; y el problema es que cada día que pasa se vuelven menos eficaces. El panorama no es nada esperanzador: actualmente se producen más de 700.000 muertes al año debido a bacterias resistentes a los antibióticos, y la Organización Mundial de la Salud estima que para el año 2050 esta cifra anual superará con holgura los diez millones.

La aparición de bacterias resistentes a los antibióticos es una consecuencia normal del funcionamiento de la vida y de la selección natural: los organismos se adaptan a las circunstancias o desaparecen, y la experiencia nos ha demostrado que las bacterias son más de decantarse por la primera opción. Es cierto que la aparición de fortalezas ante los fármacos resulta inevitable —las bacterias suelen adquirir genes de resistencia a través de otras bacterias (muchas veces las mismas que utilizamos para producir los antibióticos)—, pero también es una certeza que los humanos hemos acelerado ese proceso. El uso indiscriminado de antibióticos, la falta de control en su dispensación, el incumplimiento por parte del enfermo de los periodos de tratamiento estipulados por el médico y el empleo sin ningún control en la cura y la prevención de las enfermedades del ganado o en la acuicultura han provocado que muchos muchísimos de los antibióticos que hasta hace muy poco tiempo nos eran eficaces para combatir enfermedades ya no sirvan para nada. El negro panorama que se nos cierne ha movilizado a la ciencia en la búsqueda de nuevas sustancias con actividad antibiótica, escudriñando lugares inesperados en busca de organismos ignotos capaces de fabricar nuevos antibióticos que antes solo producían los hongos y las bacterias. Actualmente rastreamos nuevos antibióticos en el fondo del mar, en la corteza del queso, en el interior de la vagina humana... y, por supuesto, en el reino de las plantas. Los platanósidos contenidos en los frutos del árbol de la luna más común en nuestros parques y aceras están dando resultados prometedores en cuanto a la destrucción de bacterias patógenas.

Los primeros ensayos realizados con los metabolitos que produce el plátano occidental han descubierto al menos cuatro sustancias capaces de impedir el crecimiento del *Staphylococcus aureus* resistente a la meticilina (SARM). El SARM es probablemente la bacteria multirresistente a los antibióticos más peligrosa para los humanos, por su dificultad para tratar las infecciones que provoca y por el hecho de propagarse a través del simple contacto con la piel. Que los platanósidos del sicomoro muestren cierta capacidad para evitar la proliferación del SARM es una gran noticia que deberá confirmarse con nuevas investigaciones. Pero el árbol que fue a la Luna no es el único del género *Platanus* que nos puede proveer de sustancias con actividad antibiótica. Un estudio publicado en 2021 por investigadores pertenecientes al equipo de Microbiología y Resistencia Antibiótica (MicroART) de la universidad portuguesa de Trás-os-Montes e Alto Douro descubrió que los compuestos fenólicos que contiene el fruto del *Platanus* × *hispanica* inhiben el crecimiento de varias especies de bacterias multirresistentes a los antibióticos. Estos polifenoles impiden que las bacterias sinteticen las biopelículas que facilitan su asociación y supervivencia, neutralizan las toxinas microbianas e inhiben tanto la síntesis de ácidos nucleicos como el desarrollo de la pared bacteriana del microorganismo. Multiplicidad de mecanismos para destruir bacterias que aúpan a los árboles del género *Platanus* como prometedora fuente de principios activos con los que elaborar fármacos útiles, al menos por un tiempo, para combatir las bacterias multirresistentes a otros antibióticos.

5

# En pie de guerra

*«Con la más profunda sumisión y respeto, el humilde servidor de su señoría, reverendo Edward Stone. Chipping Norton, Condado de Oxfordshire.»*

*Estampó la firma con delicadeza, dejando que la pluma se deslizase alternativamente arriba y abajo sobre la amarilla hoja de papel y, como quien ha concluido una tarea imposible, se dejó caer contra el respaldo del sillón. Ya estaba hecho: cuando el muchacho llevara la carta no habría vuelta atrás. En apenas dos cuartillas dirigidas al muy honorable George Earl de Macclesfield se recogían cinco años de infructuosos trabajos, de experimentos en los que él mismo había actuado como conejillo de Indias, de un lustro dedicado a las ciencias farmacológicas que lo habían alejado del álgebra y de las elucubraciones sobre el errático tránsito del segundo de los planetas. Este descubrimiento podía cambiarlo todo. La corteza del sauce escondía un secreto quizá más poderoso que la quinina del árbol del Perú. Pero ¿y si se equivocaba? Su mundo eran las letras y los números, no las plantas y la química; se movía con destreza en el ámbito pacífico de la observación y el análisis, pero no en los inestables dominios de la experimentación. Tales ideas le sumían en vértigos fríos y, como de costumbre, la fiebre volvió a aparecer.*

*El reverendo Stone desenvolvió el pañuelo de blanca seda con las letras «E. S.» bordadas en una esquina, y sacó aquel polvo acibarado y marrón. Pensó que esta vez con un pellizco sería suficiente.*

El 25 de abril de 1763, el reverendo Edward Stone remitió una carta al segundo conde de Macclesfield, el muy honorable George Earl, que por entonces ejercía como presidente de la Royal Society, la sociedad científica más antigua del Reino Unido. En ella explicaba detalladamente sus experiencias con una sustancia que el propio reverendo había extraído de la corteza de los sauces blancos (*Salix alba*) que crecían junto al arroyo de Chipping Norton donde residía. Seis años atrás, el reverendo Stone —según aseguraba, «por accidente»— había ingerido restos de la corteza del sauce y su sabor amargo le trajo inmediatamente a la memoria el inconfundible gusto de la quinina. La asociación entre el dejo de ambas sustancias arrastró su pensamiento hacia las fiebres tercianas que se combatían con la quinina. De modo que si la corteza peruana se empleaba para tratar sus síntomas..., ¿podría también servir la corteza del sauce para tal menester?

El reverendo encontró otra certeza que reforzaba aún más aquella posibilidad: los sauces crecían y se desarrollaban junto a los ríos, del mismo modo que la malaria se ensañaba con especial inquina contra los pobladores de regiones húmedas y encharcadas (no en vano este es el ambiente ideal para el mosquito que actúa como vector del *Plasmodium*). Se podría pensar que resulta muy débil establecer un vínculo entre el árbol y la enfermedad por la simple circunstancia de compartir un hábitat similar si no fuera por el hecho de que por aquel entonces —no olvidemos que estamos hablando del siglo XVIII— hasta las mentes más analíticas asumían que los remedios para una enfermedad no se encontraban alejados del lugar donde se originaban sus causas.

Pertrechado con tales certidumbres, Stone decidió comprobar su hipótesis, y para ponerla en práctica recolectó algo más de medio kilogramo de la corteza de varios sauces trasmochos que crecían cerca de su casa, pulverizó la corteza y la dejó secar en un horno para hacer pan. Cuando una noche de invierno la fiebre comenzó a agarrotarle las piernas, vio el momento adecuado para probar consigo mismo los efectos del polvo amarillento en que se había convertido la corteza del sauce. Al principio el miedo le hizo ser precavido, de modo que la dosis fue tan pequeña que apenas percibió mejoría alguna. En una segunda ocasión, animado por la falta de efectos secundarios, aumentó la cantidad de corteza pulverizada y... los dolores y la fiebre desaparecieron como por arte de magia. Stone siguió utilizando con éxito los polvos del sauce para tratarse la fiebre y los dolores durante cinco años consecutivos, compartiendo su descubrimiento con «al menos cincuenta personas», sin que ninguna vez la corteza del árbol le llegase a fallar.

El reverendo Stone trató de corroborar en diferentes libros y manuscritos botánicos las aplicaciones farmacológicas que él había descubierto en la corteza del sauce, pero no logró encontrar referencia alguna. Sin embargo, lo cierto es que la mayoría de las principales aplicaciones médicas de los salicilatos que contienen los árboles del género *Salix* ya eran conocidas desde la Antigüedad. En 1862, casi un centenar de años después de la muerte del propio Stone, el egiptólogo norteamericano Edwin Smith, a quien algunos consideraban más un aventurero y traficante de antigüedades que un científico, descubrió en la necrópolis de Asasif en Egipto un papiro escondido entre los restos descompuestos de una momia. Incapaz de descifrar su contenido, se lo vendió a buen precio a su colega alemán Georg Moritz Ebers, que no solo lo tradujo, sino que además le dio el nombre con el que ahora se le conoce: el papiro Ebers.

Entre novela y novela (Ebers quería transmitir el gusto por las culturas de la Antigüedad intercalando hechos históricos en relatos de ficción) el egiptólogo alemán descodificó la escritura hierática que ocupaba las más de cien páginas del papiro y descubrió que se trataba de un tratado sobre medicina y remedios químicos del antiguo Egipto. En el papiro Ebers, datado en unos 1.500 años antes de Cristo, se menciona un árbol denominado *tjeret* —en la actualidad sabemos que era el sauce blanco—, que los antiguos egipcios empleaban para preparar remedios con los que tratar el dolor y la inflamación. Sin remontarnos tanto en el tiempo, en el 400 a.C., Hipócrates utilizaba las hojas y la corteza de los árboles del género *Salix* como analgésico y antipirético, dándoles a masticar las hojas del sauce a las mujeres durante el parto; y Dioscórides recomendaba mezclar en una cáscara de granada el jugo de la corteza del sauce colorado (*Salix purpurea*) con aceite perfumado de rosas para mitigar el dolor de oídos.

El reverendo Stone comenzaba la primera de las misivas que dirigió a la Royal Society (escribió una segunda carta cuatro años después relativa a la resolución de ecuaciones cúbicas) anunciando un descubrimiento que revolucionaría la farmacología; y si consideramos que el ácido salicílico sería el componente básico sobre el que se erigiría la aspirina (el medicamento más consumido en la actualidad en todo el mundo), no queda más remedio que otorgarle la razón. Sin embargo, todavía faltaba un largo camino que recorrer hasta transformar el ácido salicílico que se extrae de los sauces en el ácido acetilsalicílico como principio activo. El propio Stone finalizaba la carta asegurando que la sustancia contenida en los polvos de la corteza del sauce no mostraba ningún efecto nocivo en el individuo. Por desgracia, aquella percepción no resultó acertada, pues el ácido salicílico provocaba irritación gástrica en la persona que lo ingería y, ante la imposibilidad de eliminar tan desagradables efectos secundarios, las sustancias químicas de la corteza del sauce cayeron en el olvido por un tiempo. Hasta que el químico alemán Friedlieb Ferdinand Runge descubriese el fenol, una molécula que lo cambiaría todo en el mundo de los analgésicos derivados del sauce.

Nada más apearse del tren, fue consciente del error que había cometido. Los rayos de sol del verano neoyorquino que entraban por la ventanilla le habían provocado tal somnolencia como para olvidar el maletín en el asiento contiguo. El doctor Heinrich Albert, agregado comercial de Alemania en los Estados Unidos de América, trató de volver al vagón, pero solo tuvo tiempo para ver a uno de los agentes del servicio secreto yanqui, que lo seguía desde hacía semanas, salir corriendo calle abajo con el maletín en la mano. Los documentos que contenía resultaban tan esclarecedores de la alevosa estrategia que estaba desarrollando el Gobierno alemán en plena Primera Guerra Mundial que no tardaron en llegar hasta las manos del presidente Woodrow Wilson, quien, en 1915, todavía mantenía la esperanza de no verse involucrado en la Gran Guerra. En aquellos papeles secretos, además de claras evidencias sobre sobornos a la prensa norteamericana para garantizar su apoyo a la causa alemana y los planos de una oculta fábrica de armamento que los germanos estaban construyendo en Connecticut, los dirigentes estadounidenses descubrieron un complot que se venía fraguando desde hacía unos meses y en el que, indirectamente, se encontraba implicado el famoso inventor Thomas Edison. Aquel curioso episodio en el que se entremezclaban plantas, compuestos químicos y espías llegó a ser conocido como la «gran trama del fenol». Y eso que el fenol no tiene nada de especial: se trata de un compuesto químico de lo más sencillo, al menos desde el punto de vista estructural, pues une un grupo hidroxilo (OH) a un simple anillo bencénico. Sin embargo, también es una de las sustancias que ha sido de mayor utilidad para la industria. Desde que en 1834 Runge lo extrajera del alquitrán que se origina como subproducto de la industria del carbón, el fenol se ha empleado para fabricar proyectiles, explosivos como el TNP (trinitrofenol) y, por supuesto, ácido acetilsalicílico.

En 1897, un joven químico alemán llamado Felix Hoffmann, que trabajaba para la empresa de tintes de carbón Friedrich Bayer and Company, consiguió acetilar el fenol y, de ese modo, modificar la estructura clásica del ácido salicílico, manteniendo su acción analgésica, antipirética y antiinflamatoria, pero eliminando los efectos secundarios que producía la sustancia extraída de la corteza del sauce. Hoffmann acababa de sintetizar el ácido acetilsalicílico en estado puro que, bajo el nombre comercial de Aspirina®, transformaría una empresa dedicada a los tintes en la poderosa compañía farmacéutica Bayer. Del mismo modo que Hoffmann encontró en el fenol una sustancia básica con la que fabricar su aspirina, Thomas Edison descubrió que también podía ser utilizado para producir discos de vinilo de alta calidad, que el inventor comercializó durante la primera mitad del siglo XX bajo el nombre de Diamond Disc debido a la punta de diamante que tenía la aguja de sus fonógrafos. Los papeles que contenía el maletín olvidado por Heinrich Albert nada decían de la aspirina de Hoffmann ni de los inventos de Edison, pero sí del engaño en el que se habían visto involucrados el famoso inventor y el Gobierno norteamericano.

Hasta poco tiempo antes de que se desencadenase la Primera Guerra Mundial, el fenol que llegaba a Estados Unidos procedía del Reino Unido, pero el inicio de las hostilidades llevó aparejado el fin de las exportaciones al país norteamericano, pues en tiempos de guerra los británicos lo acapararon para emplearlo en su industria armamentística. Edison no tardó en responder a la escasez de una de sus principales materias primas levantando una fábrica de fenol a poco más de treinta kilómetros de la ciudad de Nueva York. A pleno rendimiento, la fábrica de Edison obtenía enormes cantidades de fenol que no solo satisfacían las necesidades de producción para sus discos, sino que además le permitían vender a buen precio los excedentes al Gobierno: Estados Unidos empleaba el fenol de Edison en el lucrativo negocio de la fabricación y venta de armas con las que abastecían a los Aliados durante la Gran Guerra.

La situación tomaba un aspecto poco halagüeño para los intereses del Gobierno alemán, de modo que, tal como revelaron los papeles olvidados en el vagón, se pusieron manos a la obra. A través de empresas ficticias creadas por un espía alemán nacionalizado estadounidense llamado Hugo Schweitzer, que operaba bajo las órdenes del doctor Heinrich Albert, se llegó a un acuerdo con Edison para comprar tres toneladas de fenol al día durante un año, lo que suponía todo el excedente de producción de su fábrica. Con el fenol de Edison, los alemanes lograban dos objetivos: por un lado, impedir que el Gobierno norteamericano suministrase armas a los Aliados, y de ese modo debilitar a estos últimos; y, por otro, vender una parte del fenol a las fábricas de Bayer para que pudieran seguir produciendo aspirinas y la economía del país germano se viera menos afectada por la guerra. Durante el tiempo que la trama del fenol se mantuvo oculta (hasta que los documentos acusadores fueron descubiertos en el maletín extraviado y publicados por la prensa antialemana, y el señor Thomas Edison se vio obligado a dejar de venderles sus excedentes de fenol) se estimó que se había conseguido evitar la fabricación de 2.250 toneladas de explosivos que habrían sido utilizadas por los Aliados contra el Ejército alemán.

En plena guerra mundial, el fenol demostró ser mucho más que un simple compuesto químico. Pero en el mundo vegetal su relevancia es incluso mayor, algo que, gracias a la ciencia, es sobradamente conocido. La mayoría de las plantas producen unos metabolitos secundarios que derivan estructuralmente de la molécula de fenol y que, no en vano, se agrupan bajo el nombre de «compuestos fenólicos». Por supuesto que el ácido salicílico forma parte de este grupo de compuestos, pero también otras muchas sustancias que desempeñan funciones vitales para la supervivencia de las plantas. Los compuestos fenólicos actúan como defensas químicas que utilizan los vegetales contra el ataque de insectos y microorganismos; liberados en el suelo impiden la germinación de las semillas que originarían otras plantas rivales; median en las interacciones que se establecen entre la raíz de la planta y los microbios simbióticos presentes en el suelo; y sin ellos no es posible sintetizar la lignina, componente fundamental de las paredes celulares de la célula vegetal. El papel que en concreto juega el ácido salicílico en las plantas (en el género *Salix* es un químico muy abundante, pero está muy extendido en el reino vegetal) no hace sino crecer en importancia con los descubrimientos que aportan las nuevas investigaciones.

Sabemos, por ejemplo, que el precursor de la aspirina se muestra muy hábil en la eliminación de las especies reactivas de oxígeno (ROS) que producen las células de la planta durante los procesos metabólicos y cuya acumulación desencadena su senescencia. Una interesante investigación descubrió que añadir ácido salicílico al agua de un florero con rosas recién cortadas multiplicaba por seis el tiempo que permanecían lozanas, comparado con las rosas cortadas al mismo tiempo pero cuyos tallos estaban sumergidos en agua corriente. La capacidad del ácido salicílico para ralentizar la senescencia de las flores quizás justifique científicamente la costumbre de añadir una aspirina al agua con la intención de conservar durante más tiempo el ramo de flores que nos han regalado. También hemos conocido que el ácido salicílico promueve la floración en algunas plantas, como la bardana común (*Xanthium strumarium*), y curiosamente han sido los mismos pulgones (áfidos) que se alimentan de su savia quienes nos lo han revelado. Los áfidos sintetizan y excretan una especie de melaza que por su dulzor adoran las hormigas, y los análisis químicos han descubierto que uno de sus principales componentes es el ácido salicílico que, de hecho, le han quitado a la planta. El contacto con la melaza de los áfidos que se alimentan y viven sobre la bardana induce la floración de la propia planta, mientras que el denso fluido excretado por los pulgones con una dieta sintética carente del ácido salicílico vegetal no afecta al proceso de la floración. Además, recientes investigaciones han confirmado que esta sustancia fenólica está detrás de la producción de calor en plantas termogénicas como el lirio vudú (*Sauromatum venosum*).

Las flores masculinas de algunas plantas, especialmente de la familia de las aráceas, generan calor para facilitar la volatilización de los odoríferos que emplean como atrayentes de los insectos polinizadores. Desde que el gran naturalista francés Jean-Baptiste Lamarck describiera este curioso efecto en las flores de las aráceas, se ha estado buscando con interés el «calorígeno» responsable de incrementar la temperatura de una flor hasta en 14 °C. Ahora sabemos que el calorígeno de Lamarck es el ácido salicílico, que es capaz de activar los procesos metabólicos que liberan calor en la planta; pero, de igual modo que sucede con la inducción del proceso de floración en la bardana común, desconocemos por completo el mecanismo mediante el cual actúa. Por el contrario, sí conocemos el mecanismo de acción por el que el ácido salicílico de la corteza del sauce y su famoso derivado sintético aplacan el dolor, disminuyen la fiebre, evitan la formación de trombos y atenúan los procesos inflamatorios en los seres humanos.

En 1930, en los laboratorios del Sloane Hospital para mujeres de Nueva York, los doctores Raphael Kurzrok y Charles Lieb estudiaban la reacción de distintas muestras de úteros humanos cuando se ponían en contacto con el semen de un donante. Estos experimentos buscaban comprender el modo en que semen y tejido uterino interaccionan, con la finalidad de introducir mejoras en las técnicas de inseminación artificial que con tanta frecuencia resultaban ineficaces. Este estudio descubrió que el tejido uterino se contraía en presencia del semen, pero que esta acción era independiente de los espermatozoides, por lo que los doctores dedujeron que las causantes de la respuesta uterina debían ser otras sustancias presentes en el líquido simiente. Pero ¿de qué sustancias se trataba? Tan solo cinco años después, el farmacólogo sueco Ulf Svante von Euler encontró en el semen las desconocidas sustancias que contraían el útero en los experimentos de Kurzrok y Lieb, y a las que, creyendo que su origen se encontraba en el líquido prostático, denominó «prostaglandinas». Este grupo de moléculas químicas induce ligeras contracciones en el útero, facilitando el ascenso de los espermatozoides hacia las trompas de Falopio, pues es en su primer tercio donde se produce la fecundación. Mas las prostaglandinas no solo se localizan en el semen: se trata de un grupo de sustancias muy ubicuas que sintetizan diferentes células del organismo a partir de los ácidos grasos esenciales que ingerimos con los alimentos. Y de ninguna manera su acción se limita a la estimulación del tejido muscular liso (como el que forma el útero), sino que también intervienen en la regulación de la temperatura corporal, cooperan en el proceso inflamatorio y participan en la activación de las terminaciones nerviosas vinculadas a la sensación de dolor, entre otras funciones.

Durante gran parte del siglo XX el mecanismo de acción del ácido salicílico y de su derivado químico, el ácido acetilsalicílico, fue un enigma. El propio *The New York Times* calificaba la aspirina de Bayer como «el fármaco maravilloso que nadie entiende». Sin embargo, en 1971, los bioquímicos suecos Bengt Samuelsson y Karl Bergström, junto al farmacólogo británico John Robert Vane, descubrieron que el ácido salicílico y sus derivados inhibían eficazmente la acción de la enzima ciclooxigenasa (COX), la cual resulta imprescindible para transformar los ácidos grasos esenciales que obtenemos a través de los alimentos en las prostaglandinas. Bloqueando la tarea de la COX, el ácido salicílico impide la producción de las prostaglandinas (y de otras moléculas llamadas tromboxanos que participan en la coagulación de la sangre) y de ese modo disminuye el dolor y la fiebre, rebaja la inflamación y evita la formación de coágulos. Varios años después, los tres científicos compartirían el Premio Nobel de Medicina por este descubrimiento.

Con frecuencia se ha vinculado el ácido salicílico con los árboles y arbustos del género *Salix*, pero lo cierto es que esta sustancia está presente en multitud de familias vegetales. De hecho, existe un grupo de árboles incluso más comunes que los sauces, los álamos (género *Populus*), que podrían haber sido los primeros en suministrar este analgésico natural. Aunque no a los de nuestra especie, sino a unos homininos de nuestra familia que se extinguieron hace ya 40.000 años.

## Neandertales, álamos y holobiontes

Escaleras de metal se apoyaban a diferentes alturas en el tronco pálido y recto, repleto de lenticelas como de espinillas el rostro de un adolescente; sobre ellas, soldados con hachas afiladas que lo afeitaban sin piedad con golpes secos y precisos. Las hojas, acorazonadas, grandes y sanas..., todavía repletas de clorofila, se levantaban del suelo entremezcladas con la arena y el polvo, esquivando a duras penas las esquirlas de madera que disparaban las ramas muertas ante los golpes a la base del tronco. Era extraño: nunca lo habían podado en mitad del verano. Solo que aquel estío, del año 1976, no sería uno cualquiera. Sería el verano en el que pudo haber comenzado, y además por su culpa, la Tercera Guerra Mundial.

Tan solo un lustro después de finalizar la Segunda Guerra Mundial, soviéticos y estadounidenses acordaron dividir la península de Corea utilizando el paralelo 38 a modo de frontera. Al norte quedaría la Corea comunista (la República Popular Democrática de Corea), al sur, la capitalista (la República de Corea), y entre ellas un conflicto enquistado entre hermanos que ha llegado hasta nuestros días. La guerra entre ambas Coreas comenzó la última semana del mes de junio de 1950, cuando, tras varios intentos infructuosos de reunificación, Corea del Norte invadió parte de los territorios de su vecina. El Ejército estadounidense apoyó al Gobierno de Corea del Sur, mientras que los Gobiernos comunistas de China y de la Unión Soviética hicieron lo propio a favor de la República Popular Democrática de Corea. La península de Corea se convirtió en un tablero de ajedrez, con peones humanos, sobre el que se jugó una de las más importantes partidas de la Guerra Fría. Pero, sobre todo, fue el lugar donde se desarrolló una guerra injusta (como todas) y cruenta (como pocas hemos llegado a conocer en la historia de la humanidad) en la que se estima que murieron casi cuatro millones de civiles.

El 27 de julio de 1953 se llegó a un armisticio entre Corea del Norte y China, por un lado, con Estados Unidos, por el otro. Corea del Sur nunca firmó la paz, aunque los combates terminaron... o al menos eso es lo que entonces parecía. En la frontera entre ambas Coreas, y como parte de los compromisos alcanzados en el armisticio, se creó una zona desmilitarizada donde se levantó un campamento neutral permanente que fue conocido como Área de Seguridad Conjunta (JSA). Precisamente en este peligroso lugar era donde, allá por el año 1976, crecía un frondoso y espectacular álamo blanco (*Populus alba*) del que, por haber nacido en medio de las dos partes enfrentadas, ahora solo queda un tocón maltrecho y macilento.

Los árboles del género *Populus* son muy comunes en todo el hemisferio norte: de ahí precisamente les viene el nombre de *Populus* (popular), que les asignó Linneo. Se contabilizan al menos una treintena de especies diferentes de álamos o chopos (como coloquialmente se les denomina en algunos lugares), las cuales, debido a que todas ellas poseen el mismo número de cromosomas (diecinueve parejas), tienen facilidad para hibridar y formar nuevas especies. De modo que si hubiéramos tenido que apostar por un árbol entrometido que nos pusiera al borde de una guerra mundial, aunque solo fuera por un motivo puramente estadístico, deberíamos decantarnos por uno del género *Populus*. De él sabemos que era un árbol grande y adulto —los álamos tienen una tasa de crecimiento brutal y en menos de cinco años desde su germinación ya están listos para reproducirse—, pero ignoramos cuál era su género, pues los *Populus*, en general, tienen especies dioicas donde las flores femeninas y masculinas se encuentran separadas en individuos distintos. Se tratase de un álamo macho o de un álamo hembra, lo que es seguro es que sus frondosas ramas dificultaban la visibilidad del puesto de guardia número 3 de las Naciones Unidas que se ubicaba junto al puente sin retorno que todavía hoy separa ambas Coreas.

El 18 de agosto de 1976 un escuadrón de seguridad de las Naciones Unidas, formado por varios soldados estadounidenses, acompañó a cinco jardineros surcoreanos que tenían como misión podar las ramas del molesto álamo. Está claro que si los trabajadores iban acompañados por una escolta militar se debía a que los norcoreanos se habían opuesto a estas tareas de paisajismo, que consideraban una provocación. Justo cuando las primeras ramas del álamo caían inertes al suelo, surgió en medio de la carretera junto a la que estaba el árbol un camión repleto de soldados norcoreanos con cara de pocos amigos. Los testigos hablan de un fortísimo enfrentamiento verbal entre un capitán del Ejército estadounidense y un oficial norcoreano, y de la orden que este último dio a gritos a sus soldados: «¡Matadlos a todos!». Lo cierto es que a todos no, pero asesinaron, empleando las mismas hachas que habían arrebatado a los jardineros, al furioso capitán y a uno de los tenientes norteamericanos, e hirieron de diferente gravedad a otros nueve componentes del escuadrón de seguridad de las Naciones Unidas. Violentísima y desproporcionada respuesta por parte de las fuerzas norcoreanas, que teniendo las ramas del álamo tan a mano podrían haber recurrido a ellas en vez de a las mortales hachas, remedando así cierta costumbre de la Inquisición española con la que se castigaban los, digamos, pecados veniales del pueblo, azotándolo con las cimbreantes y sólidas varas arrancadas de los chopos.

Con la llegada a la Casa Blanca de la noticia del asesinato de los dos oficiales, la posibilidad de una Tercera Guerra Mundial empezó a tomar cierto cariz de verosimilitud. De hecho, Henry Kissinger, por entonces secretario de Estado bajo el Gobierno del presidente Gerald Ford, abogó por una respuesta inmediata y violenta contra Corea del Norte; acción que muy probablemente habría desencadenado la reacción de los países comunistas. Al día siguiente del suceso, en el bando contrario, el propio Kim Il-sung, líder supremo de la República Popular Democrática de Corea, había emitido una orden a todos sus ejércitos con el objetivo de que se prepararan para entrar en combate inminente. Por suerte, esta vez el raciocinio salió vencedor y el Ejército norteamericano se limitó a tomar represalias con el único ser que nada tenía que ver con los altercados entre humanos: el álamo. Quiero pensar que, de haber poseído conciencia y viendo el oscuro cariz que tomaban los acontecimientos debido a un suceso en extremo ridículo, él mismo se habría ofrecido como mártir. No en vano los álamos, asociados a través de sus raíces con ciertos microorganismos, ya acostumbran a echarnos más de una rama y a sacarnos de alguno de esos líos en los que tenemos la manía de reincidir.

La contaminación del suelo debido a las actividades humanas es uno de los grandes problemas medioambientales a los que nos enfrentamos en la actualidad. La presencia en el terreno de hidrocarburos procedentes de los derivados del petróleo, de metales pesados y, en general, de sustancias de naturaleza y orígenes variados, que van desde los plaguicidas con los que los agricultores tratan sus cultivos a los explosivos utilizados en la minería, provoca la degradación de un componente básico del ecosistema. Los suelos contaminados no solo son menos productivos y menor es la biodiversidad que en ellos se desarrolla, sino que además los contaminantes y los tóxicos que acumulan pueden terminar alcanzando la cadena alimenticia humana a través de las plantas que los absorben y los animales que se alimentan de ellas.

Una de las técnicas más limpias y prometedoras para la regeneración del terreno es la que se conoce como fitorremediación, donde el papel de trabajadores de la limpieza lo desempeñan los árboles junto a los microorganismos que se asocian con sus raíces. Es difícil encontrar un entorno con mayor diversidad de compuestos químicos que el suelo que rodea las raíces de los álamos, donde los metabolitos secundarios exudados a través de la raíz de la planta interaccionan con multitud de especies distintas de hongos y bacterias que viven en el firme. El complejo ecosistema que se desarrolla en torno a las raíces de algunos árboles recibe el nombre de rizosfera, y en el caso particular de los álamos presenta una inigualable exuberancia tanto desde el punto de vista químico como biológico. Las raíces del álamo liberan una gran variedad de compuestos químicos que contribuyen a configurar las especies que forman parte de la rizosfera, tratando de asegurarse la presencia de aquellos microorganismos que le resulten más beneficiosos por el hecho de facilitar al árbol la absorción de nutrientes o por su capacidad para sintetizar y liberar al suelo moléculas que promueven el crecimiento y desarrollo del vegetal.

Desde un punto de vista puramente utilitario, a los humanos nos interesa la asociación del álamo con sus microorganismos simbióticos (lo que en conjunto se viene a denominar holobionte) por su notable capacidad para descontaminar el suelo. El trabajo del holobionte resulta especialmente eficaz en la eliminación de unos contaminantes conocidos como hidrocarburos aromáticos policíclicos (HAP), que se producen como consecuencia de las actividades industriales, el uso de combustibles fósiles o durante los incendios forestales, muy peligrosos por el hecho de combinar la persistencia en el medio con un potencial carcinogénico elevado en humanos. El benzopireno, por ejemplo, es un HAP clasificado como carcinógeno para el ser humano, que incrementa la posibilidad de desarrollar cáncer de piel, pulmón, vejiga, próstata, colon, riñón, cerebro, laringe y mama. Interminable listado que se sospecha podría ser todavía más extenso y que nos permite hacernos una idea de la peligrosidad de este tipo de sustancias que los holobiontes árbol-microorganismo nos ayudan a eliminar del medioambiente. Los metabolitos secundarios exudados por las raíces del álamo no solo facilitan la liberación de los HAP fijados a las partículas de tierra, posibilitando que los microorganismos accedan fácilmente a ellos, sino que además activan múltiples y diferentes rutas metabólicas en las bacterias y hongos de la rizosfera, haciéndoles muy eficaces en la degradación de estos hidrocarburos.

Solo hay un lugar donde la variedad de compuestos químicos es mayor que en la rizosfera del álamo: en el interior de los propios álamos. Un reciente estudio identificó nada menos que ciento cincuenta y nueve moléculas sintetizadas por los árboles del género *Populus*, almacenadas en su tronco, raíz y hojas, que potencialmente podrían ser utilizadas para el desarrollo de fármacos antiinflamatorios, antibióticos, neuroprotectores y anticancerígenos. Cierto que la utilidad farmacológica de los fitoquímicos del álamo solo se presenta como una posibilidad a medio y largo plazo, ya que serán necesarios estudios y diseños experimentales para que finalmente, y con suerte, alguna de estas sustancias resulte útil para combatir las enfermedades o tratar sus síntomas. Sin embargo, el reciente descubrimiento de que los neandertales pudieron automedicarse ingiriendo diferentes partes de árboles del género *Populus* nos hace ser optimistas en cuanto a su futura aplicación farmacológica.

En 1994, cuatro espeleólogos españoles estaban explorando una de las galerías de la cueva de El Sidrón, situada en la pequeña parroquia asturiana de Vallobal, cuando encontraron lo que parecían ser dos mandíbulas humanas. Al principio se pensó que podría tratarse de los restos pertenecientes a combatientes republicanos, que durante la Guerra Civil española se escondían de los ejércitos fascistas dentro de las abundantes cuevas que horadan aquel territorio kárstico. Sin embargo, pronto se descubrió que concernían a otro tipo de homininos que convivió, e incluso se apareó, con los de nuestra especie mucho tiempo atrás. Posteriores trabajos paleontológicos desarrollados en la cueva de El Sidrón han logrado recolectar más de 2.000 restos correspondientes a trece individuos de diferentes sexos y edades de *Homo neanderthalensis.* Esta especie de nuestro mismo género habitó el continente euroasiático desde hace unos 250.000 años hasta su extinción, estimada en 40.000 años atrás. Los restos encontrados en El Sidrón se han datado en 48.000 años, y el estudio del cálculo dental presente en varios de los dientes recuperados nos ha revelado que aquellos individuos podrían haber estado seleccionando e ingiriendo conscientemente diferentes tipos de plantas de su entorno para combatir el dolor.

El sarro que se acumula en la superficie del diente, cuando no se elimina, termina por mineralizarse y convertirse en una estructura sólida y permanente que se denomina cálculo dental. El cálculo dental se adhiere fuertemente al diente (se ha encontrado placa bacteriana mineralizada en dientes datados en 1,8 millones de años) y resulta ser tremendamente útil para los paleontólogos, pues en él se almacenan restos de los alimentos que el individuo ha ingerido en el transcurso de su vida. En el cálculo dental que presentaba uno de los neandertales adultos de El Sidrón se identificaron sustancias como el dihidroazuleno, la cumarina y otras moléculas de origen vegetal, y un posterior análisis del ADN de las células que habían quedado adheridas a la placa solidificada reveló que el individuo había ingerido, o al menos masticado, las hojas del álamo negro (*Populus trichocarpa*). Evidencias que podrían conducirnos sencillamente a pensar que los vegetales formaban parte de la dieta de aquellos individuos (de hecho, sabemos que los neandertales eran omnívoros) si no fuera por el potente sabor amargo de estas sustancias y el nulo valor nutricional de las plantas que las contienen. Los neandertales, como nosotros, poseían el gen TAS2R38, que codifica un receptor del sabor amargo, por lo que ingerir los desagradables tejidos acibarados de un álamo que no aportan nutriente alguno carece de todo sentido... a no ser que sepamos que en el mismo individuo de El Sidrón en cuyo cálculo dental se descubrieron todas estas sustancias también se encontraron las profundas marcas de un absceso dental que debió ser muy doloroso. Probablemente aquel neandertal que dio con los huesos en el fondo de una cueva asturiana utilizase el ácido salicílico presente en el tronco y las hojas de los álamos para aliviar el suplicio que le ocasionaba la infección que tenía en la boca.

Esta y otras evidencias que poco a poco se van descubriendo parecen indicar que los neandertales conocían de forma empírica la utilidad farmacológica de algunas de las plantas de su entorno, y nos debe hacer pensar que quizás en la sabiduría tradicional se escondan algunos remedios que bajo la a veces prejuiciosa mirada de la ciencia moderna nos han pasado completamente desapercibidos. Precisamente algo similar debió razonar la doctora Tu Youyou cuando, en busca de una solución para la malaria resistente a la cloroquina, se decidió a consultar un manual de medicina tradicional china con más de 1.600 años de antigüedad.

## La sabiduría de la Antigüedad

El técnico de laboratorio le entregó con fingida solemnidad los resultados del último análisis. La sonrisa incrédula de la doctora la delató ante el resto del equipo: el extracto del ajenjo dulce había funcionado. El diecinueve, el veinte..., el veintiuno, ¡todos!, absolutamente todos los pacientes del estudio se habían recuperado. Absorta con los papeles en la mano, la doctora Youyou observaba a través de la ventana la niebla de la mañana subiendo por la costa abrupta hasta acariciar las primeras plantas del hospital público de Hainan. En octubre de 1972, en el hospital de la provincia más pequeña de toda China, en plena revolución cultural, un científico, para colmo una mujer, acababa de descubrir en las entrañas de una de las plantas más comunes en toda Asia una sustancia que salvaría millones de vidas humanas.

En 1961 los combates entre Vietnam del Norte y Vietnam del Sur se intensificaron, pero ahora las bajas en ambos bandos no se debían de forma exclusiva al napalm, las balas y las explosiones: un viejo enemigo, que la quinina y la cloroquina habían mantenido a raya, había vuelto a resurgir con toda su antigua fuerza. Los parásitos responsables de la malaria (en especial el *Plasmodium falciparum* que proliferaba en la península de Indochina) se habían vuelto resistentes a los fármacos que hasta entonces los habían controlado. Entre las tropas estadounidenses, que se desplegaron en ayuda de Vietnam del Sur con el objetivo de combatir a los países comunistas que apoyaban al norte, las bajas debidas a la malaria quintuplicaban las producidas en combate. Para el Ejército Popular de Vietnam del Norte y para el Viet Cong, sus aliados en Vietnam del Sur, el panorama se teñía de similar oscuridad. La resistencia que habían desarrollado los parásitos de la malaria frente a los fármacos clásicos constituía para ambos contrincantes una amenaza tan extraordinaria que el descubrimiento de un remedio contra la enfermedad podía decantar el resultado de la guerra hacia uno u otro lado.

El Ejército de Estados Unidos, a través del Instituto del Ejército Walter Reed de Investigaciones (WRAIR), puso en marcha un programa en el que se invirtieron millones de dólares con la finalidad de encontrar un medicamento antimalárico eficaz contra las nuevas cepas resistentes a la cloroquina. El proyecto se desarrolló durante casi una década y finalizó, tras analizar infructuosamente más de 2.000 compuestos, en 1972. Por su parte, el Gobierno de Vietnam del

Norte, ante la imposibilidad de dedicar recursos económicos y personal propio a la investigación de nuevos remedios contra la malaria, solicitó la ayuda de sus aliados. Mao Zedong, presidente del Partido Comunista de China, cedió a las peticiones de Ho Chi Minh, primer ministro de Vietnam del Norte, y reclutó a más de quinientos investigadores pertenecientes a sesenta institutos y centros de investigación en un proyecto que tenía como objetivo la búsqueda de sustancias que pudieran tener actividad antimalárica. El Gobierno chino creó una agencia nacional que se encargaría de gestionar y coordinar las investigaciones de lo que se consideró un proyecto militar secreto de alta prioridad. Esta agencia recibiría el nombre de Oficina Nacional 523, utilizando los números que indicaban la fecha en la cual el proyecto secreto dio comienzo: el 23 de mayo (mes cinco) de 1967.

Durante los dos primeros años de funcionamiento de la Oficina Nacional 523 se analizaron miles de compuestos, pero la inmensa mayoría carecía de actividad antimalárica, y los pocos que destruían el parásito presentaban una toxicidad tan elevada que les hacía inútiles como medicamento para humanos. Los responsables de la 523 se encontraban en un callejón sin salida. En plena revolución cultural, los científicos parecían prescindibles y la ausencia de resultados así se lo confirmaba a los dirigentes del Partido Comunista. Bajo tan preocupante y apremiante situación se les ocurrió una última posibilidad: recurrir a la medicina tradicional china. En 1969, la doctora Tu Youyou fue designada por la Academia de Medicina Tradicional China como la investigadora responsable de recopilar todas las sustancias que aparecían recogidas en los manuales antiguos de las cuales se sospechara que pudieran ayudar a combatir el patógeno de la malaria.

Youyou y su equipo escudriñaron hoja por hoja los manuales, libros y recetas populares más antiguos de la cultura china, y consiguieron recoger información sobre 2.000 posibles sustancias de origen animal, vegetal y mineral que podrían resultar útiles para tratar la malaria resistente a la cloroquina. Este número se fue poco a poco reduciendo hasta el medio millar, pero las pruebas de laboratorio con ratones no daban ningún resultado positivo. En 1971 le tocó el turno a una hierba muy común, distribuida por todo el continente asiático, denominada *qinghao,* que aparecía mencionada como remedio para la fiebre en un libro titulado *Zhou Hou Bei Ji Fang,* que viene a significar algo así como «manual de recetas para tratamientos de emergencia», escrito por el maestro Ge Hong allá por el año 340 d. C.

La hierba que en el antiguo manual aparece bajo el nombre de *qinghao* es en realidad la *Artemisia annua,* comúnmente conocida como ajenjo dulce, y lo cierto es que las primeras pruebas desarrolladas en ratones dieron resultados muy esperanzadores. Sin embargo, estos resultados iniciales no pudieron reproducirse en experimentos posteriores y durante meses la doctora Youyou estuvo a punto de renunciar a seguir investigando con la planta. Por suerte, la científica china llegó a la conclusión de que el problema radicaba en la muy variable cantidad que del principio activo contenían los diferentes especímenes de la *Artemisia annua* y, especialmente, en el método de extracción que estaba utilizando. Todos los mecanismos que hasta entonces se habían empleado implicaban el trabajo a unas temperaturas tan altas que probablemente estarían destruyendo o inactivando el principio activo de la planta. Además, cabía la posibilidad (como así se demostraría con el descubrimiento de la artemisinina) de que la sustancia fuese insoluble en agua. Por ende, combinando el agua y el calor, el proceso de extracción estaba condenado a fracasar.

El ajenjo dulce es una planta aromática que se desarrolla a pleno sol en los linderos de los bosques y en terrenos baldíos en zonas templadas de Asia, aunque actualmente está presente en casi toda Europa y en gran parte de Estados Unidos y del sur de Suramérica, donde ha sido introducida. Esta pequeña planta herbácea —que no suele superar el metro de altura— aparecía recogida, junto a sus hermanas la *Artemisia dracunculus* (estragón) y la *Artemisia absinthium* (el ajenjo utilizado para elaborar la absenta), en el antiguo libro de remedios chinos de Ge Hong. Desesperada por encontrar una solución, la doctora Youyou volvió a revisar el viejo manual y esta vez se fijó en el modo de consumir el ajenjo dulce que recomendaba el libro: «Sumergir un puñado de *qinghao* en dos litros de agua, exprimir el jugo y beberlo todo». Sospechaba que el agua no serviría como medio de dilución —ya había probado la extracción acuosa en varias ocasiones sin obtener ningún resultado favorable—, pero todavía no había intentado una extracción a baja temperatura como la que se intuía en las instrucciones del libro.

La doctora Tu Youyou diseñó un procedimiento de extracción a baja temperatura donde el diluyente empleado no fue el agua ni el etanol, sino el éter etílico. Al extracto obtenido al sumergir la *Artemisia annua* en éter a temperatura de ambiente se le trató posteriormente con una base fuerte para eliminar cualquier impureza, y se administró por vía oral a varios ratones infectados de malaria. El porcentaje de curación en los ratones enfermos de malaria tratados con el extracto etéreo de la *Artemisia annua* superaba el 95 por ciento. Había llegado el momento de pasar a la siguiente y definitiva etapa: probar su eficacia en humanos. Durante los meses de septiembre y octubre de 1972, la doctora Youyou, junto con varios doctores e investigadores pertenecientes a la Oficina Nacional 523 del Gobierno chino, desarrolló dos investigaciones simultáneas en el hospital de la isla de Hainan y en el hospital 302 de Beijing. Los veintiún pacientes de malaria resistente a la cloroquina del hospital situado frente al mar de China Meridional y los nueve del segundo enclave se recuperaron completamente después del tratamiento con la sustancia extraída del ajenjo dulce. Solo un mes más tarde se descubriría que esta sustancia era la artemisinina.

La artemisinina es una molécula química estructuralmente muy curiosa por el hecho de poseer un anillo lactónico en su estructura, que con mucha imaginación podríamos ver como la anilla de una granada de mano. Cuando la artemisinina extraída del ajenjo dulce mantiene intacto el anillo lactónico, se comporta como el más inofensivo corderito químico, pero si este anillo se rompe, como una granada a la que se retira la anilla, se transforma en una sustancia peligrosa, explosiva y destructora, especialmente de los parásitos responsables de la malaria. Desde un punto más químico y menos peliculero, la artemisinina en el interior del organismo de un enfermo se metaboliza en forma de dihidroartemisinina (DHA), y en este estado viaja por la sangre y penetra en los glóbulos rojos, donde se esconde el parásito de la malaria. Cuando la DHA interacciona con los átomos de hierro de la hemoglobina que posee el propio glóbulo rojo, produce una explosión de radicales libres que destruyen al parásito que permanecía escondido en el interior de la célula sanguínea.

Gracias al descubrimiento de la artemisinina, miles de enfermos de malaria fueron tratados y curados en China durante las últimas décadas del siglo XX. A partir del año 2001, la Organización Mundial de la Salud comenzó a recomendar el principio activo extraído de la *Artemisia annua* en terapias contra la malaria resistente a la cloroquina; en el 2003, los medicamentos que contenían artemisinina fueron incluidos dentro de la farmacopea internacional; y en el año 2015, la doctora Tu Youyou recibió el Premio Nobel de Medicina por el descubrimiento de esta sustancia. Aunque el principio activo del ajenjo dulce une a su enorme eficacia en la destrucción de las diferentes especies de *Plasmodium* una muy baja toxicidad, la dificultad para disolverlo en agua, alcohol y aceite dificultaba su administración al paciente. Por ese motivo se han desarrollado sintéticamente diferentes derivados de la artemisinina que, como el arteméter o el artesunato, también se metabolizan en forma de DHA en el organismo, pero que debido a su mejor solubilidad se administran más fácilmente.

Recientes estudios están dando las primeras pruebas (que deberán concretarse o descartarse en base a nuevos estudios) de que la artemisinina y sus derivados podrían postularse para la preparación de fármacos con los que combatir virus y bacterias, destruir tumores o tratar la diabetes y la arterioesclerosis. Y todo ello gracias a una ubicua y sencilla planta cuyas bondades ya se conocían cientos de años atrás por nuestros ancestros y a la que solo ahora la ciencia ha dotado de legitimidad.

# 6

# Plantas que salvan vidas

*Con las primeras luces del amanecer, el emisario entró en la cabaña y fue directo a calentarse las manos en el fuego. El rey de los eburones le miró, asumiendo la derrota sin siquiera levantarse del catre.*

*—Debéis huir. Ya se acercan.*

*—Huir... ¿a dónde? —dijo el anciano rey.*

*—A los pantanos. Quizás podríais refugiaros en el bosque de Ardenas. Algunos marchan hacia la costa.*

*—Soy demasiado viejo para correr y estoy demasiado cansado para comenzar de nuevo. No tengo miedo... Poco puedo ya perder.*

*—Tú sabrás, anciano, pero no quedará nadie con vida —afirmó el emisario de Ambiorix desde la puerta.*

*Al atardecer de ese mismo día, niños, mujeres y algunos hombres que apenas podían sostener una espada abandonaron la aldea bajo los ladridos inquietos de los perros, flanqueados por varias cabras tozudas y media docena de mulas cargadas hasta los topes con sus escasas pertenencias. A oscuras, en silencio, en el interior de la choza quedaba el rey de los eburones. El viejo retiró la marmita del fuego y con un cazo de madera rebuscó entre las ramas y las hojas del tejo, que flotaban como peces hinchados y sin vida en el agua hirviente. Vertió la infusión en el cuenco que aún mantenía las heces secas del vino del mediodía, y, como quien saborea ambrosía de los dioses, bebió a pequeños sorbos el preparado de la planta.*

*El pretor Lucio Minucio Básilo descabalgó de un salto, interrumpiendo el discurso que Julio César dirigía a sus legiones.*
*—César, el caudillo de los eburones se ha quitado la vida.*

La rebelión de la tribu de los eburones probablemente sea uno de los episodios más importantes de entre los relatados por Julio César en sus *Comentarios a la guerra de las Galias*. En el 54 a.C., Julio César había enviado una legión y cinco cohortes bajo las órdenes de los legados Lucio Aurunculeyo Cota y Quinto Titurio Sabino a los cuarteles de invierno situados en mitad del territorio de los eburones en el norte de la Galia. Tan solo quince días después, el Ejército de los eburones —bajo las órdenes de sus dos jefes, Ambiorix y Catuvolco— había masacrado a los legionarios romanos después de hacerlos salir de su campamento mediante engaños. Confiados en la palabra de Ambiorix, que aseguraba que un gigantesco ejército germano se dirigía hacia allí, Cota y Sabino decidieron trasladar sus tropas hacia un acantonamiento cercano, donde se concentraban otras legiones con las que unir fuerzas. Julio César no era tan crédulo como sus legados, y se iba a encargar de hacer pagar la ignominiosa muerte de los suyos barriendo al pueblo de los eburones. Ante la llegada de las legiones comandadas por César muchos huyeron, pero el anciano Catuvolco prefirió darse muerte con el veneno extraído de la corteza de uno de los muchos tejos (*Taxus baccata*) que crecían en el cercano bosque de Ardenas.

Si el objetivo era terminar con su vida, el medio rey de los eburones no pudo elegir un árbol más adecuado, pues el tejo posee en todos los tejidos que lo forman —excepto en el rojo arilo que rodea la semilla (para permitir su dispersión por las aves)— una variedad de compuestos químicos extremadamente tóxicos que el vegetal emplea con eficacia para defenderse de los herbívoros. La toxicidad del tejo es conocida desde la Antigüedad (la historia de Catuvolco narrada por Julio César es buen ejemplo de ello), pero solo recientemente hemos descubierto que la ponzoña que produce el árbol también puede utilizarse para combatir nada menos que al «emperador de todos los males» y salvar vidas en lugar de quitarlas. Con el anterior apelativo, quizás excesivo, se hace referencia a un conjunto de enfermedades que solemos simplificar bajo el sobrecogedor nombre de cáncer. En cierto modo está justificado el terror que nos infunde el cáncer, ya que sabemos que en el mundo occidental una de cada tres personas va a desarrollar alguna enfermedad neoplásica a lo largo de su vida. Pero también debemos ser tremendamente optimistas: el cáncer ya no es sinónimo de muerte, puesto que tenemos en la ciencia médica una poderosísima arma para luchar contra tan terrible enfermedad y unos verdes aliados, como el tejo, que nos suministran eficaces fármacos para combatirlo.

## Tirarse los tejos

Los aplausos retumbaban en el auditorio. Se acababa de anunciar la ganadora del año 2022, una joven universitaria que, como las otras dos finalistas, se encontraba nerviosa y expectante en el centro del escenario. Cada primavera, la Universidad Estatal de Fairmont celebra el Concurso de Oratoria Persuasiva M. M. Neely, donde los alumnos de esta institución educativa ubicada en el estado de Virginia Occidental compiten por convencer al jurado con un discurso que llevan meses preparando. Es un evento que se ha desarrollado ininterrumpidamente desde que Matthew Mansfield Neely lo estableciera a mediados del siglo XX y, aunque el senador falleció en 1958, sus herederos se han comprometido a mantenerlo a perpetuidad. No fue casualidad que el senador Neely promoviera y financiara una competición sobre oratoria en la universidad de la ciudad donde ejerció como gobernador, pues él mismo consideraba que sus éxitos dentro de la política norteamericana se debían en buena medida a su extraordinario manejo del inglés y a su capacidad para la elocución: sus amigos, del mismo modo que sus enemigos, aseguraban que su memoria fotográfica le permitía retener un discurso con haberlo leído una vez. El interés que siempre mostró por la oratoria solo tuvo comparación con su obsesión por encontrar un tratamiento eficaz para el cáncer, quizá por el hecho de que el propio Neely tuvo que asumir la pérdida de los dedos de una mano debido a un radical y poco efectivo tratamiento.

En 1937, Matthew Mansfield Neely presentó un proyecto que, ratificado por el presidente Franklin Roosevelt, se convertiría en la Ley del Instituto Nacional del Cáncer (NCI, por sus siglas en inglés) de los Estados Unidos de América. El NCI surgía con el objetivo de «realizar estudios, investigaciones y experimentos relacionados con la causa, el diagnóstico y el tratamiento del cáncer». El mismo año que Neely fallecía a consecuencia de esta enfermedad, que le llevaba martirizando desde mucho tiempo atrás, el programa desarrollado por el NCI, tras analizar más de 30.000 especies diferentes de plantas, descubrió en el extracto de la corteza del tejo del Pacífico (*Taxus brevifolia*) el paclitaxel, uno de los quimioterápicos más utilizados por su eficacia en el tratamiento de diferentes tipos de neoplasias.

No es sencillo de comprender que un compuesto que puede matarnos en minutos, como al líder de los eburones, a la vez sea capaz de salvarnos la vida, como hace el propio paclitaxel cada día con miles de personas. La explicación es bastante más simple de lo que pensamos: las células cancerosas son células anormales que surgen de la transformación de una célula normal que ha escapado al control al que habitualmente está sometida. Descontrolada, se divide continuamente para generar nuevas células cancerosas que en la mayoría de las ocasiones se apelotonan unas junto a otras formando un tumor. Cuando alguna de las células tumorales alcanza los vasos sanguíneos, puede migrar a cualquier otro tejido del organismo y continuar allí con su imparable proliferación; en este caso hablamos de metástasis. Resumiendo la idea anterior: las células de un cáncer no dejan de ser células y, por tanto, susceptibles de ser destruidas por un agente citotóxico, como bien puede ser alguna de las moléculas que sintetiza el tejo. Sin embargo, esta explicación nos conduce —como una matrioska que se abre, mostrando otra muñeca rusa en su interior— hacia un nuevo interrogante: ¿qué o quién ha transformado a nuestras pacíficas células, sin las cuales no podemos vivir, en una amenaza mortal para nosotros mismos? De nuevo, la ciencia nos ha dado el chivatazo: las mutaciones.

Una mutación consiste en la alteración del ADN de una célula. Aunque con frecuencia tendemos a interpretar que las mutaciones constituyen eventos negativos, lo cierto es que la mayoría resultan ser inocuas: muchas no afectan en nada a la propia célula y, del mismo modo, tampoco al individuo que la posee, pues rara vez se manifiestan en su fenotipo. Otras mutaciones, aun provocando la aparición de una característica diferente en su poseedor, no son siquiera utilizadas por la selección natural, por lo que resultan totalmente indiferentes para el individuo. Los distintos colores del cabello no son otra cosa que la manifestación perceptible de mutaciones en los genes de nuestras células, pero que carecen de cualquier importancia para la supervivencia. ¿Qué relevancia tiene, a nivel biológico, el ser rubio, castaño, moreno o pelirrojo? No obstante, existen algunas mutaciones que afectan puntualmente a un gen, o incluso a fragmentos completos de los cromosomas que los contienen, y que pueden perjudicar al individuo por la peculiar circunstancia de inducir la transformación de una célula normal en una célula cancerosa. Estas mutaciones tienen su origen en agentes mutagénicos (sustancias químicas nocivas, algunos tipos de virus y radiaciones ionizantes) o en errores propios durante la replicación del ADN celular, pero solo son relevantes cuando dañan en el ADN a dos familias de genes conocidas como protooncogenes y genes supresores de tumores.

Los protooncogenes son genes que codifican proteínas encargadas de promover la división celular, mientras que las proteínas codificadas en los genes supresores de tumores realizan la función opuesta: su tarea consiste en inhibir el crecimiento celular. El correcto funcionamiento de una célula depende del adecuado equilibrio entre la expresión de ambas familias de genes, y una mutación en cualquiera de ellas puede desencadenar el crecimiento descontrolado de las células y provocar un cáncer. No obstante, aunque alguno de estos genes encargados de controlar la división celular se vea dañado, en la mayoría de las ocasiones una única mutación es incapaz de inducir un cáncer, debido a que nuestro organismo está más que preparado para reparar estos daños. Sabemos que nuestras células poseen al menos cinco mecanismos de reparación diferentes que hacen que una mutación normalmente sea insuficiente para desencadenar una enfermedad neoplásica. De hecho, los oncólogos estiman que es necesario que se acumulen de entre cuatro a siete mutaciones negativas en una misma célula para que esta se transforme y desencadene un cáncer. La posibilidad es muy baja pero aumenta significativamente con el paso de los años, debido no solo al mayor número de divisiones que han sufrido las células (en cada división se corre el riesgo de que al copiar los cromosomas se cometa un error) y al mayor tiempo de exposición a agentes carcinogénicos, sino también al deterioro que el uso continuado y el paso del tiempo provocan en los sistemas de reparación celular. Y es que las neoplasias, con notabilísimas y múltiples excepciones, son enfermedades asociadas a la edad: basta con decir que el mayor número de cánceres se diagnostica en personas de más de sesenta y cinco años.

El hecho de que las células de un cáncer no dejen de ser células justifica que una sustancia citotóxica pueda destruirlas, del mismo modo que las mutaciones que afectan a los genes que regulan la división explican su transformación en células anormales. Pero ¿cómo un quimioterápico, como bien puede ser el paclitaxel del tejo, es capaz de diferenciar entre las células sanas y las neoplásicas en un individuo, para destruir las segundas sin dañar a las primeras? La respuesta a esta cuestión se encuentra en la propia acción que desencadenan en la célula las mutaciones en los protooncogenes y en los genes supresores de tumores. La alteración de estos genes promueve una división celular constante y sin freno, por lo que las células cancerosas se dividen y se dividen sin pausa a enorme velocidad. Esta característica es la que van a reconocer y, a la vez, utilizar los quimioterápicos. La división celular es un proceso de todo o nada, sin paradas intermedias, y si el mecanismo se pone en marcha la célula debe completar la división, ya que cualquier interrupción la condena a destruirse mediante un proceso de suicidio celular denominado apoptosis. Muchos de los fármacos quimioterápicos con los que se trata a un enfermo de cáncer, como sucede con el paclitaxel extraído de la corteza del tejo, son sustancias químicas que detienen de golpe esta división constante y, de ese modo, destruyen las células de los tejidos cancerosos.

El problema que nos encontramos durante un tratamiento con quimioterapia es que las células de un cáncer no son las únicas que poseen una elevada tasa de proliferación: células sanas como las del tracto digestivo, la médula ósea o los folículos pilosos se dividen con tanta rapidez que los quimioterápicos las confunden con células neoplásicas y también las atacan. La destrucción de estas células sanas ocasiona los desagradables efectos secundarios, como vómitos, úlceras, náuseas o pérdida de cabello, que vienen asociados al tratamiento quimioterápico.

El paclitaxel que extraemos del tejo es una sustancia que detiene eficazmente la división celular una vez que esta ha dado comienzo, de modo que si es ingerido en cantidades apreciables por una persona sana desencadena la muerte de muchas de sus células, y junto a ellas la del propio individuo. Empleado en dosis y contextos adecuados, el paclitaxel es uno de los más eficaces agentes antineoplásicos en el tratamiento del cáncer de mama, ovario, endometrio, vejiga, pulmón o cuello uterino. El principal inconveniente de este anticanceroso tiene que ver con su obtención de la corteza del tejo, pues para conseguir solo medio gramo es necesario destruir un tejo de unos catorce metros de altura, tamaño que un árbol de crecimiento lento como el *Taxus brevifolia* tarda unos dos siglos en alcanzar. Teniendo en cuenta la minúscula cantidad de este metabolito que se puede obtener de un tejo, para tratar a un solo paciente sería necesario sacrificar a seis árboles bicentenarios. Mas, por suerte para la supervivencia de los tejos, se han desarrollado métodos de síntesis química en el laboratorio que permiten obtener importantes cantidades de este quimioterápico sin necesidad de acabar con bosques centenarios. Además, la naturaleza y la ciencia se han asociado para descubrir en el reino de flora otras sustancias con un mecanismo de acción similar al anticanceroso producido por el tejo en plantas de crecimiento más rápido y que contienen el principio activo en mucha mayor cantidad.

A la vez que el otoño asoma en las praderas del hemisferio norte, casi a nivel del suelo comienzan a brotar, como el denso sarpullido en un ataque de varicela, unas preciosas flores de color púrpura pálido. Su parecido con la flor del azafrán es responsable de que se la conozca como azafrán silvestre o bastardo (*Colchicum autumnale*), y en otros lugares simplemente como quitameriendas, debido a que su aparición en el otoño, cuando las horas de luz comienzan a disminuir, obligaba a los pastores a descartar una de las comidas que realizaban en el campo bajo el sol. Esta pequeña planta herbácea de la familia de las liliáceas contiene en cualquier parte de su anatomía una sustancia extremadamente tóxica llamada colchicina. La cantidad de colchicina almacenada en tan solo dos o tres semillas de la planta puede llegar a resultar fatal. Aunque es muy difícil que un individuo ingiera las semillas de esta planta de forma involuntaria, no es tan raro, a tenor de los casos referidos en la literatura científica, el hecho de que se consuman sus venenosas hojas confundidas con las del comestible ajo de oso (*Allium ursinum*). Esta última planta, cuyo olor recuerda al del ajo, desarrolla unas flores blancas que son *a priori* imposibles de confundir con las del azafrán silvestre. El inconveniente es que las flores de la quitameriendas solo se muestran llegado el otoño, cuando sus hojas, que han crecido durante la primavera y que se parecen a las del ajo de oso como un oso a otro oso, llevan semanas muertas y secas.

A pesar de su toxicidad, o precisamente por ella, la colchicina del azafrán bastardo lleva décadas empleándose como fármaco para combatir los ataques agudos de gota. El mecanismo de acción de esta sustancia es exactamente el mismo que el del paclitaxel del tejo: impide que la célula pueda repartir adecuadamente los cromosomas entre sus dos células hijas durante la división celular. Debido a la acción de la colchicina, la célula se queda estancada en mitad de una mitosis y se ve obligada a destruirse. Por su mecanismo de acción y su gran eficacia como citotóxico, la colchicina se postula como un potencial quimioterápico; sin embargo, la dosis a la que tiene que ser utilizada en el tratamiento contra el cáncer la hace, por ahora, demasiado tóxica para ser manejada con seguridad. Es posible que en el futuro se puedan obtener derivados sintéticos de esta sustancia, como ya se ha hecho con otras moléculas de origen vegetal que mostraban una toxicidad extrema que impedía su empleo directo en el tratamiento del cáncer. La camptotecina, otra sustancia producida en exclusiva por las plantas, constituye un ejemplo paradigmático de ello.

En el Tíbet y sur de China crece el árbol feliz (*Camptotheca acuminata*). Bueno, feliz, feliz... siempre que no haga demasiado frío y que la humedad sea elevada y el suelo suficientemente fértil. Se trata de un árbol que requiere unas condiciones muy concretas para su desarrollo, pero cuando estas se dan alcanza fácilmente los veinte metros de altura. Lo más relevante es que de sus hojas, frutos, corteza, ramas y raíces se extrae una sustancia llamada camptotecina, a la que se le augura un enorme potencial en el campo de la quimioterapia. Se trata de un alcaloide que, como el paclitaxel o la colchicina, detiene la división celular en pleno desarrollo, induciendo la apoptosis de las células neoplásicas. Sin embargo, su mecanismo de acción es muy diferente al que emplea el metabolito del tejo, ya que el alcaloide sintetizado por el árbol feliz actúa agarrándose, como una garrapata a su huésped, a una enzima celular que participa en la copia del ADN.

Para que la división celular pueda llevarse a cabo resulta imprescindible que previamente la molécula de ADN de la célula original se haya duplicado en un proceso que los biólogos moleculares denominan replicación; de modo que cada una de las células hijas, sean normales o cancerosas, reciba al finalizar el proceso de división una copia del material genético original. La camptotecina, al unirse de forma irreversible a una enzima llamada topoisomerasa I, impide que la replicación del ADN se desarrolle con normalidad, de modo que la célula atascada en este proceso no tiene más remedio que autodestruirse por apoptosis. Al menos en el laboratorio, la sustancia extraída de los tejidos del árbol feliz ha demostrado sobradamente su eficacia para destruir las células neoplásicas en los cánceres de pulmón, colon y mama. Sin embargo, la camptotecina une a su dificultad para ser administrada (es muy insoluble en agua) inevitables efectos secundarios que han impedido su uso como quimioterápico. No obstante, esta sustancia ha servido de modelo para sintetizar varios quimioterápicos muy empleados en la actualidad, que minimizan su toxicidad y mejoran su eficacia en la inhibición de la acción de la topoisomerasa I.

Por suerte para los de nuestra especie, son múltiples los vegetales que se postulan como posible fuente de futuros quimioterápicos. De hecho, existe una pequeña planta nativa de la isla de Madagascar que hace tiempo que dejó de ser una simple promesa para convertirse, como antes lo hiciera la corteza del tejo, en toda una realidad dentro de la farmacología oncológica.

## Henrietta, las balas mágicas y una planta de Madagascar

Acababa de salir de la ducha y el «nudo de la barriga» que decía sentir desde hacía meses había vuelto a sangrar. La fría mañana de un día de enero de 1951, Henrietta Lacks, de treinta años y madre de cinco hijos, entraba en una sala de reconocimiento para personas negras del Hospital Johns Hopkins. El diagnóstico no tardó en llegar: cáncer cervicouterino en un estadio avanzado. Un tipo de cáncer relativamente frecuente en mujeres jóvenes que se caracteriza por el crecimiento incontrolado de las células epiteliales que recubren el cuello uterino que conecta la vagina con el útero. A los pocos días se encontraría bajo las amarillentas luces de un quirófano del mismo hospital, mientras el cirujano le cosía junto al cérvix un par de placas cilíndricas elaboradas a base de radio. El elemento radiactivo descubierto por Marie y Pierre Curie era utilizado en aquella época para destruir las células neoplásicas en el tipo de cáncer que tenía Henrietta. Lo que nunca supo la paciente, que fallecería tan solo nueve meses después, es que el doctor que la intervino también extrajo del tejido que rodeaba el cuello uterino un par de pedazos circulares de apenas dos centímetros de diámetro. Las células cancerosas de Henrietta Lacks, ya fuera de su cuerpo, empezaron a crecer en las placas de cultivo donde las situó el doctor.

Durante mucho tiempo, los científicos habían intentado mantener células humanas en cultivos *in vitro* con el objetivo de experimentar con ellas los efectos de nuevos fármacos o la respuesta celular a diferentes condiciones. Pero, a pesar de sus esfuerzos, antes o después todas, absolutamente todas, terminaban muriendo. Lo normal es que las células de un organismo pasen por un número limitado de ciclos de división y, una vez que lo han alcanzado, entren irremediablemente en senescencia y no se dividan más. Tal condición se debe a que nuestros cromosomas lineales poseen en ambos extremos unas regiones denominadas telómeros, que, aun no codificando información genética alguna, resultan imprescindibles para mantener la integridad de la célula. Podríamos imaginar los telómeros de un cromosoma como los márgenes en blanco que encuadran el texto en la hoja de un libro. Supongamos que por la ineficacia del copista cada vez que fotocopiamos la hoja se pierde una pequeña parte de cada uno de los márgenes. Durante las primeras copias nada nos impediría leer la información, ya que el texto no se vería afectado: solo los márgenes que lo encierran disminuirían de extensión. Pero fotocopia tras fotocopia los márgenes irían reduciéndose, hasta que en una determinada copia el texto se vería cortado y la lectura se haría imposible. Algo similar sucede con los telómeros: se van acortando en cada nueva división celular hasta que su tamaño es tan pequeño que los genes del cromosoma terminan por dañarse. Este es el motivo que justifica que las células de un individuo, una vez que han realizado un número concreto de fracciones —el cual viene determinado por la longitud de sus telómeros—, dejen de dividirse. Sin embargo, las células cancerosas que el cirujano extrajo del tumor de Henrietta Lacks, y que posteriormente cultivó en una placa de Petri, se dividían continuamente cada veinticuatro horas y... no se detenían nunca. Las células de esta mujer afroamericana habían alcanzado el ilimitado potencial replicativo que los médicos denominan inmortalidad.

En biología celular la inmortalidad no es una quimera, sino una singular característica que presentan las células tumorales como resultado de la acción de una enzima llamada telomerasa. Esta enzima es capaz de recuperar la longitud de los telómeros de los cromosomas que se ha perdido durante cada división celular. La telomerasa rara vez se expresa en las células de un individuo sano, pero aparece en grandes cantidades en la mayoría de las células que se han transformado en cancerosas, volviéndolas, tal y como sucediese con las células del cáncer cervicouterino que mató a Henrietta Lacks, inmortales.

Las células HeLa (por las dos primeras letras del nombre y el apellido de Henrietta Lacks) han resultado especiales por su longevidad, pero también por el hecho de haber participado decisivamente en el descubrimiento de vacunas y fármacos, en el desarrollo de técnicas de fertilización *in vitro* y clonación y en el mapeo del código genético humano, así como —por si todo esto fuera poco— por haber sufrido en sus propias carnes la acción de una bomba atómica y viajado al espacio para conocer las consecuencias que sobre ellas tienen las condiciones de baja gravedad. Actualmente no existe un laboratorio de investigación médica que se considere de referencia que no contenga entre sus cultivos celulares las células cancerosas de la señora Henrietta Lacks; se estima que si pudiéramos calcular la masa de todas las células HeLa, que desde la muerte de su propietaria han crecido en los laboratorios de medio mundo, el número rondaría los 50 millones de toneladas. Aún más sorprendente resulta la relación de su longevidad con una pequeña planta que solo crecía en la isla de Madagascar, la cual posee el secreto para convertir en mortales a las células imperecederas de Henrietta Lacks.

La *Catharanthus roseus*, conocida fuera del mundo científico sencillamente como vinca, es una planta originaria de Madagascar que ahora podemos ver comiendo el sol en casi cualquier jardín, de follaje espeso y perenne que incluso bajo las mejores condiciones difícilmente alcanzará el medio metro de altura. Su floración suele ser abundante durante los meses de verano, originando flores muy características y reconocibles por su aspecto tubular y los cinco lóbulos aplanados y coloridos que hacen de pétalos. Su apariencia externa y la gran capacidad que muestra para adaptarse a los entornos más variados han hecho de esta planta un habitante frecuente en los parques y jardines de medio mundo. Pero más allá de su valor estético como planta ornamental, la vinca esconde en su interior un tesoro químico: un conjunto de moléculas capaces de arrancar la inmortalidad de las células neoplásicas y, de ese modo, tratar con eficacia algunos tipos de cánceres.

Cuando en 1952, el científico canadiense Edward Clark Noble encontró entre su correo un sobre procedente de Jamaica, lo último que podía esperar es que estuviera repleto con las hojas de una planta. El doctor Noble había trabajado durante algunos años con los médicos Frederick Banting y Charles Best, descubridores de la insulina, en la Universidad de Toronto, y, aunque frustrado por el hecho de no haber sido reconocida su aportación y alejado ya de la investigación, continuaba obsesionado por la diabetes y sus diferentes tratamientos. Conocedora de este interés, una de sus pacientes —que se encontraba de viaje en la isla caribeña— envió al doctor las hojas de la *Catharanthus roseus.* Junto a ellas viajaba un documento manuscrito con las instrucciones para preparar una infusión que, según un médico local, permitía tratar la diabetes. Sin ninguna posibilidad de comprobar la utilidad de las hojas de la vinca, el doctor Clark Noble remitió las muestras del vegetal a su hermano Robert, que trabajaba como investigador en la Universidad de Western Ontario, sin saber que esta sería la segunda vez que rozaría, sin nunca llegar a atraparla, la fama dentro del mundo científico.

Robert Noble y su equipo prepararon infusiones acuosas de las hojas de la planta a diferentes concentraciones y se las administraron a un grupo de sujetos voluntarios. Los resultados fueron una y otra vez completamente irrelevantes: las hojas de la vinca no parecían ejercer efecto alguno sobre el índice de glucemia. Antes de descartar por completo la planta, se decidieron por desarrollar una estrategia más contundente, inyectando los extractos de la vinca directamente en la sangre de ratones de laboratorio. En este caso el efecto fue radical y casi inmediato: los roedores murieron en pocas horas, mostrando abscesos por todo el cuerpo que denotaban los efectos de una inmunosupresión. Noble descubrió que lo que había terminado con la vida de los animales se debía a la destrucción de las células de la médula ósea mediada por la acción de algún componente presente en las hojas de la *Catharanthus roseus*. La vinca no parecía servir como antiglucémico ni como principio activo para tratar la diabetes, pero de repente se postulaba como una interesante fuente de sustancias antineoplásicas.

Es cierto que en muchos países se sigue utilizando la infusión de las hojas secas de la vinca para tratar la diabetes de forma tradicional: no solo en Jamaica, también en Vietnam, Mozambique, Filipinas o Australia, e incluso en la ciudad india de Kanchipuram es habitual mezclar el polvo de la vinca con la leche de vaca. Y también es cierto que hasta hace muy poco la evidencia científica sobre la utilidad de los compuestos presentes en la vinca para tratar la diabetes era, si no inexistente, cuando menos poco creíble. Sin embargo, recientes estudios han encontrado cierta evidencia de que alcaloides, como la vindolina y la vindolicina, sintetizados por la *Catharanthus roseus* promueven la captación de glucosa por las células pancreáticas de ratón y podrían ayudar a regular el índice de glucemia. Estas investigaciones abren la puerta a otras que se encargarán de elucidar su posible empleo en el tratamiento de la diabetes; pero donde la vinca ya tiene las puertas abiertas de par en par es en el campo de la oncología.

Los experimentos desarrollados por Robert Noble con las hojas de la vinca que le envió su hermano dieron como resultado el descubrimiento de dos sustancias con acción anticancerígena: la vinblastina y la vincristina. El mecanismo de acción de estas dos moléculas de origen vegetal es muy similar al del paclitaxel extraído del tejo o al que emplea la colchicina de la quitameriendas, ya que se basa en alterar el proceso de división celular, lo que hace de la vinblastina y la vincristina, junto con otras moléculas derivadas de ellas que se han fabricado en los laboratorios, sustancias muy útiles para tratar distintos tipos de cáncer. Lo cierto es que la *Catharanthus roseus* es una planta increíble a la hora de salvar vidas humanas, pues no solo nos suministra quimioterápicos muy eficaces, es que además tiene la habilidad de ayudarnos a preparar el mejor y más eficaz modo de atacar las células neoplásicas. Más de un siglo después de que Ehrlich propusiera el concepto de bala mágica, parece que la ciencia puede haberla descubierto gracias a la preciosa vinca.

Paul Ehrlich era un bacteriólogo alemán que a finales del siglo XIX buscaba los colorantes más adecuados para teñir las bacterias que necesitaba observar a través del microscopio. Utilizaba colorantes como el azul de metileno o el rojo tripán (también otros muchos que le suministraban gratuitamente las empresas químicas) y siempre le sorprendía la capacidad que tenían estas sustancias para unirse a las células y los tejidos de forma diferencial, tiñendo unos, pero no otros. Como consecuencia de estas observaciones, Ehrlich propuso su teoría del receptor, según la cual tanto las células como los compuestos químicos (colorantes, medicamentos, toxinas...) poseían diferentes tipos de receptores que los capacitaban, o incapacitaban, para interaccionar entre sí. El científico alemán llevó un paso más allá la teoría, proponiendo que los fármacos deberían diseñarse de modo que su receptor únicamente les permitiera actuar sobre un determinado tipo de células, manteniendo intactas a las demás. Algo así como diseñar fármacos cuya «llave» solo encajara en la «cerradura» de la célula que debían destruir; en palabras de Ehrlich se trataba de «aprender a apuntar químicamente». Este tipo de sustancias de alta especificidad para eliminar un tipo celular sin producir efectos secundarios en el paciente es lo que Ehrlich llamaba «bala mágica». Curiosamente, el fármaco que su laboratorio inventó para tratar la sífilis, la arsfenamina (comercializada como Salvarsan®), que le valió en el año 1908 el Premio Nobel de Medicina, no tenía nada de bala mágica, pues si bien destruía con eficacia la bacteria responsable de la sífilis, el arsénico que contenía resultaba ser altamente tóxico para el ser humano. Si el doctor Paul Ehrlich levantara la cabeza, descubriría con sorpresa que, ciento quince años después de su fallecimiento, la asociación entre la química, la botánica, la medicina y la nanotecnología está a punto de crear una verdadera bala mágica, en forma de nanopartícula biológica, con la que tratar muy eficazmente algunos tipos de cáncer.

Cuando los científicos hablan de nanopartículas se refieren a materiales muy muy pequeños, con un tamaño inferior a los cien nanómetros, lo que equivaldría a la longitud de una sola de las 10.000 partes idénticas que resultan de dividir un milímetro. Tan minúscula partícula tendría la capacidad de actuar sobre las células individuales sin afectar a las de su alrededor, aspecto que resulta de crucial importancia cuando se trata un cáncer, puesto que el objetivo es destruir las células neoplásicas manteniendo intactas las células sanas del individuo. Además, dirigidas contra una masa tumoral, las nanopartículas pueden aprovechar las alteraciones anatómicas que son características del microambiente del tejido. Los vasos sanguíneos que alimentan las células tumorales tienen un diámetro diez veces mayor que el que presentan los vasos en el tejido sano y son mucho más permeables, con un flujo sanguíneo más lento e irregular. Todas estas características de la anatomopatología de un tumor facilitan la llegada y la permanencia de la nanopartícula a las células tumorales y potencian su acción citotóxica.

Las nanopartículas no son una quimera científica —ya se utilizan con frecuencia en la elaboración de champús, cosméticos o dentífricos—, pero hasta hace muy poco tiempo no se había descubierto la enorme potencialidad que presentan en el campo de las enfermedades infecciosas y, especialmente, de la oncología. En el ámbito médico, las nanopartículas se fabrican con metales nobles como la plata, el oro y el platino, con el doble inconveniente de que su síntesis resulta muy cara y que emplea compuestos químicos de elevada toxicidad. Lo cierto es que eso era lo que sucedía hasta que se descubrió que los extractos de algunas plantas, especialmente el extraído de las hojas de la *Catharanthus roseus*, podían colaborar en el proceso de síntesis de las nanopartículas metálicas, minimizando el coste económico y ambiental y reduciendo al mínimo la toxicidad del procedimiento. En una investigación desarrollada en el año 2011, los científicos no solo consiguieron preparar nanopartículas de plata utilizando como estabilizador el extracto de la vinca, sino que demostraron la actividad bactericida de estas partículas capaces de unirse a la pared celular de la bacteria y destruirla. Más recientemente, en el año 2019, las nanopartículas (en este caso de oro) sintetizadas utilizando extracto de vinca demostraron su capacidad para destruir de forma muy eficaz las células inmortales de la señora Henrietta Lacks. El experimento concluyó que las nanopartículas de oro y vinca inducían la apoptosis de las células HeLa en tan solo veinticuatro horas. Si a su eficacia citotóxica unimos la posibilidad de dirigir las micropartículas metal-vinca directamente a las células cancerosas, como si de una bala mágica se tratara, tenemos que reconocer que nos encontramos ante una herramienta que en el futuro cercano puede resultar muy útil para tratar algunos tipos de cánceres.

Explícitamente, y con toda la intención, digo «algunos tipos de cánceres» porque existen otros muy particulares, como las leucemias y los linfomas, que requieren de quimioterápicos especiales que, por suerte, también podemos obtener del increíble reino de las plantas.

## Plantas contra la leucemia

Antes incluso de que los primeros dedos solares asomaran por las gigantescas ventanas de la fábrica, la señorita Mc-

Dowell ya estaba sentada entre dos compañeras junto a la mesa de turbio metal. Comenzó con una rutinaria tarea que duraría hasta el almuerzo, a las 14:00. ¿Cuántas esferas podría pintar en ese tiempo? Al menos un centenar, sin duda, ¡quizás incluso más! Mojaba la punta del pincel en el agua de radio, sumergiéndola hasta la mitad, tres veces —ni una más ni una menos—, y con la concentración del artista en los retoques finales marcaba la esfera del reloj sin que una sola gota se derramara. Cinco esferas, exactamente cinco, aguantaban las cerdas del pincel sin despelucharse; antes de la sexta, la señorita McDowell lamía implacable la punta del pincel para volver a introducirla en la botella con el agua de radio. Pero aquella mañana, cuando los doctores visitaron la fábrica de relojes, sumaba la novena seguida que la señorita McDowell no ocupaba su lugar: sus dos compañeras, antes de caer enfermas, aseguraron no haberla vuelto a ver.

Durante las primeras dos décadas del siglo XX, poco después del descubrimiento de los rayos X por Wilhelm Röntgen y del radio y el polonio por los esposos Curie, se desató en el ámbito científico, y también fuera de él, la fiebre por las sustancias radiactivas. Solo se entiende que bajo el absoluto desconocimiento de los efectos dañinos de la radiactividad fuese posible que por entonces se emplearan en fiestas privadas máquinas de rayos X con las que los invitados se divertían mirando los huesos por debajo de su piel, se vendieran tónicos para la salud bucal elaborados a base de radio o se pintara con este mismo elemento radiactivo disuelto en agua las esferas de los relojes para que brillaran en la oscuridad. En esta última tarea trabajaron cientos de mujeres en decenas de fábricas de relojes repartidas por los estados de Connecticut, Nueva Jersey e Illinois. Muchas de ellas perdieron sus dientes y padecieron dolorosas necrosis en la mandíbula como consecuencia de chupar la punta de los pinceles contaminados con radio, y actualmente se cree que la mayoría de aquellas mujeres desarrollaron un tipo de cáncer en la sangre que conocemos de forma general como leucemia.

La leucemia* es un tipo de cáncer que se produce cuando las células madre hematopoyéticas de la médula ósea, encargadas de fabricar las células sanguíneas, se transforman en cancerosas, y de la que en España se diagnostican más de 6.000 nuevos casos cada año. A diferencia de otros tipos de cánceres, en más del 80 por ciento de los casos esta enfermedad se produce por una única y solitaria mutación... solo que menuda mutación. Como ya hemos conocido, las mutaciones que con mayor frecuencia acontecen en una célula son pequeñas y simples modificaciones que afectan a un gen dentro de un cromosoma, y, normalmente, deben acumularse varias para desencadenar la enfermedad. Sin embargo, la mutación que origina la mayoría de las leucemias se produce cuando todo un fragmento que se ha roto en un cromosoma, conteniendo múltiples genes, se inserta en otro cromosoma diferente. Esta mutación a gran escala recibe el nombre de translocación equilibrada, la cual —al fusionar varios genes (que se sobreexpresan o que, por el contrario, dejan de actuar)— es capaz de transformar instantáneamente una célula en su variante cancerosa.

En 1956, Peter C. Nowell aterrizaba en la Universidad de Pensilvania procedente de la Marina de Estados Unidos, donde había estado instruyéndose acerca de las neoplasias que desencadena la exposición a altas dosis de radiación, así como sobre las diferentes técnicas de trasplante de médula ósea. Nowell estaba interesado en estudiar la estructura de los cromosomas en las células cancerosas, pero en el campus universitario él parecía ser el único al que le preocupaba el tema, probablemente por el hecho de que por

* En realidad, en vez de leucemia tendríamos que hablar de leucemias, pues existen cuatro tipos básicos: leucemia linfoblástica aguda, leucemia mieloide aguda, leucemia linfoide crónica y leucemia mieloide crónica, cada una de ellas con diferentes variantes.

entonces no se conocía la relación entre los cromosomas y el cáncer. El doctor David Hungerford, del centro de investigación Fox Chase Cancer Center en Filadelfia, accedió a trabajar con Nowell. El procedimiento que desarrollaban ambos científicos era tan sencillo como rutinario: seleccionaban células de un individuo enfermo de leucemia, las fijaban en un portaobjetos, añadían una solución hipotónica, teñían la muestra... y observaban por el microscopio. Tan aburrido debía de ser el proceso que en una ocasión Nowell se confundió en uno de los pasos y añadió a un porta, en vez de la solución hipotónica, unas gotas de agua. Arrastrados por el agua, los cromosomas se separaron y se repartieron por el cristal delatando bajo la luz del microscopio un cromosoma anormalmente pequeño que había permanecido oculto bajo la densa amalgama cromosómica. Ese minúsculo cromosoma anormal se correspondía con el cromosoma 22 y fue denominado (siguiendo las normas del Comité para la Estandarización de Cromosomas, que sugería que los cromosomas anormales fueran nombrados por la ciudad en la que fueran descubiertos) cromosoma Filadelfia.

Ahora sabemos que casi todas las leucemias mieloides crónicas se originan por la translocación de dos fragmentos cromosómicos pertenecientes a las parejas 9 y 22. Un fragmento del cromosoma 9 conteniendo varios genes se rompe y se inserta en el cromosoma 22; del mismo modo que un pedazo del 22 se introduce en el cromosoma 9, dando como resultado el cromosoma 22 acortado o cromosoma Filadelfia, que es el causante de la proliferación incontrolada de la célula. Este cromosoma especial y dañino lo encontraremos en las células de la médula ósea en al menos el 95 por ciento de los enfermos de leucemia, y es responsable de que múltiples variantes de esta neoplasia se manifiesten en individuos jóvenes (niños, adolescentes y personas de mediana edad), es decir, que, aun aumentando su prevalencia con la edad, no son ni mucho menos exclusivas de los ancianos.

De nuevo, en busca de un tratamiento eficaz para este tipo tan especial de cánceres, la ciencia ha dirigido su mirada a las sustancias que producen las plantas. Y ha encontrado en la raíz del *mayapple* o podófilo americano (*Podophyllum peltatum*) una sustancia con la que tratar eficazmente algunos tipos de leucemias.

El podófilo es una pequeña planta herbácea que crece en los bosques húmedos del este de Norteamérica. Su estructura es cuando menos peculiar, pues presenta una o, como máximo, dos hojas palmeadas de buen tamaño que se sitúan en forma de paraguas abierto sobre un pequeño tallo verticalmente erecto. La floración se produce en primavera: una única y poco llamativa flor blanca surge entre la bifurcación de los peciolos de sus hojas; es por ello por lo que, si el podófilo tiene una sola hoja, no florecerá. El fruto madura a finales del verano y su pulpa es comestible en pequeñas cantidades, pero el resto de la planta resulta extremadamente tóxica debido a la presencia de una sustancia llamada podofilotoxina.

Durante una investigación desarrollada en el año 1942, se descubrió que la podofilotoxina extraída del rizoma y de las raíces del podófilo eliminaba eficazmente las verrugas venéreas en los genitales, y, más adelante, se comprobó que esta sustancia de origen vegetal era muy eficiente inactivando los virus del herpes simple tipo I y II, así como el virus del papiloma humano. De hecho, las cremas y geles cuyo principio activo es la podofilotoxina al 0,5 por ciento constituyen los fármacos de elección para tratar el condiloma acuminado, unas desagradables y molestas verrugas genitales producidas por el virus del papiloma humano que se transmiten durante las relaciones sexuales. El metabolito del podófilo induce la apoptosis en las células infectadas por el virus del papiloma cuando estas van a dividirse, y de ese modo impide la replicación del virus y la extensión de las células transformadas en forma de verrugas.

Una vez conocida su capacidad para destruir células en plena división fue sencillo que la medicina oncológica viera en la podofilotoxina un posible fármaco con el que tratar el cáncer; solo que pronto se comprobó que su toxicidad la volvía inmanejable como quimioterápico. Los científicos se pusieron manos a la obra para no desaprovechar una sustancia tan prometedora y, apenas un par de décadas después del descubrimiento de la podofilotoxina, se fabricaron a partir de ella dos moléculas más manejables y eficaces contra varios tipos de cánceres (la leucemia entre ellos), denominadas etopósido y tenipósido. Se trata de dos moléculas semisintéticas que solo pueden sintetizarse partiendo de la propia podofilotoxina, de modo que el empleo del vegetal como materia prima resulta imprescindible para producir estos quimioterápicos. No resulta un problema: el *Podophyllum peltatum* es un vegetal que crece exuberantemente cada primavera, y, si el podófilo americano no fuese capaz de cubrir la demanda de podofilotoxina, recientemente se ha descubierto en los bosques del Himalaya al *Sinopodophyllum hexandrum*, una planta muy similar que también produce en abundancia la sustancia precursora del etopósido y del tenipósido. Una tercera opción, en busca de una sustancia tan o más eficaz para tratar la leucemia, nos llevaría a abandonar el sur de Asia y cruzar el mar de Japón.

En los bosques japoneses que se desarrollan junto a los acantilados (también en muchos jardines de España, puesto que la especie llegó en el siglo XIX desde el país nipón como árbol ornamental) crece una especie de conífera llamada *inugaya* (*Cephalotaxus harringtonia*) que recuerda vagamente al tejo y que, como el árbol de Catuvolco, esconde una sustancia tóxica que puede ser empleada como quimioterápico. Sin embargo, las sustancias fabricadas por la *inugaya* se parecen más a las del podófilo que a las del tejo, puesto que, aunque su mecanismo de acción es diferente, también se muestran sumamente eficaces en la destrucción de las células neoplásicas en las leucemias, mientras que no parecen afectar en modo alguno a los tumores sólidos que tan eficazmente destruye el paclitaxel. De entre los múltiples metabolitos poseedores de actividad antineoplásica que son producidos por la *inugaya* destaca sobremanera la homoharringtonina, no solo por su eficacia para combatir leucemias recidivantes y resistentes, sino también por la sinergia que muestra con otros quimioterápicos y que la hace ser especialmente útil en el tratamiento de este particular tipo de cánceres.

# Parte III

# PLANTAS HOMICIDAS

## 7

# Tóxicos y adictivos

*Me miras con tristeza por lo que consideras una condena injusta; ¿resultaría acaso más conveniente que fuese justa? Cuando se dice que abjuro de los dioses de la polis, ¿no se entiende la imposibilidad de celebrar lo divino sin la existencia de las supremas deidades? Y el enfermo, ¿no recurre al médico para que alivie sus penas? ¿Y quién dirige al soldado en la batalla si no es el avezado general? Entonces, ¿por qué razón el joven e inexperto ve corrompido su espíritu por el consejo del sabio? Preguntadle al oráculo, como ya hiciera otro, y os dirá que no hallaréis un hombre más sabio ni más justo.*

*Y vosotros, amados discípulos, ahora me ofrecéis una salida, sin percataros de que los dioses me premian con la mejor. Una vida ya repleta de pasado, de actos dignos y libres, no debe ahogarse en la duda ni marchitarse en el olvido de la palabra; el discurso preciso del sabio no puede ceder su lugar al balbuceo del anciano. Toda una existencia de libertad sirve para negar en silencio cada una de sus acusaciones, pero agradece aliviada el veredicto. En la realidad de todo hombre llega un momento en que la muerte es preferible a la vida.*

*Finalmente, Sócrates bebió la cicuta.*

Resulta difícil encontrar una planta que, como la *Conium maculatum*, se asocie más acertadamente con la muerte. Lo cierto es que ser la responsable de terminar con la vida del mejor de entre todos los hombres, a quien su discípulo Platón considerara el ideal de rey-filósofo preparado para dirigir el único gobierno justo, justifica su prestigio de envenenadora letal. Sin embargo, la cicuta, lejos de envanecerse por sus notables logros históricos, destaca por su sencillez: es una planta presente y abundante en todos los continentes (excepto en la Antártida), que con su largo y ordinario tallo verde y sus minúsculas flores blancas dispuestas en umbela suele pasar desapercibida en los parques, bordes de carretera y terrenos baldíos donde prolifera. Su humildad llega a tal extremo que un observador inexperto puede confundirla, debido a la forma de sus hojas bipinnadas y de largos peciolos, con alguna de sus hermanas inofensivas y comestibles como el perejil (*Petroselinum crispum*), el hinojo (*Foeniculum vulgare*) o la zanahoria silvestre (*Daucus carota*).*

Todas las anteriores pertenecen a la familia de las apiáceas, pero la toxicidad que presenta la cicuta (y el desagradable olor que desprende) no tiene rival entre las más de 3.000 especies que forman parte de su linaje, y confundirla es un error que pocas veces se puede volver a cometer. Incluso aquellos que mejor conocen el campo pueden caer en esta peligrosa confusión, o al menos eso es lo que se deduce de un episodio de envenenamiento que aconteció en una región montañosa situada al norte de Irán. Durante la primavera de 2021, tres pastores se encontraban recogiendo plantas comestibles con las que aderezar el almuerzo cuando confundieron las hojas de cicuta con las del perejil. Este error provocó que los tres acabasen ingresados durante varios días en el hospital, y solo gracias a la pequeña cantidad que consumieron y a los esfuerzos del equipo médico que

* En su tallo aparecen unas manchas o máculas a las cuales hace referencia su nombre científico (*maculatum*) y que contribuyen a distinguirla de otras plantas de porte similar como la zanahoria silvestre o el perejil.

los trató lograron recuperarse por completo. Sin embargo, no pocas veces el envenenamiento por cicuta termina con un final menos feliz: en el año 2006, una mujer de mediana edad falleció en un hospital de Turquía una semana después de ser ingresada por un envenenamiento accidental con la *Conium maculatum*.

La elevada toxicidad que presenta la cicuta debemos buscarla en una sustancia química llamada cicutina (también se la conoce como coniína), que aparece en distinta concentración en todas las partes de la planta, incluidos los frutos, las flores y las semillas. La cicutina es un compuesto que actúa sobre las principales células que forman el sistema nervioso: las neuronas. Por ello, en el ámbito médico se le cataloga dentro de los venenos neurotóxicos. Su mecanismo de acción es bastante común dentro del mundo de los tóxicos y se encuentra muy extendido en la naturaleza. El curare —neurotoxina presente en diversas especies vegetales—, el veneno de la cobra escupidora de Indochina (*Naja siamensis*) y de la serpiente krait multibanda de Taiwán (*Bungarus multicinctus*) o la toxina botulínica actúan de un modo similar, impidiendo que las neuronas se comuniquen con los músculos. Pero ¿de qué modo esta sustancia de origen vegetal vuelve a los músculos sordos a las órdenes que a gritos les dan las neuronas?

## Ranas, peces torpedo y neurotransmisores

En 1906, el médico aragonés Santiago Ramón y Cajal recibía el Premio Nobel de Fisiología «en reconocimiento a su trabajo sobre la estructura del sistema nervioso». Lo hacía junto al científico italiano Camilo Golgi, con quien mantendría una larga disputa referente a la estructura y el funcionamiento del sistema nervioso. Golgi sostenía que todas las células del sistema nervioso estaban conectadas unas con otras formando una continua, tupida y densa red. Por el contrario, Ramón y Cajal sospechaba que las neuronas eran células individuales que intercambiaban información sin la necesidad de mantener contacto directo entre ellas. Paradójicamente sería una técnica de tinción desarrollada por Golgi, que coloreaba las neuronas individualmente, la que permitiría al médico español observar la estructura de una neurona sin el estorbo que constituye la opaca masa de células que la rodean y, de esa forma, confirmar su teoría. Ahora sabemos que, en la mayoría de las ocasiones, las neuronas se comunican sin la necesidad de tocarse, utilizando unos compuestos químicos que actúan a modo de mensajeros y que se conocen como neurotransmisores.

De igual modo que cuando se produce entre dos individuos, en la comunicación entre las neuronas se necesita un emisor, un receptor, un canal y, por supuesto, un mensaje. En este contexto, los neurotransmisores podrían considerarse los distintos mensajes que una neurona envía a otra neurona, a un músculo o, incluso, a una glándula. La neurona que sintetiza los neurotransmisores actuaría de emisor (neurona presináptica) y aquella que los recibe (neurona postsináptica) sería el receptor. Como Ramón y Cajal describiría en su *Teoría de la Neurona*, ambas neuronas están separadas por un minúsculo hueco que se conoce como hendidura sináptica y que, en la analogía que estamos utilizando, desempeñaría el papel de canal. No obstante, más allá de cualquier analogía, la mejor estrategia para comprender cómo se comunican las células del sistema nervioso consiste en reproducir una de los miles de conversaciones que, cada segundo, mantienen nuestras neuronas. Y, como muy pronto entenderemos, no se me ocurre una alternativa mejor que simular una conversación neuronal en la que el mensajero implicado sea el primer neurotransmisor que fue descubierto por la medicina: la acetilcolina.

La acetilcolina participa en el 15 por ciento de las sinapsis que se producen en el sistema nervioso de un ser humano y está involucrada en la comunicación entre las neuronas que forman un nervio y el músculo que inerva. Lo que explica, quizás inesperadamente, que la acetilcolina no se localizase por primera vez en las células del sistema nervioso, sino en el tejido muscular que forma el corazón, cuando, durante la segunda década del siglo XX, el fisiólogo alemán Otto Loewi estaba experimentando con corazones de rana.

Loewi intuía que los nervios no actuaban directamente sobre los músculos, sino que la comunicación entre ambos estaba mediada por lo que denominó «factores humorales». Suponía que los factores humorales, que ahora llamamos neurotransmisores, eran liberados por los nervios y, al unirse a unos receptores específicos situados en los músculos, activaban o, por el contrario, relajaban estos últimos. El propio científico relató que fue durante un sueño cuando se le ocurrió el diseño del experimento que le permitiría demostrar la participación de los neurotransmisores en la comunicación entre las neuronas (y también en la comunicación de las neuronas con los músculos y las glándulas). Imagino que más que de un sueño se trataba de una pesadilla, pues el ensayo consistía en extraer el corazón palpitante de dos batracios: el primero, manteniendo intacto el nervio vago, y el segundo, carente de dicho nervio. En su experimento puso en contacto los dos pequeños órganos anfibios a través de una cánula rellena con una disolución salina que simulaba los fluidos extracelulares del cuerpo y, posteriormente, estimuló el nervio vago del primer corazón mediante descargas eléctricas hasta conseguir detener su latido. Hecho que no supuso ninguna sorpresa, pues *in vivo* la función del nervio vago es precisamente la de ralentizar el latido cardíaco. El suceso verdaderamente inesperado llegó cuando el fisiólogo alemán transfirió la disolución salina, donde se encontraba sumergido el primer corazón, hasta el segundo corazón. Este último, sin nervio vago de por medio ni estimulación eléctrica alguna, también se detuvo, confirmando de ese modo la presencia de los factores humorales en el líquido y, tal como predijo Loewi, la mediación de los neurotransmisores en la comunicación entre nervio y músculo. Poco tiempo después del famoso experimento se descubrió que el neurotransmisor liberado por el nervio vago, presente en el líquido que pasó de un corazón a otro y que se mostró como el causante de ralentizar el latido cardíaco, era la acetilcolina.

Como Ramón y Cajal sospechaba, la comunicación entre las neuronas se produce sin la necesidad de un contacto directo, pero con la obligada mediación de los neurotransmisores. Estas moléculas químicas se almacenan en el extremo de la neurona presináptica, en una región que se conoce como terminal axónico, y durante la comunicación neuronal se liberan a la hendidura sináptica para, a continuación, interaccionar con unos receptores específicos que están situados en la neurona postsináptica, o en el músculo o la glándula cuya acción controlan. En el experimento desarrollado por Loewi, las moléculas de acetilcolina liberadas por las neuronas del nervio vago del primer batracio se unían a los receptores situados en el músculo cardíaco de la segunda rana, ralentizando también su latido. Mas, en realidad, la acetilcolina es solo uno de los muchos neurotransmisores que participan como mensajeros en el sistema nervioso, como también lo son la serotonina o la sustancia P, y su elección para ejemplificar la comunicación entre las células del sistema nervioso solo se debe a que precisamente es el neurotransmisor sobre el que actúa la cicutina presente en todos los tejidos de la *Conium maculatum.*

Durante mucho tiempo se estuvo especulando sobre cuál podría ser la naturaleza de los receptores de la neurona postsináptica a los que se unía la acetilcolina. Se sabía que el veneno de la peligrosa serpiente krait multibanda de Taiwán se fijaba a esos mismos receptores, pero los científicos eran incapaces de aislarlos y no podían determinar su estructura ni desentrañar su funcionamiento. Hasta que se les ocurrió analizar el órgano eléctrico que posee un curioso tipo de peces marinos similares a las rayas: los peces torpedo.

El pez torpedo posee un órgano formado por células musculares, llamadas electrocitos, que han perdido la capacidad de contraerse y estirarse, pero que lo compensan con la habilidad para generar descargas eléctricas de hasta doscientos veinte voltios. Potentes calambrazos que el pez utiliza para cazar y defenderse de sus depredadores, y cuya razón de ser se encuentra en la acción de la acetilcolina sobre un número desmesurado de receptores: los electrocitos del pez torpedo contienen mil veces más receptores de acetilcolina que cualquier fibra muscular de cualquier otro organismo. De modo que haciendo un puré con los electrocitos de un pez torpedo los científicos se aseguraban una muestra que contenía una gigantesca cantidad de receptores de acetilcolina que poder estudiar. Solo que ¿cómo reconocerlos en esa heterogénea papilla de pescado? Bueno, pues para ello se valieron del veneno de la krait, que contiene una sustancia llamada alfa-bungarotoxina, capaz de unirse de forma específica a estos receptores.

La curiosa combinación de los electrocitos del pez torpedo con el veneno de la serpiente reveló la naturaleza de uno de los receptores a los que se fija la acetilcolina para transmitir el mensaje desde el nervio hasta el músculo. Este se conoce como receptor nicotínico (porque, como veremos, también se le unen las moléculas de nicotina) y se localiza tanto en la membrana de las células musculares como en las neuronas del sistema nervioso central. Su estudio detallado permitió descubrir que está formado por cinco cadenas de aminoácidos que se juntan o se separan, impidiendo o facilitando la entrada de iones en la célula muscular. La unión de una molécula de acetilcolina al receptor nicotínico induce la separación de las cadenas aminoacídicas que lo forman, abriendo un poro a través del cual entra a la célula el catión sodio ($Na^+$) o sale de ella el catión potasio ($K^+$). La consecuencia final es una despolarización de la membrana de la célula muscular y el inicio de la contracción del músculo.

La cicutina de la *Conium maculatum* muestra gran avidez por los receptores nicotínicos que contienen las fibras musculares, de modo que este veneno se une a ellos ocupando el sitio que le correspondería a la acetilcolina. Una vez se ha unido a los receptores nicotínicos, la cicutina desencadena en la fibra muscular dos efectos consecutivos y opuestos. Inicialmente provoca una estimulación de las fibras musculares, lo que a su vez ocasiona mareos, vómitos e hipersalivación en el individuo intoxicado, pero al poco tiempo bloquea completamente los receptores nicotínicos, impidiendo la comunicación entre los músculos y los nervios. Los músculos, al no recibir la señal de los nervios en forma del neurotransmisor acetilcolina, no responden y quedan totalmente paralizados. Si este proceso no se revierte, el individuo padecerá vértigos, mostrará las pupilas exageradamente dilatadas, tendrá mucho frío y sed, y, en último extremo, sufrirá un colapso respiratorio debido a la parálisis flácida de los músculos que intervienen en la respiración. No existe un antídoto para la cicutina y, aunque el envenenamiento accidental con la *Conium maculatum* es poco frecuente, en la mayoría de los casos el desenlace es trágico.

A diferencia de lo que sucede con muchas de las sustancias químicas presentes en otras plantas venenosas, las de la cicuta no han encontrado acomodo en la farmacología actual, probablemente por la cercanía entre la dosis terapéutica y la dosis letal. Es cierto que en su *Perì hýles iatrikês* [Sobre la materia de la medicina] Dioscórides recomendaba preparar la cicuta para tratar los herpes y, en forma de emplastos, para aplicar sobre las partes pudendas con el objetivo de evitar los sueños eróticos y calmar los calores sensuales. No es por llevar la contraria al gran médico y farmacólogo griego, pero, teniendo en cuenta que la cicutina se absorbe con cierta facilidad a través de la piel, es más que probable que las cataplasmas a base de cicuta transformaran los sueños eróticos del paciente en un plácido sueño eterno. No obstante, que todavía no se haya encontrado ninguna utilidad médica para los metabolitos de la cicuta no quiere decir que en el futuro siga siendo así; de hecho, recientemente se ha desarrollado un estudio que abre la puerta al empleo de algunas sustancias presentes en la cicuta para tratar el cáncer. Este estudio, realizado con células cultivadas en el laboratorio, ha descubierto que el extracto de la *Conium maculatum* es capaz de detener el crecimiento celular e inducir la muerte de las células cancerosas.

Al referir la acción de la cicutina me he centrado en los receptores nicotínicos que poseen las fibras musculares, pues el efecto letal de la planta que mató a Sócrates se ejerce precisamente sobre ellos. Sin embargo, los receptores nicotínicos no solo se localizan en el músculo: también proliferan en muchas de las neuronas del cerebro, especialmente entre aquellas que conforman el sistema de gratificación que es responsable tanto de que ciertos comportamientos y actividades nos resulten agradables como de la adicción que causan algunas sustancias. La cicutina, por su elevada toxicidad, no provoca adicción alguna, pero otros venenos de origen vegetal, que actúan sobre los receptores nicotínicos a nivel cerebral, son tremendamente adictivos para el ser humano. Creo que ya lo sospechas: estoy aludiendo a la única planta cuyo hábitat principal se localiza en las estanterías de un estanco.

## Enganchados a una planta

A veces la buena fortuna, que hasta entonces parece retraída y esquiva, llega a través de los más enrevesados vericuetos. Esta era la idea que masticaba el caballero Jean Nicot de Villemain cuando, a finales del año 1561, paseaba por los jardines de palacio entre las hermosas plantas de tabaco que le habían dado celebridad. Embelesado ante aquellas enormes hojas verdes entre las que se erguían ramilletes de flores como vociferantes bocas rosas, era incapaz de remedar la ansiedad y el temor con los que hacía tan solo unos meses había llegado a la corte del rey de Francia.

Poco antes de su muerte, cuando una lanza despistada le atravesó el ojo durante una justa, el rey Enrique II de Francia había enviado a Lisboa a Jean Nicot de Villemain en calidad de embajador para negociar el casamiento de su hija Margarita de Valois con el rey Sebastián I de Portugal. Dos años de negociación fueron suficientes para descartar el compromiso, tiempo que se antoja demasiado largo si hacemos caso al relato de los historiadores, quienes consideraban que Sebastián I tenía más interés en intimar con los de su propio sexo que con reinas y princesas. Jean Nicot de Villemain retornaba a su país cargado de malas noticias, pero no con las manos vacías: traía las semillas de la planta del tabaco que había recibido como regalo de unos caballeros españoles que lo visitaron en la Embajada de Francia en Lisboa.

La reina Catalina de Médici, harta de probar remedios estériles contra las migrañas que sufría —quién sabe si provocadas por sostener estoicamente la cornamenta que el rey Enrique II y su perpetua amante Diana de Poitiers le habían colocado—, decidió probar aquella planta que tan positivas referencias tenía como calmante. La reina aspiraba por la nariz el polvo resultante de pisar la hoja seca del tabaco, y el buen resultado que dio con sus dolores de cabeza —o más bien la adicción que produce la nicotina— hizo que en muy poco tiempo su consumo, tanto aspirado como fumado, se pusiera de moda en el país, llevando hasta el estrellato al antiguo embajador de Lisboa. Tanta fue la fama que alcanzó Jean Nicot que, dos siglos después, el naturalista sueco Carl von Linneo puso su nombre, *Nicotiana tabacum*, a la planta del tabaco. Actualmente llamamos «nicotina» a su principal alcaloide y «nicotínicos» a los receptores del sistema nervioso a los que esta adictiva sustancia se une.

La nicotina es un alcaloide que actúa sobre los mismos receptores nerviosos que la acetilcolina y la cicutina, y el hecho de que sea ella quien les ha dado nombre se debe en gran medida a que es una de las sustancias que más impacto tiene en las sociedades humanas actuales. La nicotina no es uno más de entre los cerca de 7.000 componentes contenidos en un cigarrillo o en el humo que produce, sino todo lo contrario: destaca por ser el principal responsable de la potente adicción que genera entre los consumidores de tabaco. No debemos olvidar que directa o indirectamente la adicción al tabaco causa la muerte de unos cinco millones de personas cada año, y su consumo habitual incrementa exponencialmente la posibilidad de desarrollar diversos tipos de cánceres y sufrir accidentes cardiovasculares, además de acortar en varios años la esperanza de vida del fumador. Desde el punto de vista del daño que ocasiona a las sociedades humanas podríamos aventurarnos a considerar la nicotina como un veneno... y, desde un punto de vista biológico, acertaríamos de lleno.

En realidad, la nicotina que contiene el tabaco es una sustancia fabricada por algunas plantas (especialmente por la especie *Nicotiana tabacum*) para defenderse de los herbívoros que tratan de depredarla. Es una estrategia que no resulta demasiado económica, pero deshacer unos cuantos cigarrillos en un recipiente con agua y, pasados unos días, rociar con ella los rosales del jardín permite librarlos de los insidiosos pulgones. Tal es su efectividad a la hora de matar bichos que no resulta extraño que durante décadas la nicotina procedente de los desechos de la industria tabacalera haya sido empleada como insecticida. Sin embargo, el desarrollo de plaguicidas más baratos y eficaces es responsable de que en la actualidad su uso en la agricultura sea marginal, si bien es cierto que entre los insecticidas que hoy más utilizamos destaca una familia que mimetiza la acción que la nicotina y sus derivados ejercen sobre el sistema nervioso. Estos nuevos insecticidas de naturaleza nicotinoide, los neonicotinoides, mantienen toda la toxicidad sobre los invertebrados, pero parecen ser menos peligrosos para las aves y los mamíferos que accidentalmente se exponen a ellos. No obstante, no todo en estos derivados de la nicotina resulta ser tan positivo: diversos estudios científicos han revelado que al menos tres de los insecticidas neonicotinoides más utilizados en el campo suponen una amenaza para la supervivencia de las abejas, motivo suficiente para que en el año 2018 la Unión Europea prohibiera su uso al aire libre, si bien el empleo en lugares cerrados como los invernaderos todavía está permitido.

Como ya habremos sospechado al conocer el mecanismo de acción de la cicutina, la letalidad de la nicotina (y de los modernos insecticidas neonicotinoides) se debe a su capacidad para unirse a los neurorreceptores que llevan su nombre, impidiendo que la acetilcolina estimule los músculos del insecto y causando una parálisis completa que termina con la vida del minúsculo animal. En el caso de los fumadores, la cantidad de nicotina que alcanza la sangre es demasiado pequeña como para afectar al movimiento muscular o para provocar la muerte, pero suficiente como para desencadenar diversos efectos en el cerebro que, sostenidos en el tiempo, conducen a desarrollar una conducta de dependencia y tolerancia a la nicotina. Por este motivo, el daño que causa la nicotina en los fumadores hay que buscarlo en su cerebro y no, como sucedía con la cicuta, en la comunicación que se establece entre los nervios y los músculos.

Cuando recién levantado de la cama un individuo da la primera calada al primer cigarrillo del día, las moléculas de nicotina del tabaco se unen a los receptores nicotínicos del cerebro. Así, entre otras regiones cerebrales, activan la liberación de dopamina en las neuronas dopaminérgicas del núcleo *accumbens*, que constituye el elemento más importante del sistema de recompensa. Dicho de una forma menos científica y más accesible: la primera bocanada del humo de un cigarro genera en el fumador una profunda sensación de bienestar y placer. Su propio cerebro le está recompensando por suministrarle el veneno de la nicotina.

La activación del sistema de recompensa cerebral cada vez que se fuma un cigarrillo causa la enorme adicción que produce la nicotina. Sin embargo, este no es, ni de lejos, el único efecto que produce esta sustancia en el cerebro. Paradójicamente, cuando el fumador ha consumido más de dos cigarrillos en un intervalo corto de tiempo, los receptores nicotínicos se vuelven menos sensibles a las moléculas de nicotina y el individuo necesita subir la dosis para alcanzar un efecto fisiológico similar al inicial. Este proceso, responsable de que se necesite fumar más cigarrillos para conseguir un efecto que antes se alcanzaba con un número menor, se conoce como tolerancia.

Por si todos estos cambios a nivel cerebral no fuesen ya suficientes para encadenar la voluntad del individuo a la nicotina, hay que añadir una tercera alteración que sufre el sistema nervioso debido al consumo continuado de tabaco. Curiosa y desgraciadamente, las neuronas de un cerebro expuesto de manera continuada a la nicotina responden incrementando paulatinamente el número de receptores nicotínicos que poseen en su membrana, proliferando especialmente los que tienen una mayor afinidad por la nicotina. Es decir, las neuronas del cerebro de un fumador poseen muchos más receptores nicotínicos —que además están especialmente preparados para ser estimulados por la nicotina del tabaco— que los que presenta el cerebro de un no fumador. De modo que, si súbitamente le quitamos la nicotina a un fumador, la superabundancia de receptores nicotínicos (no olvidemos que también son sensibles a la acetilcolina que sintetiza el propio organismo) desencadena en el cerebro una excitabilidad por encima de lo habitual, que el individuo manifiesta en forma de malestar, irritabilidad y nerviosismo, y que solo aplacará desensibilizando una parte del exceso de receptores al encender uno o, más bien, varios cigarrillos. Ahora, si el fumador tiene la fortaleza suficiente para soportar el síndrome de abstinencia y consigue alejarse del tabaco durante unas cuantas semanas, el número de receptores nicotínicos se reducirá gradualmente hasta situarse en los niveles típicos de un no fumador. Desde ese momento, si no cae en el habitual error de volver a dar una calada —y aunque el deseo de fumar tarda mucho tiempo en desaparecer—, habrá conseguido deshabituarse y desengancharse de la nicotina.

Pero no nos engañemos: muchos son los que cada día tratan de dejar el tabaco, pocos los que lo consiguen temporalmente y aun menos son los que logran abandonarlo para siempre. La nicotina tiene un enorme poder de adicción y es muy difícil desengancharse de ella..., pero no es imposible. Y resulta que en el arduo viaje para dejar de fumar hemos descubierto otras plantas que pueden ayudarnos a hacer el camino menos espinoso.

Durante los últimos estertores de la Segunda Guerra Mundial los bienes de consumo básicos escaseaban entre la población de los países beligerantes. En Alemania se hubo de racionar hasta el tabaco, y ya conocemos los efectos que la repentina ausencia de nicotina produce sobre un individuo que está habituado a fumar. De modo que las oficinas económicas nazis emitieron cupones para adquirir tabaco dando preferencia a los miembros de las Fuerzas Armadas, justificándolo en la necesidad de mantener la moral de los soldados en el frente. Se ve que a los dirigentes nazis no les parecía una decisión militar acertada tener a toda la tropa padeciendo un súbito episodio de abstinencia mientras debían combatir al enemigo; por lo que, aunque en la Alemania del Tercer Reich también se desarrollaron políticas antitabaco, en ningún momento se planteó restringirlo entre sus tropas. Eso no quiere decir que todos los días los soldados dispusieran de tabaco que llevarse a los pulmones. De hecho, ante su ausencia y el incremento del malestar físico y psicológico debido a la abstinencia, los combatientes decidieron liar los cigarrillos utilizando las plantas que tenían más a mano. El inconveniente es que no son tantos los vegetales que contienen nicotina y que el simple acto de fumar un cigarrillo no aplaca la ansiedad que provoca la ausencia de este alcaloide. Por suerte, o más probablemente por un mecanismo de prueba y error que los llevaría a fumarse todo tipo de elemento vegetal que encontrasen en su camino con el objetivo de mitigar la dependencia de la nicotina, los soldados alemanes encontraron un sustituto abundante y gratuito a la planta del tabaco: el laburno (*Laburnum anagyroides*).

El *Laburnum anagyroides* es una planta que pertenece a la misma familia de las lentejas (*Lens culinaris*), los garbanzos (*Cicer arietinum*) o los guisantes (*Pisum sativum*), pero destaca entre todas las leguminosas por sus preciosas flores amarillas dispuestas en grandes racimos colgantes, que son los responsables de que también se la conozca con el nombre común de «acacia lluvia de oro» y de que sea empleada como planta ornamental en los jardines de medio mundo. A pesar de que los soldados alemanes fumaban las hojas del laburno como eficaz sustitutivo del tabaco, lo cierto es que el *Laburnum anagyroides* no contiene un solo nanogramo de nicotina. Pero, eso sí, en todas las partes de la planta se acumula un alcaloide capaz de imitarla: la citisina.

La citisina es una sustancia que también se une a los receptores nicotínicos localizados en las neuronas cerebrales estimulando, de esta forma, el sistema de recompensa igual que lo haría la nicotina. Bueno, lo que es activar el sistema de recompensa igual igualito que la nicotina... pues va a ser que no. Aunque un imitador se parezca mucho al personaje, no siempre es capaz de suplantarlo, y precisamente eso es lo que le sucede a la citisina. A pesar de que su afinidad por los receptores nicotínicos es siete veces mayor que la de la propia nicotina, la citisina presenta una eficacia parcial, muy inferior a la de su análogo, en la activación de los receptores nicotínicos y en la liberación de dopamina por parte de las neuronas dopaminérgicas del sistema de recompensa. Es decir, la gratificación a nivel cerebral que recibía un soldado nazi al fumarse un cigarrillo elaborado con las hojas de la acacia lluvia de oro era mucho menor a la de un cigarrillo de tabaco cargado de nicotina. Recientes estudios han cuantificado esta diferencia, corroborando que la interacción de la citisina sobre los receptores nicotínicos de las neuronas del núcleo *accumbens* estimula la liberación de dopamina, pero en niveles que apenas alcanzan un 50 por ciento de la que se dispensa por la acción de la nicotina. Sin embargo, la citisina presenta otra diferencia crucial con la nicotina: su consumo continuado no desencadena un aumento del número de receptores nicotínicos en las neuronas, como sí hace el alcaloide presente en el tabaco.

Queda claro que, tanto por la pequeña cantidad de dopamina que liberan como por su menor poder adictivo, los cigarrillos liados con hojas de laburno nunca tendrían tanto éxito como los de tabaco. Pero como compensación, al cambiar la nicotina por citisina, las neuronas del cerebro del soldado irían perdiendo parte de los receptores nicotínicos que se habían sintetizado en exceso y, de ese modo, paulatinamente iría disminuyendo la dependencia por el adictivo alcaloide del tabaco. Evidencia fisiológica que condujo a plantear la interesante cuestión de si podría la citisina actuar como sustitutivo de la nicotina, atenuando tanto el síndrome de abstinencia como la dependencia en aquel individuo que desea abandonar el hábito de fumar. Esto es precisamente lo que demostraron los primeros estudios clínicos con la citisina desarrollados por científicos búlgaros allá por la década de 1970. Así, desde el año 1964, la citisina del *Laburnum anagyroides* se convirtió en el principio activo del primer fármaco utilizado para dejar de fumar, especialmente en los países de Europa central y oriental. Con la integración de los países socialistas del este del continente en la Unión Europea, muchos de ellos dejaron de utilizar los fármacos antitabaquismo elaborados con citisina, aunque actualmente se sigue empleando en más de una decena de países y recientemente se ha aprobado su uso en Canadá.

La causa de que en pleno siglo XXI la citisina no sea el fármaco de elección para dejar de fumar se debe a que la potente farmacéutica estadounidense Pfizer encontró una molécula sintética derivada de este alcaloide que, en principio, mejoraba sus prestaciones... y también su precio en el mercado farmacéutico. La vareniclina —la molécula química patentada por Pfizer— se obtiene modificando en el laboratorio la estructura química de la citisina del *Laburnum anagyroides*, lo que consigue que su afinidad por los receptores nicotínicos de las neuronas se vea multiplicada por cinco con respecto a la de la citisina, es decir, su capacidad para inhibir los efectos de tolerancia y dependencia de la nicotina casi duplica a la de su predecesora. Sin embargo, aun con todas estas mejoras, un estudio clínico que comparaba ambas sustancias para dejar de fumar, realizado con casi 1.500 fumadores australianos, que concluyó en el año 2020, demostró que el porcentaje de éxito de los fármacos para dejar de fumar cuyo principio activo era la citisina (11,7 por ciento) apenas se diferenciaba significativamente del logrado por los fármacos de vareniclina (13,3 por ciento). Y si la eficacia para dejar de fumar que presentan ambas sustancias es similar, debemos centrarnos, pues, en el principal aspecto distintivo: el tratamiento con vareniclina se mantiene durante ochenta y cinco días con un coste medio de 1.700 euros, mientras que el tratamiento con el fármaco elaborado a base de la acacia lluvia de oro solo dura veinticinco días y su precio ronda los 28 euros.

A pesar de su belleza, del dulce y suave aroma que desprenden sus flores y de su inestimable contribución a paliar uno de los más peligrosos e insalubres hábitos que hemos adquirido los seres humanos, no todo en el *Laburnum anagyroides* resulta positivo para nosotros. La citisina contenida en todas las partes del árbol (desde su corteza, pasando por sus hojas y flores, hasta llegar a sus semillas) se puede emplear a modo de fármaco, pero en realidad se trata de un veneno sintetizado por la planta, que lo utiliza para defenderse. De hecho, el envenenamiento provocado por el laburno, especialmente por sus semillas —que no tan excepcionalmente como cabría esperar son ingeridas accidentalmente por los niños—, constituye una de las más frecuentes causas de consulta en los centros médicos por intoxicaciones debidas a la ingestión de materia vegetal. Por suerte, la citisina une a una toxicidad moderada la capacidad para inducir el vómito, de modo que es difícil que su concentración en la sangre alcance un nivel capaz de ocasionar una intoxicación grave, limitándose en la inmensa mayoría de las ocasiones a producir molestias gastrointestinales pasajeras. Sin embargo, cuando el envenenamiento es voluntario, el *Laburnum anagyroides* resulta tan eficaz como una pistola cargada. Así, de los escasísimos incidentes conocidos de muerte por laburno, destaca el suicidio de un joven alemán de apenas veinte años que, según manifestó su madre a la policía, había comprado un par de días antes un libro sobre plantas y venenos. Entre la enorme variedad de ponzoñas de origen vegetal eligió (probablemente por la facilidad para acceder a las hojas de este árbol, habitual en casi cualquier jardín) el *Laburnum anagyroides* para prepararse un té mortal que contenía una elevada concentración de citisina, lo que le produjo un edema cerebral severo.

Como hemos visto, la citisina y la nicotina son dos sustancias de origen vegetal químicamente muy diferentes pero que actúan de forma similar sobre nuestro sistema nervioso. La convergencia funcional de dos moléculas químicas distintas no constituye en absoluto un fenómeno extraño, pero resulta ser un evento todavía más frecuente el que sustancias que presentan una estructura química muy similar desencadenen una acción fisiológica muy dispar sobre nuestro organismo. Esto último es, precisamente, lo que acontece con las moléculas casi siamesas presentes en el laburno y en el precioso cohosh azul.

Cuando ya habían transcurrido casi dos lunas desde que Adsila, la hija menor del jefe cheroqui Amadahy, se pusiera de parto sin que el bebé diera señales de querer asomarse al mundo, la vieja Kimama decidió que era el momento de suministrarle el preparado de hierbas. Invocando en susurros el poder del Gran Espíritu, extrajo de una raída manta la raíz deshidratada del cohosh azul (*Caulophyllum thalictroides*), que junto a otras mujeres había recogido durante el otoño anterior. La machacó en un pequeño mortero de piedra hasta convertirla en un reseco polvo gris. Adsila bebió el tibio brebaje que contenía disueltos los polvos de la raíz y, bruscamente, las contracciones empezaron a sacudir sus entrañas como el desbocado viento del oeste zarandea las copas de los álamos esqueléticos. Antes de que la segunda luna se consumiera del todo, los berridos del nieto de Amadahy inundaron la noche.

Con la anterior historia he intentado recrear una situación que debió de ser muy común entre los indígenas americanos, quienes —a falta de una farmacia de la que echar mano— tenían que buscar el remedio para sus dolencias en la botica más grande de la que disponemos: la naturaleza. Lo cierto es que esa misma estrategia la seguimos utilizando las sociedades más «avanzadas». No en vano más del 25 por ciento de los medicamentos que empleamos proceden directa o indirectamente de las plantas, solo que el origen de un fármaco queda con frecuencia enmascarado por su nombre comercial o por el de la empresa farmacéutica que lo comercializa.

Hemos llegado a saber que los indios cheroquis utilizaban la raíz y los rizomas pulverizados del *Caulophyllum thalictroides* para provocar el parto y disminuir los dolores que le son intrínsecos a través de *The Indian Doctor's Dispensatory*, un libro publicado en 1812 por el predicador Peter Smith, quien, durante un largo viaje evangelizador por el noreste de Estados Unidos, fue recogiendo todos los remedios naturales de médicos e indígenas con los que se cruzaba en su camino.

El *Caulophyllum thalictroides*, conocido coloquialmente como cohosh azul o ginseng azul, es una planta perenne perteneciente a la familia de las berberidáceas que gusta de suelos húmedos y ambientes sombríos. Tanto su rizoma como la raíz contienen grandes cantidades de N-metilcitisina. Esta sustancia es un simple derivado de la citisina que inunda los tejidos del *Laburnum anagyroides* que hemos conocido anteriormente, por lo que no debería sorprendernos que, si la citisina interactúa con los receptores nicotínicos, la N-metilcitisina también lo haga. Lo que quizás resulte más inesperado, o al menos así fue para los investigadores que estudiaron los efectos que esta sustancia induce sobre el útero de ratonas embarazadas, es el hecho de que cuando el alcaloide del cohosh azul se fija a los receptores nicotínicos de las fibras musculares del útero, provoca un incremento de la regularidad, la velocidad y la intensidad de las contracciones, acelerando el parto.

El descubrimiento del mecanismo de acción de la N-metilcitisina no fue en absoluto sencillo, debido a que, a diferencia de otros alcaloides nicotínicos, actúa de un modo más solapado. Si la sola presencia de la cicutina, la nicotina o la propia citisina en un organismo basta para desencadenar una respuesta fisiológica, para que los polvos de la raíz triturada del cohosh azul puedan desarrollar su acción como intensificadora de las contracciones no basta con su unión a los receptores nicotínicos de las células musculares del útero: también es necesaria la presencia de una hormona llamada oxitocina.

Todos sabemos que el aumento de la frecuencia y la intensidad de las contracciones uterinas es un signo evidente de que la mujer se está poniendo de parto. Pero quizás no todos conozcan que detrás de tan molesto pero imprescindible evento se encuentra en forma de causa una pequeña molécula constituida por nueve aminoácidos y llamada oxitocina. Se trata de una hormona fabricada por el hipotálamo y secretada a la sangre por la neurohipófisis (pequeña glándula en forma de campanilla situada en la base del cerebro). La oxitocina se une a una serie de receptores específicos localizados en las células del músculo liso que forman el útero, estimulando la actividad de las fibras musculares y desencadenando las famosas contracciones que dilatan el cuello del útero y permiten la expulsión del feto. Sin embargo, aunque las descargas de oxitocina recorren nuestro cuerpo casi diariamente (por ejemplo, cuando mantenemos relaciones sexuales, acariciamos a nuestro perrito o leemos un buen libro), rara vez se producen violentos espasmos en el útero de una mujer, por el simple motivo de que hasta la decimotercera semana de embarazo las fibras musculares del útero apenas contienen receptores para la oxitocina. De hecho, los efectos de la hormona solo se dejan sentir en el útero a partir de la vigésima semana de embarazo, cuando el nivel de receptores para la oxitocina en las células del órgano que acoge al feto es ya muy elevado.

Bien, pero ¿en qué lugar de esta historia de hormonas, contracciones y partos interviene la N-metilcitisina que contiene el cohosh azul? Echándole un poco de imaginación, podemos ver a esta sustancia como la ráfaga de aire que sopla a favor del movimiento de un ciclista. Así, si la velocidad de un ciclista que está pedaleando se ve incrementada por el viento que lo empuja, la interacción de la N-metilcitisina con los receptores nicotinoides presentes en el músculo liso produce un incremento de la fuerza contráctil del útero cuando este ya está siendo estimulado por la oxitocina. A las sustancias que intensifican la acción contráctil de la oxitocina se les denomina de forma genérica «agentes oxitócicos». De modo que la N-metilcitisina de la raíz del *Caulophyllum thalictroides* es uno de los muchos oxitócicos que conocemos, como también lo son la ergotamina que produce el hongo del cornezuelo del centeno (*Claviceps purpurea*) o las prostaglandinas que fabrica la propia placenta en la que se encuentra el feto en desarrollo.

Las contracciones que provocan algunas sustancias oxitócicas son tan intensas que en no pocas ocasiones han sido utilizadas como abortivos. No obstante, podemos descartar este uso en el caso concreto de la raíz de cohosh azul, pues se necesitaría alcanzar un nivel tan elevado de N-metilcitisina en la sangre de la embarazada para producir las intensas contracciones uterinas que conduzcan a un aborto que se pondría en peligro la propia vida de la mujer. Descartada como abortivo, en la actualidad la N-metilcitisina del *Caulophyllum thalictroides* se sigue utilizando como agonista de la oxitocina para preparar el parto. La raíz del cohosh azul estuvo recogida en la farmacopea de Estados Unidos desde 1882 hasta 1905 y, aunque actualmente no forma parte de los fármacos aprobados por la FDA (Administración de Alimentos y Medicamentos, por sus siglas en inglés) y solo se vende como producto homeopático, hasta un 64 por ciento de las comadronas estadounidenses reconocen haberla empleado con sus pacientes como preparadora del parto por la injustificada creencia de que reduce el dolor y las complicaciones durante el nacimiento del bebé.

Aunque la N-metilcitisina del cohosh azul intensifica las contracciones uterinas, su empleo con esta finalidad debería descartarse, pues cuando el médico considera necesario inducir o acelerar un parto dispone de oxitocina sintética. En el año 1953, el bioquímico y profesor de la Universidad de Washington Vincent du Vigneaud sintetizó la molécula de la oxitocina, y desde entonces la oxitocina exógena es suministrada a las parturientas cuando se considera necesario. Obviamente, las tribus de indios americanos no disponían de esta posibilidad y debían emplear los recursos que le suministraba la naturaleza; pero en el contexto actual parece ridículo, cuando no un riesgo para la madre embarazada y para su hijo, utilizar la raíz y el rizoma del *Caulophyllum thalictroides* para preparar el parto. De hecho, frente a la falta de evidencias sobre su utilidad, disponemos de varias certezas que contraindican su uso: el cohosh azul, que se puede comprar a través de internet por menos de veinte euros, puede resultar tóxico para el embrión, provocar la aparición de defectos congénitos en el bebé y, además, diversos estudios han demostrado que es potencialmente cardiotóxico.

## 8

# Flores que llegan al corazón

*La cabeza le dolía una barbaridad. «Estos serranos saben bien lo que es divertirse», pensó el mariscal mientras salía de la tienda de campaña a tomar el aire. Tanto había disfrutado del banquete de la noche anterior que casi sentía lástima de tener que reducir a cenizas el pequeño pueblo donde se ocultaban los bandoleros. «Pero el deber es el deber», se dijo mientras una violenta arcada le hacía llevarse la mano a la boca. Solo cuando el viento helado de la sierra castellana le despejó los ojos encharcados de lágrimas pudo verlo. En realidad vio y no vio, pues nada había que ver: ni rastro de la Grande Armée, ni uno solo de sus soldados... Allí solo estaban los caballos, posando sus pezuñas embarradas sobre los huesos grises de unos conejos de campo y alborotando con su movimiento incesante las huérfanas plumas de varias decenas de sabrosas perdices. «¿Qué ha pasado?», vociferó el mariscal al vacío de la mañana; y del bosque cercano le llegaron, como si de un eco siniestro se tratara, gemidos lastimeros y gritos de ayuda de los valientes soldados de Napoleón.*

*El mariscal, aturdido y derrotado, bajó la vista hacia las huellas carbonizadas, todavía humeantes, de la hoguera de la noche anterior y vio las varas peladas de la adelfa a medio arder... De golpe, lo comprendió: «¡Nos han envenenado!».*

A tenor de la multitud de versiones que circulan y de la ausencia de fuentes realmente fiables, lo más probable es que se trate de una historia inventada, o que haya sufrido tal distorsión al pasar de boca en boca a lo largo del tiempo que lo más sensato sería poner en duda su verosimilitud. No obstante, se trate de un hecho real o ficticio, lo cierto es que la historia del todopoderoso Ejército napoleónico —capaz de someter por la fuerza a media Europa— siendo derrotado por los campesinos españoles, con los erectos tallos de una planta como única arma, resulta ser muy atractiva. El relato más popular cuenta que en la primera década del siglo XIX, durante la guerra de la independencia española, un pequeño grupo de soldados franceses se encontraba patrullando territorio español cuando tuvo que acampar junto a una aldea para pasar la noche. Los lugareños se acercaron al campamento y agasajaron a los soldados de Napoleón con un festín a base de vino de la tierra y carne de caza que cocinaron en una brasa encendida con los tallos secos de las adelfas (*Nerium oleander*). En otra versión se asegura que las mujeres españolas prepararon un guiso de carne para las tropas invasoras aderezándolo con las hojas de la adelfa, cuyo parecido con las del laurel contribuiría a enmascararlas. En realidad, es indiferente la parte de la adelfa que se utilice —tallo, hojas, raíz, semillas o savia—: todas ellas son extremadamente venenosas. Tampoco importa que se ingiera una parte del vegetal o que sea el alimento quien entre en contacto con el tallo carbonizado de la planta, el resultado es el mismo: envenenamiento.

La adelfa es una planta originaria de la costa Mediterránea y del Oriente Medio que ahora se cultiva en medio mundo con un propósito ornamental. En nuestro país, quizás por su capacidad para soportar con entereza el humo de los automóviles, hemos hecho de las kilométricas medianas que separan los dos sentidos en una autopista el hábitat principal de este arbusto de hojas perennes y llamativas flores rosas o blancas. La *Nerium oleander* es extremadamente tóxica: el propio Dioscórides describía las flores y las hojas como «aniquiladoras de los cuadrúpedos», pues los pastores habían comprobado con disgusto que resultaban mortales para cabras, ovejas y caballos. Mas, aunque los humanos no son ni mucho menos inmunes a su toxicidad, curiosamente el propio botánico de Anazarba recomendaba mezclarla con vino y extracto de ruda (*Ruta graveolens*) para tratar las heridas provocadas por la mordedura de una alimaña. Y no ha sido este el único caso en el que la adelfa se ha utilizado para curar enfermedades. En algunas sociedades tradicionales se ha empleado como abortivo y remedio para afecciones como la tiña, la malaria y la indigestión.

No disponemos de ninguna evidencia científica que justifique la utilidad de esta planta en alguna de las anteriores prácticas. Es más, el empleo directo de cualquier elemento de la adelfa o de las infusiones que con cualquiera de sus partes pudieran prepararse pone en serio peligro la vida del individuo. Tal es la ponzoña que posee esta planta que ni siquiera los polinizadores gustan visitarla durante su floración; aunque poco parece importarle a la adelfa, pues tiende a autopolinizarse, si bien esta estrategia produce una cantidad escasa de frutos viables. Y no pensemos en una drupa o en una baya. Los frutos que produce la adelfa son de lo menos apetecible que uno pueda imaginarse: una especie de fruto seco en forma de vaina llamado folículo, que cuando está maduro se abre longitudinalmente para liberar decenas de semillas. Ante la incapacidad del folículo para atraer y no envenenar a los animales, la adelfa se vale del viento y de la lluvia para dispersar sus semillas, que, eso sí, una vez en el suelo germinan con extraordinaria facilidad.

La ciencia ha descubierto en la *Nerium oleander* una gran variedad de sustancias que son tóxicas para los seres humanos, entre las que destacan la oleandrina, la oleandrigenina y la neandrina, todas ellas catalogadas dentro del grupo de los glucósidos cardíacos por su capacidad para alterar los movimientos contráctiles del corazón. La intoxicación producida por la adelfa se manifiesta apenas transcurridas ocho horas desde que se realizó la ingesta: comienza con alteraciones gastrointestinales, náuseas y vómitos, y, si el nivel de glucósidos cardíacos es relativamente elevado, continúa con convulsiones, alteraciones del ritmo cardíaco y, finalmente, la muerte.

Más allá de la historia escasamente verosímil con tintes marcadamente patrióticos que iniciaba este capítulo, se conocen muy pocos intentos de asesinato donde la adelfa haya sido utilizada como arma homicida. En los años noventa, un hombre fue acusado de haber asesinado a un rival dentro del tétrico negocio de las pompas fúnebres, administrándole supuestamente una infusión preparada con las hojas de la adelfa. Pero finalmente el fiscal del Tribunal Superior del Condado de Ventura, en el estado de California, llegó a la conclusión de que los casi ciento cincuenta kilogramos de humanidad del difunto habían tenido mucho más que ver en el fallo de su corazón que cualquier planta que hubiera podido ingerir. Diferente fue la conclusión a la que se llegó durante el juicio a una joven viuda neoyorquina, a quien se condenó a muerte por el envenenamiento de su marido. Pocos meses después de contratar un seguro de vida por valor de un cuarto de millón de dólares, el marido fallecía bajo extrañas circunstancias que los forenses atribuyeron al envenenamiento con el extracto de las hojas de adelfa que su mujer había recolectado en el jardín del vecino, y a una bebida energética a la que, para asegurar el éxito de la misión, la buena señora había añadido anticongelante.

Por otro lado, aunque se han dado algunos trágicos casos de intoxicación en niños pequeños y un puñado de intentos de suicidio por ingestión de alguna parte de la adelfa, especialmente las hojas, el envenenamiento voluntario es infrecuente. No obstante, existe una planta casi gemela de la *Nerium oleander* que, durante el escaso tiempo que va desde principios del mes de abril de 1995 a finales de marzo de 1996, se convirtió en el veneno con el que se llevaron a cabo más de trescientos intentos de suicidio.

El personal sanitario del Hospital General de Polonnaruwa ya no daba abasto. Los enfermos habituales y el reguero de heridos que obstinadamente proveía la guerra civil habían desbordado las limitadas posibilidades del hospital. Las habitaciones, con las paredes sucias y húmedas, incapaces de librarse del hedor a humanidad, estaban atestadas de enfermos, y el equipo médico se mantenía inmerso en una agobiante tarea sin pausa: ¿cómo podrían, además, atender a todos aquellos jóvenes que diariamente intentaban quitarse la vida en la gran isla del golfo de Bengala?

A mediados del siglo xix, cuando Sri Lanka (por entonces Ceilán) todavía pertenecía a los ingleses, cientos de miles de tamiles abandonaron el sur de la India para establecerse en la península de Jaffna, en el extremo norte de la isla, con la esperanza de ganarse la vida en la recolección de la hoja del té. Las relaciones de los tamiles con la etnia autóctona y mayoritaria de los cingaleses nunca habían sido buenas —los norteños consideraban que el Gobierno cingalés los discriminaba—, y en el año 1983 se volvieron del todo insostenibles. Los Tigres de Liberación del Eelam Tamil asesinaron a varios militares cingaleses del Gobierno de Sri Lanka, exigiendo la independencia de los territorios del norte, donde los tamiles constituían la población principal, y la guerra civil estalló. Durante los años que duró el conflicto, los actos terroristas de los Tigres Tamiles se alternaron con los asesinatos y las violentas represalias del Gobierno cingalés, hasta que en el mes de mayo de 2009 el Ejército gubernamental terminó con la vida del general Velupillai Prabhakaran, líder de los Tigres Tamiles, y la guerra civil en Sri Lanka llegó a su fin.

No es de extrañar que bajo este contexto de pobreza, conflicto social y guerra Sri Lanka fuese el país del mundo con una mayor tasa de suicidios. Desde el año 1983, cuando comenzó la guerra, hasta 1995, momento en el que las urgencias del hospital de la ciudad de Polonnaruwa veían llegar treinta casos de intento de suicidio al mes, más de 100.000 personas se habían quitado voluntariamente la vida. Por terrible que parezca, el número de personas que intentaba suicidarse solo en la pequeña zona a la que daba servicio el hospital de Polonnaruwa no era lo más sorprendente, sino la estrategia que habían elegido para hacerlo: ingerir las semillas de la adelfa amarilla (*Thevetia peruviana*).

La *Thevetia peruviana*, aunque pertenece a un género distinto, se considera la prima americana de la *Nerium oleander*. Morfológicamente son plantas muy parecidas con hojas y flores similares, si bien, como su nombre coloquial indica, las de la planta americana tienen un intenso color amarillo. El pigmento de las flores no es la única característica externa que nos permite diferenciar a las dos adelfas: también se distinguen fácilmente por el aspecto de sus frutos, pues los de la adelfa amarilla, aun siendo tan venenosos como los de la adelfa común, tienen una apariencia similar al de una cereza de buen tamaño a la que le ha salido una cresta. La semejanza entre las dos primas no se limita a una morfología parecida: si analizamos los compuestos químicos que ambas almacenan en su interior, descubriremos que tienen un mecanismo de acción casi idéntico. La *Thevetia peruviana* sintetiza una serie de metabolitos que actúan exactamente igual que la oleandrina de la adelfa sobre los animales que cometen el error de alimentarse con cualquiera de sus partes. Las tevetinas y los peruvósidos que contiene la adelfa amarilla, en concentraciones especialmente elevadas en sus semillas, son por tanto glucósidos cardíacos tan venenosos como los de la *Nerium oleander*.

El mecanismo de acción de los glucósidos cardíacos sintetizados por la adelfa común y la adelfa amarilla se fundamenta en la capacidad que todos ellos tienen para bloquear la bomba de sodio-potasio ($Na^+/K^+$) de las células del corazón. Esta bomba, formada por una serie de proteínas insertadas en la membrana y dispuestas a modo de pasadizo que conecta el interior con el exterior de la célula, mueve los iones de sodio y potasio de un lado a otro de la membrana celular. Una bomba de sodio-potasio funcionando con normalidad transporta tres cationes de sodio desde el interior al exterior de la célula, mientras que de forma simultánea introduce en la célula dos cationes de potasio procedentes del medio extracelular. Mediante este desequilibrio de cargas interior-exterior, la célula muscular mantiene un potencial de acción que permitirá al corazón contraerse y relajarse de forma adecuada. Los glucósidos cardíacos —como la oleandrina, las tevetinas o los peruvósidos— se unen a las proteínas que conforman la bomba de sodio-potasio e impiden que esta desarrolle correctamente su función. Las consecuencias pueden ir desde simples arritmias que se resuelven espontáneamente, pasando por el bloqueo auriculoventricular (se interrumpen los estímulos entre las aurículas y ventrículos del corazón), hasta provocar una fibrilación ventricular que impida el bombeo de la sangre al resto del organismo y termine con la vida del individuo.

Parece incuestionable el hecho de que los glucósidos cardíacos de las adelfas sean capaces de matar a una persona, del mismo modo que tampoco podemos poner en duda que el contexto social en que estaba inmersa la población ceilandesa contribuyera a explicar la enorme tasa de suicidios. Lo que no resulta tan evidente es la circunstancia de que la inmensa mayoría de los suicidas eligieran como arma para autoinmolarse las semillas de una planta que había llegado a la isla desde el continente americano con el único objetivo de ornamentar parques y jardines. Quizás si retrocedemos unos siglos, hasta el mismo momento en que en la actual Alemania surgió el movimiento Sturm und Drang, podamos encontrar una pista que nos permita elucidar este interrogante.

En 1774 se publicó una de las novelas más famosas del movimiento romántico europeo: *Los sufrimientos del joven Werther.* Goethe situaba por primera vez en una novela la subjetividad del individuo y sus emociones en un lugar preponderante, desplazando a la razón ilustrada en la toma de decisiones. Tal era la libertad individual que preconizaba este movimiento cultural que el suicidio del protagonista, al ver imposible la concreción de su amor por la joven Lotte, se consideraba un acto sublime de libertad y valentía. Los sufrimientos del suicida alcanzaron tal popularidad que los muchachos prusianos copiaron la ropa con la que Goethe lo vistiera en su novela... y, por desgracia, algunos también imitaron su comportamiento irracional. Apenas dos años después de la publicación del libro, una joven prusiana se ahogó en el río al que se había arrojado con el libro de Goethe en su bolso; el mismo libro llevaba en un bolsillo otro joven que se lanzó desde lo alto de un edificio, y la madre de un tercero encontró varios párrafos subrayados junto al cuerpo sin vida de su hijo. Los historiadores creen que no se debe catalogar como una epidemia de suicidios lo que se esconde bajo el nombre del «efecto Werther», pero está claro que, si no fue una epidemia, desde luego sí se produjeron varios suicidios por imitación. Y precisamente una eventualidad de esta naturaleza, una imitación, fue lo que sucedió durante varias décadas entre los jóvenes suicidas de Sri Lanka.

En el caso concreto de la población ceilandesa no se trataba de la imitación del acto de suicidio en sí mismo —las condiciones sociales podían perfectamente ser la causa—, sino del medio empleado para conseguir dicho fin. Es muy probable que la mayoría de aquellos suicidas ceilandeses ni siquiera hubieran ojeado el magnífico libro de Goethe, pero seguro que habían visto en los noticiarios o leído en los periódicos el caso de las dos niñas tamiles que se suicidaron en 1980 ingiriendo las semillas de la *Thevetia peruviana.* Se trataba de dos jóvenes estudiantes de un instituto de la ciudad de Jaffna que decidieron quitarse la vida masticando las semillas de la adelfa amarilla. La historia fue ampliamente difundida por los medios de comunicación del país, y los servicios de urgencia del hospital de la propia ciudad de Jaffna pasaron de no atender ni un solo envenenamiento intencionado por adelfa a veintitrés en 1981, cuarenta y seis en 1982 y más de un centenar en 1983. La adelfa amarilla cobró tal prestigio como asesina que desde el mes de abril del año 1995 hasta marzo de 1996, en plena guerra civil, el pequeño Hospital General de Polonnaruwa atendió 323 intentos de suicidio, más de la mitad en jóvenes menores de veintiún años, perpetrados con las semillas de la *Thevetia peruviana.*

Sin duda, los glucósidos cardíacos de origen vegetal constituyen un heterogéneo grupo de moléculas químicas extremadamente peligroso para los animales; pero, como ya hemos conocido sobradamente en capítulos anteriores, hasta el veneno más potente puede, en dosis adecuadas y dentro de un contexto determinado, emplearse para salvar vidas. En radical contraste con los metabolitos de la *Nerium oleander* y la *Thevetia peruviana,* a los que todavía no se les ha encontrado una aplicación clínica, existe un glucósido fabricado por una planta de llamativas flores acampanadas que lleva más de doscientos años utilizándose para tratar afecciones cardíacas en los humanos.

## Púrpura, amarillo y los girasoles de Van Gogh

El 25 de junio de 1944 las bombas aliadas caían sobre la ciudad francesa de Arlés, ocupada meses antes por las tropas nazis. Muchos edificios de la ciudad resultaron destruidos, entre ellos la estación ferroviaria y un pequeño inmueble de dos pisos donde sesenta años antes había vivido Vincent Willem van Gogh. De hecho, el genial pintor postimpresionista no solo fue responsable de la fama que alcanzaría el ya inexistente edificio, sino también de que todavía hoy podamos observarlo tal y como se supone que fue. O más bien tal y como la subjetividad del artista lo intuyó en su momento, pues cuando en 1888 Van Gogh pintó al óleo *La casa amarilla,* a la que se había mudado en la primavera de ese mismo año, se encontraba inmerso en lo que los críticos de arte consideran su «periodo amarillo». Durante ese año su obra pictórica resultó especialmente prolífica: en 1888, Van Gogh pintó *El viejo molino*, *Los Girasoles*, *Café Terrace* y, por supuesto, *La casa amarilla*. Todos ellos lienzos impregnados de un profuso color amarillo que contrastaba con la oscuridad de obras anteriores como *Los comedores de patatas* o *Cráneo con cigarro encendido*, que el artista neerlandés pintó tan solo tres años antes de mostrar un inusitado interés por los tonos amarillentos. ¿Qué podría pasar por la cabeza de un artista tan complejo como Van Gogh para que, desde el año en que se mudó a la casa de Arlés hasta su suicidio dos años después, el amarillo destacase en la mayoría de sus cuadros? Es difícil saberlo, y todo lo que podemos hacer es especular. Pero una posibilidad en absoluto descartable en la que han incidido algunos expertos es que el propio Van Gogh uniera a su carácter psicótico, colérico y depresivo los efectos de una sustancia producida por la dedalera.

La dedalera (*Digitalis purpurea*) es una planta herbácea bianual que durante su primer año de vida produce un rosetón a ras de suelo con hojas ovaladas y peludas de hasta veinte centímetros de largo. Coincidiendo con la segunda primavera, en el centro del rosetón crece un tallo erecto tan velloso como las hojas, que no suele levantarse más de un metro y medio, sosteniendo únicamente en uno de sus lados las flores de forma acampanada que recuerdan vagamente a un dedal y que normalmente son de color violeta. Las flores, fecundadas con ayuda de los insectos polinizadores que se introducen en ellas en busca del dulce néctar, originan un fruto en cápsula que libera gran cantidad de semillas y que será lo último que haga la planta, pues en el transcurso de este segundo año de existencia morirá. La *Digitalis purpurea* es lo que los botánicos denominan una planta monocárpica, ya que florece una sola vez en vida.

Por lo demás se trata de una planta todoterreno, pues si bien prefiere los suelos ácidos, se adapta a casi cualquier condición edáfica, colonizando tanto terrenos húmedos como secos, creciendo de igual manera junto al lecho de un río, entre matorrales o al borde de una cuneta, y desarrollándose sin problema incluso en suelos muy alterados como los que han padecido un incendio reciente. En su interior contiene, del mismo modo que las adelfas, una enorme variedad de glucósidos cardíacos entre los que destaca la digoxina o digital, que es la responsable de que todas las estructuras del vegetal sean muy tóxicas. No obstante su elevada toxicidad, la planta era empleada en el tratamiento de ciertas enfermedades dentro del ámbito de lo que hoy llamaríamos curandería. En algún momento del año 1775 llegó a manos del doctor escocés William Withering una fórmula manuscrita que explicaba el modo de preparar un remedio vegetal que, según aseguraba el individuo que se la hizo llegar, había curado de hidropesía* a un enfermo desahuciado por la medicina. La receta pertenecía a una anciana que vivía en el condado de Shropshire, en el Reino Unido, y contenía al menos una veintena de hierbas diferentes. La anciana había mantenido oculta la receta, revelándosela solo a aquellos con quienes el tratamiento médico había fracasado. A Withering, además de un fantástico galeno, se le consideraba «el más amado, el más erudito y el más ocupado» de todos los médicos de Inglaterra; también era un experto botánico capaz de descubrir entre toda aquella amalgama de plantas la única que podría tener actividad frente a la hidropesía: la *Digitalis purpurea.*

El doctor Withering comenzó con sus investigaciones sobre el empleo farmacéutico de la dedalera descubriendo que su principal componente, la digoxina, poseía una potente actividad diurética y «un poder de acción sobre el corazón como ninguna otra medicina». Sin embargo, no fue hasta una década después del descubrimiento cuando Withering prescribió el uso de la dedalera para tratar la insufi-

* Nombre con el que antiguamente se designaba a un edema, que con frecuencia tenía un origen cardíaco.

ciencia cardíaca en sus pacientes. Pese a lo rigurosas y lo acertadas que fueron sus observaciones, recogidas por el propio doctor en el libro *Un relato de la dedalera y sus usos médicos*, al principio sus colegas no emplearon la planta para tratar alteraciones del corazón, sino en una variedad ingente de trastornos para los que resultaba, en el mejor de los casos, totalmente inútil. Uno de los culpables de que la dedalera fuera usada como ineficaz remedio para la epilepsia, la migraña, la fiebre, el *delirium tremens* o la tuberculosis fue el abuelo de Charles Darwin.

Erasmus Darwin y William Withering ya se conocían, pues ambos eran médicos famosos que frecuentaban los mismos círculos académicos y sociales, pero estrecharon sus lazos en las reuniones que la autodenominada Sociedad Lunar llevaba a cabo en una lujosa mansión de la ciudad de Birmingham. Esta sociedad estaba formada por no más de catorce individuos que destacaban en diferentes ramas del saber científico y de la política, y a la que pertenecían, además de Withering y el abuelo de Charles Darwin, personajes tan relevantes de aquella época como Joseph Priestley,* James Watt o Benjamin Franklin. En una de aquellas reuniones, que siempre se desarrollaban las noches de luna llena para que la luz reflejada por el satélite alumbrara a los caballeros el camino de vuelta a casa, Erasmus Darwin pidió consejo al doctor Withering sobre algunos de sus pacientes, que no respondían bien al tratamiento clásico contra la hidropesía. Withering no dudó ni un momento en recomendarle que empleara con ellos los digitálicos que llevaba algún tiempo estudiando. En realidad, no sabemos cómo les iría a los pacientes de Darwin, pero de algún modo este llegó a la conclusión de que la planta sería más útil en el tratamiento de la tuberculosis. La irrupción de un individuo con tanto prestigio como el doctor Erasmus Darwin en el camino de la dedalera provocó,

* Joseph Priestley fue un científico británico, descubridor del oxígeno e inventor del agua carbonatada.

por un lado, que los fármacos digitálicos vieran frenado durante un tiempo su entrada en el campo de la cardiología, y que, por el contrario, se utilizaran sin ningún fundamento como remedio supuestamente capaz de curar casi cualquier enfermedad.

Es más que probable que Vincent van Gogh fuese uno de aquellos pacientes a quienes se trató con la dedalera para curar afecciones que nada tenían que ver con los problemas cardíacos. En la época en la que Van Gogh se fue a vivir a la casa situada en el número 2 de la place Lamartine de Arlés, los médicos empleaban la *Digitalis purpurea* como parte del tratamiento de la epilepsia y de algunas enfermedades mentales. Los historiadores no han llegado a ponerse de acuerdo sobre el trastorno que padecía Van Gogh, pero parece claro que por su comportamiento en vida y el radical modo de terminar con ella a sus treinta y siete años, con un disparo en el pecho, presentaba algún tipo de desequilibrio mental. De hecho, se especula con que fue la sobredosificación de digitálicos con que le trataban su psicosis la responsable de la predisposición hacia los halos y los tonos amarillos que caracterizaron sus pinturas en sus últimos años de vida. Uno de los efectos secundarios que aparece durante el tratamiento con los metabolitos de la *Digitalis purpurea* se conoce como xantopsia, y consiste en que las imágenes que percibe el enfermo adquieren un tono amarillento acompañado, con cierta frecuencia, de halos difusos alrededor de los objetos. En realidad, se trata tan solo de una sospecha, pero el propio Van Gogh nos dejó en uno de sus cuadros otra pista que podría confirmarla. En 1890, el mismo año de su suicidio, pintó las dos versiones del *Retrato del doctor Gachet* (la primera sería subastada un siglo después y vendida por la cifra histórica de 82,5 millones de dólares). En el lienzo se muestra al doctor parisino Paul Ferdinand Gachet, que atendió al pintor durante los últimos años de su vida, sentado junto a un escritorio mientras apoya melancólicamente la cabeza en el brazo derecho. Y sí, es exactamente lo que parece... La planta que se muestra en primer plano con el tallo parcialmente sumergido en un vaso, justo delante de un par de libros de medicina, es la dedalera.

Hubo de transcurrir casi un siglo desde que Withering prescribiese el uso de los metabolitos de la dedalera en el tratamiento de afecciones cardiovasculares para que otro médico escocés, Thomas Lauder Brunton, recuperase ese propósito. Brunton ha pasado a la historia de la medicina por introducir el nitrato de amilo como fármaco con el que manejar la angina de pecho, pero pocos saben que unos años antes había realizado su tesis doctoral sobre los digitálicos, donde destacó las olvidadas propiedades de estas sustancias en el tratamiento de la enfermedad cardíaca.

La digoxina que produce la *Digitalis purpurea*, y también la *Digitalis lanata*, no deja de ser un glucósido cardíaco como los metabolitos que sintetizan las distintas especies de adelfas, y, por tanto, su acción se limita a impedir el correcto funcionamiento de la bomba de sodio-potasio. Profundizando en el modo de acción de la digoxina, que de forma más superficial hemos conocido con la oleandrina y las tevetinas de las adelfas, el inadecuado funcionamiento de la bomba transportadora de iones debido a la acción bloqueante de los digitálicos conlleva la acumulación de cationes sodio en el interior de la célula. El exceso de cationes sodio produce un efecto en cadena al dificultar la acción de otra bomba que también actúa como transportadora de iones entre el exterior y el interior de la célula: en este caso se trata del intercambiador de cationes sodio-calcio. El resultado final de la alteración de tantas bombas y cationes es que el calcio se acumula en el interior de la célula del músculo cardíaco y, como consecuencia, esta adquiere mayor fuerza de contracción. Estos son los efectos fisiológicos a nivel celular que provocan los digitálicos de la dedalera, pero ¿qué es lo que sucede en un paciente tratado con estos fármacos?

El principal efecto que se desencadena en el organismo de un individuo que ha recibido una dosis médica de digoxina consiste en un incremento de la contracción de las fibras musculares cardíacas, lo que provoca un aumento de la fuerza y la rapidez con que se contraen los ventrículos del corazón. Esto, unido a la acción diurética que ya había observado el doctor Withering, hace del metabolito de la dedalera un fármaco adecuado para el tratamiento de la insuficiencia cardíaca y de las arritmias vinculadas a la fibrilación auricular.

A lo largo de casi doscientos años la digoxina ha resultado ser un medicamento muy útil para tratar enfermedades del corazón; sin embargo, en la actualidad la medicina dispone de otros fármacos igual de eficaces y menos peligrosos que están desplazando poco a poco al digital. No es de descartar que algunos de los principios activos que en el futuro mejoren tanto el rendimiento del digital como el de otros medicamentos en el tratamiento de la insuficiencia cardíaca se lleguen a localizar en el interior de otra planta. Es, de hecho, posible —muchas plantas poseen metabolitos con actividad cardiovascular—, pero lo más probable es que ese hipotético vegetal no pertenezca al género de los acónitos, pues estos, más que para reanimar un corazón, sirven para detenerlo.

## Sobre plantas uxoricidas, miel loca y peces globo

Cuando el doctor Youkichi Ohno leyó en la ficha que colgaba junto a la mesa de disección que la fallecida era una mujer de tan solo treinta y tres años sin ningún antecedente de problemas coronarios, supo que allí había gato encerrado. Todo indicaba que se trataba de un infarto agudo de miocardio, pero ni la autopsia de la joven ni el examen del tejido cardíaco bajo la luz del microscopio mostraban ninguna evidencia de que el corazón hubiera sufrido daño alguno. El doctor Ohno, que por entonces trabajaba como profesor asociado en la Universidad de las Ryukyus, en la prefectura japonesa de Okinawa, extrajo los principales órganos de la mujer, entre ellos el corazón, y los guardó en varios frascos con formalina; teniendo, además, la precaución de extraer del cadáver varias muestras de sangre que almacenó congeladas a veinte grados bajo cero en el Departamento de Medicina Legal de la ciudad de Naha. Precisamente a la capital de la prefectura de Okinawa había llegado el 19 de mayo de 1986 la mujer fallecida junto a su marido, en un viaje que la pareja había comenzado en Tokio y que llevaría a la señora hasta la isla de Ishigaki, donde iba a encontrarse con tres amigas de la infancia. Mientras el marido permanecía en la ciudad de Naha, a cuatrocientos kilómetros de distancia su esposa se vestía en la habitación del hotel de Ishigaki para asistir a la cena. De repente, antes de poder preguntar al camarero por la mesa que debían ocupar, la mujer comenzó a vomitar violentamente y a quejarse de debilidad en las piernas. Los síntomas se agravaron y durante el viaje en ambulancia sufrió una parada cardiorrespiratoria por fibrilación ventricular que el médico de urgencias no pudo revertir pese a sus esfuerzos con el desfibrilador. Unas horas después de haberse despedido de su marido en el aeropuerto de Naha, la mujer falleció debido a lo que parecía un infarto de miocardio.

Las sospechas del doctor Ohno empezaron a cobrar visos de solidez cuando la policía de Tokio le hizo llegar el historial del marido. El viudo no se estrenaba en tan luctuoso estado civil: la mujer que acababa de fallecer era su tercera esposa, y solo en los cuatro años anteriores ya había enterrado a otras dos mujeres jóvenes que también murieron a consecuencia de inesperadas afecciones cardíacas. La policía descubrió que el previsor esposo había asegurado en 185 millones de yenes la vida de la mujer, y que desde hacía cinco años era aficionado a coleccionar agujas hipodérmicas, jeringas y todo tipo de fármacos. Nueve meses invirtió el doctor Youkichi Ohno en conseguir los instrumentos para analizar las muestras de sangre que previsoramente había congelado, pero finalmente la cromatografía de gases reveló en el plasma de la mujer fallecida niveles elevados de una sustancia llamada aconitina. Precisamente, era este el veneno que esperaba encontrar el doctor, un compuesto químico que solo se localiza en un género de plantas: el acónito.

El acónito común (*Aconitum napellus*)* es una planta de porte herbáceo que crece a la sombra en lugares frescos y húmedos de gran parte de las regiones montañosas de Europa y Asia. Durante los meses de verano y las primeras semanas del otoño surgen de una única inflorescencia varias flores violetas o azuladas con los pétalos distribuidos simétricamente a ambos lados del eje imaginario que divide la flor en dos partes; extensa descripción que los botánicos simplifican denominándolas flores cigomorfas. Se trata de yemas que normalmente se abren de lado, diferenciándose de las flores actinomorfas, como las de un tulipán (*Tulipa* sp.) o las de una malva (*Malva* sp.), que presentan simetría radial y despliegan los pétalos hacia arriba. Además, las flores del acónito se caracterizan morfológicamente por presentar el pétalo superior en forma de casco, protegiendo varios nectarios con los que la planta atrae a los insectos polinizadores. Esta especie en concreto posee un tallo subterráneo con aspecto napiforme, del que toma el nombre de *napellus*, que significa «pequeño nabo», pero mantiene con el resto de las plantas de su mismo género la peculiaridad de ser extremadamente venenosa. En todas las estructuras del acónito, en el rizoma y las semillas especialmente, se han localizado más de cien moléculas distintas que son altamente tóxicas para los animales, y entre todas ellas, tanto por la potencial letalidad que presenta como por su abundancia en los tejidos de la planta, destaca la aconitina.

* Se la considera la planta más venenosa del continente europeo, y a pesar de ello el presidente de Kirguistán, un pequeño país situado en el centro del continente asiático, promovió entre sus súbditos el empleo de la raíz del acónito como ineficaz y peligroso remedio para combatir la COVID-19.

La aconitina es una molécula que, como todos los venenos de origen vegetal que hemos conocido en este capítulo, elige como diana de su ponzoñosa acción los canales iónicos situados en la membrana de las células cardíacas. Sin embargo, el veneno del acónito no actúa sobre la bomba de sodio-potasio, como hacen los metabolitos de las adelfas o de la dedalera, sino sobre un tipo distinto de canal iónico, cuya función es controlar la cantidad de sodio que se acumula en el interior de la célula. La aconitina interacciona con este canal promoviendo un incremento de la permeabilidad al sodio, lo que viene a significar que en presencia del metabolito del acónito las puertas de la célula se abren de par en par para llenarse con el catión. Y ya sabemos qué sucede cuando el nivel de sodio aumenta de forma incontrolada: un tercer canal iónico, el intercambiador de cationes sodio-calcio, se ve alterado y la concentración intracelular de calcio también se incrementa. Las consecuencias que acarrea este desequilibrio de iones son las mismas que las desencadenadas por la acción de la oleandrina, las tevetinas o la digoxina, pues, aunque el camino es diferente, el resultado es idéntico: desde simples alteraciones del ritmo cardíaco, mareo o hipotensión hasta taquicardia ventricular, paro cardíaco y muerte.

La joven japonesa asesinada por su marido fue manifestando secuencialmente toda la sintomatología anterior. Tal precisión en el desarrollo de los síntomas que caracterizan a un envenenamiento por acónito, unida a la ausencia de daño tisular en el corazón, fue lo que llevó al doctor Youkichi Ohno a sospechar que la muerte no se debía a un infarto de miocardio. La presencia de aconitina en las muestras sanguíneas de la fallecida le daba la razón. Mas había un problema con el diagnóstico de asesinato...: los tiempos no cuadraban. En una intoxicación aguda por aconitina, los síntomas no tardan siquiera veinte minutos en manifestarse. Sin embargo, la mujer había tenido tiempo de despedirse de su esposo en el aeropuerto de Naha, donde presumiblemente fue envenenada, realizar un vuelo de una hora hasta la isla de Ishigaki, llegar al hotel, asearse, cambiarse y descansar en la habitación, y solo cuando acudió a cenar con sus amigas manifestó los primeros síntomas. Demasiado tiempo: con el nivel de aconitina que se descubrió en la sangre de la mujer el veneno se lo tendrían que haber suministrado en el hotel. De modo que el esposo era inocente. A no ser..., a no ser que otra sustancia hubiera ralentizado y encubierto la acción de la aconitina.

Cada año en Japón se produce al menos medio centenar de envenenamientos debido al consumo de *fugu*. El pez globo, denominado *fugu* en la cocina japonesa, constituye una exquisitez culinaria cuya blanca carne se ingiere cruda. El principal riesgo que tiene degustar un plato de *fugu* reside en que algunas partes del animal contienen una sustancia muy peligrosa llamada tetrodotoxina, que fácil y rápidamente puede terminar con la vida de una persona. El famoso pez no es ni de lejos el único animal que posee la toxina: también ranas, cangrejos, salamandras, estrellas de mar y el diminuto y vistoso pulpo de anillos azules almacenan en su organismo cantidades variables de tetrodotoxina. La explicación a la tan heterogénea variedad de animales que poseen el veneno es muy simple: ninguno de ellos es responsable de producirlo, sino que la toxina solo la sintetizan ciertas especies de microorganismos. El pez globo o el pulpo de anillos azules se limitan a adquirirla a través de la cadena trófica y a acumularla en sus tejidos como defensa contra los depredadores. El *fugu* concentra cantidades elevadas de tetrodotoxina en la piel, el hígado, el intestino y las gónadas, estructuras que los expertos cocineros japoneses retiran con habilidad para hacer que el pescado sea comestible. Bien, pues existe un vínculo entre la tetrodotoxina del pez globo y la aconitina del acónito. En realidad, se trata de un vínculo por contraposición, pues si la aconitina abre los canales iónicos de sodio en la membrana celular, la tetrodotoxina, por el contrario, los bloquea. Uno y otro efecto pueden resultar mortales; pero tal como dedujo el doctor Ohno, al descubrir en la sangre de la mujer cantidades apreciables de la toxina que le es propia al pez globo, cuando ambos venenos están presentes en un mismo organismo también pueden contrarrestar sus acciones.

En el mes de octubre de 1991 comenzaba en Tokio el juicio penal contra el hombre acusado de haber envenenado a su esposa con el acónito. El señor reconoció ante el juez que durante los años que estuvo casado con las tres mujeres fallecidas había comprado docenas de plantas de acónito y cientos de peces globo a los que había extraído la tetrodotoxina, pero negó haberlos utilizado para matar a sus esposas. Durante el juicio no quedó claro si el hombre conocía el efecto antagónico de ambos tóxicos ni si había empleado la tetrodotoxina del pez globo para retrasar la acción letal de la aconitina durante el tiempo suficiente como para evitar ser considerado sospechoso del asesinato de su mujer. Lo que sí quedó meridianamente claro, gracias a la perspicacia y al buen hacer del doctor Ohno, fue la culpabilidad en la muerte de su tercera esposa, pues el juez le condenó a cumplir cadena perpetua.

A pesar de la elevada toxicidad de los metabolitos del acónito, que parecen postularlo más como poderoso veneno que como fármaco, esta planta se ha empleado tradicionalmente en el sur de Asia para preparar analgésicos, anestésicos, antipiréticos y antirreumáticos. En la actualidad hasta la industria farmacéutica occidental ha dirigido su mirada hacia este peligroso vegetal (considerada la planta más venenosa de cuantas crecen de forma natural en Europa, pues solo dos miligramos de aconitina pueden resultar mortales) por la presunta actividad antineoplásica que muestran los componentes químicos que contiene. Varios estudios en fase muy preliminar han descubierto la capacidad de la aconitina para inducir la apoptosis celular e inhibir la migración y la proliferación de las células cancerosas tanto en ratones como en cultivos celulares, demostrando el potencial que tiene la aconitina como quimioterápico. No obstante, el hecho de que la dosis terapéutica de la aconitina sea similar a la dosis tóxica hace más probable que en un futuro cercano las noticias que nos lleguen del acónito tengan mucho más que ver con su acción como veneno que como fármaco. En la inmensa mayoría de las ocasiones, pues, tal como sucedió con la triste historia de la joven japonesa del seguro de vida de ciento y pico millones de yenes, nos estaremos refiriendo a un intento de homicidio, ya que los episodios de envenenamiento accidental con esta planta resultan extremadamente raros. El acónito combina un lugar restringido de crecimiento —las montañas, que lo hacen difícilmente accesible—, un fruto de apariencia desagradable y nada apetecible y un aspecto singular que dificulta su confusión con cualquier otra planta que pudiera ser empleada como alimento. Sin embargo, los envenenamientos accidentales con sustancias de origen vegetal a veces no requieren de la presencia *in situ* de la planta, sino tan solo de la sustancia ponzoñosa, que puede haber sido arrastrada lejos del vegetal por, pongamos, las abejas melíferas.

En el año 2009 siete compañeros de estudios de la Facultad de Medicina de la Universidad de Katmandú salieron a cenar para celebrar el final del periodo de exámenes. Antes de que llegara el plato principal que cada uno había elegido, el camarero amablemente les acercó siete cucharas y un tarro repleto de lo que denominó «exquisita miel silvestre de la región de Sagarmatha» para que fueran abriendo boca. Los jóvenes degustaron generosamente la miel producida en uno de los lugares con las condiciones climáticas más extremas, donde solo un 3 por ciento de su superficie es boscosa. Precisamente en esa reducida mancha verde situada al sur de las estribaciones del monte Everest se desarrollan dos de las especies más hermosas de rododendros, *Rhododendron ponticum* y *Rhododendron luteum*, cuyo néctar contiene una mezcla de poderosos venenos agrupados bajo el nombre de grayanotoxinas. Es probable que los jóvenes estudiantes nepalíes no supieran siquiera qué tipo de planta era un rododendro, ni menos aún que las toxinas del vegetal habían sido transferidas a la miel que tenían sobre la mesa a través del néctar recolectado por las abejas. Lo que sí iban a comprobar en menos de veinte minutos serían los radicales efectos físicos asociados a una intoxicación por «miel loca». El ardor en la garganta, las náuseas y los vómitos son el preludio de síntomas mucho más graves, como palpitaciones, visión doble o hipotensión, para —en los casos más extremos y, por suerte, muy poco frecuentes— llegar a producirse depresión respiratoria, bloqueo auriculoventricular e infarto, pudiendo terminar con la vida del intoxicado.

Las grayanotoxinas forman un conjunto de moléculas que son sintetizadas por una gran variedad de géneros vegetales, pertenecientes todos ellos a la familia de las ericáceas, ya que —además de los rododendros y las azaleas— el laurel de montaña (*Kalmia latifolia*), las lyonias (*Lyonia* sp.) o los pieris (*Pieris* sp.) contienen grandes cantidades de estas sustancias, que resultan tóxicas para muchos animales, aunque no parecen afectar a las abejas. Las grayanotoxinas también ejercen su acción sobre los canales de sodio que regulan la entrada del catión en las células, solo que estas toxinas afectan muy especialmente al nervio vago, que controla el latido cardíaco, al cual estimulan de forma continua hasta que son eliminadas por el organismo. Lo cierto es que la intoxicación con la miel contaminada con grayanotoxinas muy rara vez conduce a un desenlace fatal. No solo los siete estudiantes nepalíes se recuperaron a los pocos días sin ninguna secuela: también sabemos, gracias a Jenofonte, que los mercenarios de la expedición de los diez mil se restablecieron de los efectos tóxicos de las grayanotoxinas del rododendro con relativa rapidez. Y es que las intoxicaciones por miel loca se vienen repitiendo desde tiempos muy muy antiguos. En su *Anábasis*, allá por el año 401 a. C., el historiador y discípulo de Sócrates ya aportó la primera referencia a un envenenamiento debido a las toxinas del *Rhododendron ponticum*:

> Cuantos soldados comieron la miel perdieron la razón, tuvieron vómitos, desarreglos de vientre y ninguno podía tenerse en pie. [...] Los que comieron mucha, daban la impresión de locos y algunos, de muertos. [...] Pero al día siguiente no murió ninguno y poco a poco a la misma hora recobraron la razón; al tercero y cuarto día se levantaron como salidos de un envenenamiento.

Por lo visto, los mercenarios griegos que contrató Ciro el Joven para hacer la guerra y desplazar del trono persa a su hermano Artajerjes II, cuya odisea de vuelta a Grecia atravesando la península de Anatolia narra Jenofonte, tuvieron mucha más suerte que las tropas de Pompeyo varios siglos después. Tal como relata el geógrafo e historiador griego Estrabón en el libro XII de su *Geografía*:

> Los heptacometas aniquilaron a tres cohortes de Pompeyo cuando atravesaban la región montañosa, y lo hicieron llenando las crateras que estaban en el camino de vino con una miel enloquecedora que producen las ramas de los árboles; atacando así fácilmente a los hombres que habían bebido y se habían vuelto locos, los mataron.

Ambos ejércitos de la Antigüedad, tanto el griego en el siglo v a.C. como el romano en el 67 a.C., se encontraban en el territorio del pueblo de los macrones, que los historiadores —también el poeta Apolonio de Rodas en las *Argonáuticas*— situaban en el noreste de la península de Anatolia. Se trataría de un territorio perteneciente a la actual Turquía, localizado junto al mar Negro en un área en la que abundan los rododendros y las azaleas y donde de forma tradicional se sigue consumiendo la miel loca debido a que se le han asociado, con poco o ningún fundamento científico, propiedades afrodisíacas y la utilidad para tratar diferentes afecciones digestivas, la hipertensión arterial e, incluso, la diabetes. Es cierto que una de las consecuencias del envenenamiento con miel loca es una caída brutal de la presión arterial, evidencia que puede haber conducido a su empleo como remedio natural frente a la hipertensión. Sin embargo, existen sustancias avaladas por la ciencia más eficaces en el control de la presión arterial que las grayanotoxinas y que carecen, o al menos disminuyen, su toxicidad. Por otro lado, en un estudio científico desarrollado en ratas de laboratorio, a las cuales se había inducido químicamente una diabetes *mellitus*, se observó que al ser alimentadas con la miel que contenía las grayanotoxinas del *Rhododendron ponticum* el nivel de glucosa en la sangre descendía significativamente. Los investigadores llegaron a la conclusión de que la hiperestimulación que ejercen las grayanotoxinas sobre el nervio vago (que conecta el tronco cerebral con multitud de órganos del cuerpo, no solo con el corazón) induce la liberación de grandes cantidades de insulina a través del páncreas del roedor. No obstante, el hecho de que una sustancia pueda ejercer algún efecto beneficioso en el organismo en modo alguno implica que pueda llegar a resultar útil como fármaco, pues en muchas ocasiones el daño que puede provocar supera con creces al beneficio.

9

# El fruto prohibido

*Sabía que lo había oído en algún lugar. Pero ¿dónde?, ¿cuándo? ¿Quién había hecho referencia a aquella planta? Le desesperaba no haber prestado la suficiente atención, porque estaba convencido de que ella sería el eslabón que haría encajar todo el argumento, que liberaría el nudo permitiendo que la historia fluyera acompasadamente hacia el trágico final. Recorrió todos los jardines de Londres, interrogó a floristas y jardineros, revisó una a una las macilentas hojas del herbario real, y no hubo un solo ensayo en que la anónima planta de los frutos que adormecen no se cruzara en la conversación. Desesperado, decidió que fray Lorenzo no mencionase jamás el origen de la droga, que se le ocultase al público, como a él mismo le había sucedido, la identidad del maldito vegetal. El estreno fue un éxito, el mayor que hasta entonces la Lord Chamberlain's Men había cosechado. A la salida del teatro la multitud se agolpó alrededor del autor; entre enhorabuenas, felicitaciones y parabienes, el señor Gerarde, el herborista de la casa contigua, le susurró al oído:*

*—Fue la* nightshade, *¿verdad?*

*—¿Qué dice? —respondió el dramaturgo.*

*—La belladona: el fruto de la belladona fue el que engañó a Romeo —replicó Gerarde.*

*—Ah, la belladona..., la belladona... —musitó Shakespeare con una sonrisa dibujada en la cara.*

Las obras de teatro del genial dramaturgo y poeta inglés se pueden analizar desde una multitud de puntos de vista: artístico, antropológico, histórico... y, por supuesto, desde el ámbito de la botánica. En la obra de William Shakespeare las sustancias de origen vegetal, en especial los venenos, desempeñan un papel relevante en el desarrollo de la trama. En la comedia *El sueño de una noche de verano* los personajes hacen referencia a diversos vegetales que por aquella época se creía que inducían a la lujuria y el desenfreno sexual. Así, por ejemplo, Oberón, el rey de las hadas, afirma que el pequeño y delicado pensamiento (*Viola tricolor*) solo crece donde ha caído el rayo de Cupido, por lo que depositando su jugo sobre los párpados cerrados de un hombre o de una mujer se logra que, al despertar del sueño, «adore locamente la próxima criatura viva que vea». También las plantas son importantes en sus tragedias, pues muchas de ellas se desencadenan o culminan debido al ponzoñoso metabolito de un vegetal: el rey Hamlet muere envenenado con beleño negro (*Hyoscyamus niger*); su hijo, el príncipe Hamlet, y Laertes se matan mutuamente con una espada cuya punta había sido embadurnada con el veneno del acónito (*Aconitum* sp.); Cleopatra le pide a su doncella que le dé de beber mandrágora (*Mandragora autumnalis*) para poder dormir mientras Marco Antonio está ausente; y la desgraciada Julieta ingiere por consejo de fray Lorenzo:

> una pasta que hago de ciertos soporíferos, y la cual, reducida a polvo y tragada en un líquido, adormece de tal modo al que la toma, y paraliza sus sentidos y espíritus vitales tan altamente, que no hay médico, por excelente que sea, que dé por vivo al que se halla sometido a su influjo; siendo lo extraño del caso que no produce el más simple dolor y que el paciente, después de un sueño dulce, torna a su primitivo ser así que ha terminado la operación.

Shakespeare no explicita en ningún momento el origen de la sustancia que hace pasar por muerta a Julieta, del mismo modo que mantiene en el anonimato la mayoría de los venenos, antídotos y sustancias de origen vegetal que aparece en sus obras, pero a tenor de los efectos que describe en *Romeo y Julieta*, los historiadores piensan que se trataría de una pasta elaborada con los frutos de la *Atropa belladonna*. De hecho, estos mismos investigadores creen que Shakespeare habría consultado con cierta frecuencia el *Banckes's Herbal* durante la creación de sus obras.

Los denominados *herbals* eran libros que recogían los nombres y las descripciones de toda planta a la que se le asumiera una posible actividad farmacéutica. La mayoría de ellos estaban escritos en latín y, por tal motivo, su uso se restringía a un pequeño número de individuos. Sin embargo, en al año 1525 el editor británico Richard Banckes, mediante una recopilación y posterior traducción de escritos previos, publicó el primer *herbal* en lengua inglesa, facilitando a cualquiera que supiera leer y tuviera interés en las plantas y sus venenos (y es seguro que Shakespeare pertenecía a este grupo) consultarlo. Teniendo en cuenta la fama que adquirió el *Banckes's Herbal* y las veinte ediciones que se publicaron desde 1525 hasta 1560, es probable que este libro fuera el más consultado por el dramaturgo inglés. No obstante, algunos historiadores opinan que la mayor parte de la información que Shakespeare utilizó en sus obras de teatro procedía de la *Historia general de las plantas* que publicó John Gerarde, naturalista y botánico inglés (cuya casa en Londres estaba situada muy cerca de la del propio Shakespeare) en el año 1597. Precisamente en el famoso libro de botánica de Gerarde aparece una descripción de los frutos de la belladona que ha hecho pensar que esta planta fue la elegida por Shakespeare para simular la muerte de su Julieta:

> La belladona provoca sueño, perturba la mente, trae locura si se toman algunas de las bayas, pero si se les da más, también matan. [...] Desterrad, pues, estas plantas perniciosas de vuestros jardines y de todos los lugares cercanos a vuestras casas,

> donde acuden los niños o las mujeres encinta, que a menudo añoran y codician las cosas más viles y sucias; y mucho más si se trata de una baya de un color negro y brillante y de una belleza tan grande que podría seducir a cualquiera para que comiera de ella.

A tenor de la descripción que realiza Gerarde se deduce que muy mala era la fama que en el siglo XVI parecía tener la *Atropa belladonna*, especialmente sus venenosos frutos, si bien esta reputación ya le venía desde mucho tiempo atrás. Los antiguos griegos conocían los efectos que produce el fruto de la belladona: se cree que Homero pensó en ellos cuando imaginó la pócima que utilizaría Circe para enloquecer y transformar en cerdos a los compañeros de Odiseo; y no casualmente el género al que pertenece la planta recibe el nombre de la más temible de las tres Moiras de la mitología griega: Cloto hilaba la vida, Láquesis medía la longitud del hilo de la existencia y Átropos, la inexorable, era quien llegado el momento lo cortaba. Durante la Edad Media no mejoró el prestigio de la belladona, ya que se consideraba la planta preferida del diablo y se creía que la utilizaban las brujas, machacada y mezclada con grasa de oso, para preparar la «pomada del hechicero». Las supuestas brujas se embadurnaban la piel y los genitales con este potingue con el objetivo de experimentar alucinaciones y delirios que decían les hacía «volar». En la misma época en que Gerarde califica tan maliciosamente a la *Atropa belladonna*, el médico italiano Pietro Andrea Mattioli recoge en un libro el hecho común de que las damas venecianas se aplicaban en los ojos y en la cara un extracto acuoso elaborado con la planta, con la finalidad de dilatar las pupilas y enrojecer los pómulos y así adquirir un aspecto más atractivo. Parece ser que fue este el motivo por el que a la tintura preparada con la planta se la llamó *belladonna* («hermosa señora»); y fue Linneo, dos siglos después, quien unió ambas denominaciones, bautizándola como *Atropa belladonna*. El descubrimiento en 1831 en las raíces de la belladona de una sustancia llamada atropina hizo que el vegetal que confundiese fatalmente a Romeo empezara a perder esa mala fama para convertirse, al menos su principal metabolito, en un fármaco muy útil para los seres humanos. Actualmente, la muerte por ingerir los frutos de la belladona, incluso si se trata de una sobredosis de atropina pura, es extremadamente rara. Lo que no descarta que algunos individuos con muy malas intenciones hayan recurrido a ella como arma homicida.

## Un par de bayas en el *gin-tonic*

En el mismo instante en que apareció la señal en el espectrómetro de masas revelando la presencia de la sustancia, el doctor Howard Okely, científico forense de la policía de Edimburgo, adivinó la identidad del supuesto psicópata envenenador que había estado atemorizando a la población. Las cantidades de atropina en las botellas de refresco de tónica que previamente había analizado se movían dentro de unos valores muy similares, pero el área que se dibujó bajo el pico de atropina en la muestra recogida del vaso de la señora Agutter era, sencillamente, exagerado. Ese fue el error, un error de cantidad, que delató la intención del profesor Paul Agutter de asesinar a su esposa.

La atropina es uno de los alcaloides que, junto con la escopolamina y la hiosciamina, sintetiza la *Atropa belladonna*, una planta herbácea de la familia de las solanáceas, como también lo son la planta del tomate o de la patata, que crece en zonas sombrías de prácticamente todo el hemisferio norte. En radical antítesis con el sobrenombre que recibe, la belladona no destaca especialmente por su belleza: cierto es que produce unas flores de color violeta apagado, acampanadas como capullos a medio abrir, pero pasan desapercibidas entre las hojas verdes, grandes y ordinarias que surgen generosamente de tallos ramificados que con frecuencia se intercalan entre los de otras plantas. Su fruto maduro, en forma de baya negra y brillante, sí posee algún atractivo, más que nada por su dulce sabor y el hecho de parecerse a otras bayas que son comestibles. La confusión del fruto de la belladona, cargado de atropina, con las bayas comestibles de otro vegetal suele ser la causa más habitual de intoxicación involuntaria con esta planta, especialmente en los niños pequeños.

Precisamente una confusión del fruto de la belladona con el de la zarzamora (*Rubus ulmifolius*) fue responsable de que el 2 de septiembre de 1948 cinco niños de entre seis y nueve años ingresaran de urgencia en la unidad de cuidados intensivos del St. Mary's Hospital de la ciudad británica de Portsmouth. A media mañana, el grupo había estado jugando en el campo que se extendía alrededor de las casas del barrio, y todos ellos, menos uno al que no le gustaban, se habían puesto las botas con el supuesto fruto de la zarzamora. Unas horas después, los niños manifestaron una combinación poco habitual de síntomas: fiebre, pérdida de visión, labios secos y un habla incoherente e ininteligible que, combinado con alucinaciones visuales, se asemejaba al *delirium tremens* que presenta un alcohólico durante el periodo de abstinencia. Cierto que aquella combinación de síntomas y signos no era frecuente, pero sí muy característica del envenenamiento con atropina, por lo que los médicos identificaron rápidamente el tóxico. Suposición que se vio confirmada cuando el único niño que se mantuvo sano condujo al personal médico hasta el muro de una casa semiderruida donde crecían gruesas zarzas, y observaron que entre las ramas espinosas se colaban los pequeños tallos de la belladona, confundiendo sus venenosos frutos con las zarzamoras. Las intoxicaciones accidentales con el fruto de la belladona son todavía hoy relativamente frecuentes. Lo que no resulta en absoluto usual es emplear el principal metabolito de la belladona con el objetivo de asesinar a una persona.

No era habitual, pues el matrimonio hacía tiempo que casi ni se dirigía la palabra, pero aquella tarde de mediados del mes de septiembre de 1994, el doctor Paul Agutter, profesor de Ética Médica en la Universidad Napier de Edimburgo, preparó un *gin-tonic* para su esposa, como ya solo hacía para su joven amante, y se lo llevó cariñosamente al jardín de la casa, donde ella estaba tomando el sol. El doctor Agutter conocía de primera mano que el sabor de la atropina era demasiado amargo para añadirlo a un vaso de agua o a una taza de té, pero también sabía que mezclado con la acibarada quinina de la tónica pasaría completamente desapercibido. El contratiempo que podría echar a perder su plan era un posible análisis que descubriera la presencia de la atropina tanto en el cuerpo de la fallecida como en la bebida. La atropina pura es una sustancia a la que pocas personas tienen acceso, pero de fácil adquisición para un profesor e investigador en ciencias biológicas, de modo que las sospechas caerían inevitablemente sobre él. La solución a este problema creyó encontrarla, una vez más, en la cantidad: en vez de un único envenenamiento provocaría una decena, de modo que el asesinato premeditado de su esposa pasaría por una muerte accidental debida a la acción casual e indiscriminada de un psicópata envenenador. Con este objetivo en mente, el doctor Agutter compró varias botellas de agua tónica y, con mucha precaución, las desprecintó y enriqueció con una pequeña cantidad de atropina; para días después devolver todas las botellas, excepto una, al estante del supermercado.

La señora Alexandria Agutter dio dos largos tragos al *gin-tonic*, y en pocos minutos comenzó a agonizar, mostrando los síntomas típicos de una intoxicación con atropina. El esposo esperó un tiempo prudencial y, asumiendo que la muerte de su mujer era inminente, llamó a los servicios de emergencia. La señora Agutter no falleció, pues solo bebió 50 mililitros de la bebida envenenada, como tampoco murieron los tres integrantes de la familia Sharwood Smith que tuvieron la mala suerte de adquirir las botellas de tónica que el doctor Agutter había dopado con atropina y devuelto al supermercado. Aunque su esposa no había muerto, al principio los hechos se sucedieron tal como esperaba el profesor: los medios de comunicación hablaron de un supuesto psicópata que había envenenado el refresco de una determinada marca, la población entró en pánico ante la acción de un posible asesino en serie y las autoridades retiraron lotes enteros de bebida de tónica de los comercios de Edimburgo y sus alrededores. Pero cuando se llevó a cabo el análisis de los refrescos, aparecieron dos evidencias que apuntaron directamente al doctor Agutter como responsable. Todas las botellas de agua tónica contaminadas se localizaron en un mismo comercio, y fue sencillo, a través de las cámaras de seguridad, reconocer al profesor entrando y saliendo varias veces del establecimiento. ¡Simples conjeturas!, alegaría cualquier abogado. Si no fuera por el hecho de que el análisis del doctor Howard Okely cuantificó una media de 50 miligramos de atropina en todas las botellas de tónica, excepto en la muestra obtenida del *gin-tonic* de la señora Alexandria Agutter, que contenía una cantidad seis veces mayor. El error cuantitativo que cometió el doctor Agutter sirvió para que el juez le condenase a doce años de prisión por el intento de asesinato de su esposa y por poner en riesgo la salud de otros individuos.

Pasando por alto un caso tan extraordinario como el del envenenamiento del agua tónica en Edimburgo, y algún que otro envenenamiento accidental de un niño sin vigilancia o de un excursionista despistado, lo cierto es que en la actualidad la atropina de la *Atropa belladonna* se comporta más como un fármaco tremendamente útil que como un veneno que deba preocupar a la sociedad. Es más, la atropina es una sustancia que podría salvar la vida de miles de personas en una hipotética guerra química.

En 1991, durante la primera guerra del golfo Pérsico, las autoridades militares de Israel distribuyeron entre toda su población un kit personal de protección antigás que estaba formado por una máscara y un autoinyector de atropina. Los científicos habían descubierto que la atropina es muy eficaz bloqueando los receptores muscarínicos sobre los que actúa el neurotransmisor acetilcolina. Muchas de las armas químicas, y de los insecticidas que utilizamos para controlar las plagas, fundamentan su acción homicida en la inhibición de una enzima que produce nuestro organismo, la acetilcolinesterasa, y que es la responsable de degradar la acetilcolina una vez esta última ha realizado su acción biológica de comunicar los nervios con los músculos.* Con la acetilcolinesterasa inactivada los músculos se mueven sin control y el individuo, incapaz de controlar los órganos implicados en la respiración, muere asfixiado. La atropina no afecta ni a los niveles de acetilcolina ni a los de la enzima que la degrada, pero impide que la primera se una con los receptores celulares de tipo muscarínico y, de ese modo, revierte la acción de muchos de los gases químicos elaborados con organofosforados, como el gas sarín utilizado en el atentado al metro de Tokio en 1995 que mató a trece personas. Posteriormente, en el año 2003, durante la segunda guerra del golfo también se suministrarían autoinyectores de atropina (en este caso combinando el metabolito de la belladona con una sustancia llamada trimedoxima, que es capaz de reactivar la acción de la acetilcolinesterasa) a casi siete millones de personas, a quienes el Comando del Frente Nacional de Israel formó para que fueran capaces de autoadministrársela en caso de necesidad.

Aunque algunas aves lo degustan con placer sin sufrir ningún mal, el de la belladona es un fruto que está permanentemente vedado para los de nuestra especie; no se vende en ningún mercado ni forma parte de plato tradicional alguno, y a pesar de ello todavía algún incauto se intoxica al

* En el capítulo 7, «Tóxicos y adictivos», se explica con mayor profundidad el mecanismo de acción del neurotransmisor acetilcolina.

catarlo en el campo directamente de la planta. Lo que nos lleva a pensar: ¿qué sucedería si existiera un fruto que unas veces no solo fuera comestible, sino que constituyera un alimento básico de la dieta en algunos lugares, y otras, por el contrario, resultara tan venenoso que podría matarte con facilidad? Podemos imaginar la respuesta ante tanta confusión: los casos de envenenamiento serían más que habituales, como lamentablemente sucede con el fruto de la *Blighia sapida.*

## A su debido tiempo

«Una enfermedad misteriosa está matando a los niños.» Con este terrible titular impreso en letras gigantes en la portada del diario *Fraternité-Matin* amanecían los costamarfileños el 31 de mayo de 1984. El pánico que se propagó entre la población con la celeridad del fuego en un pajar estaba más que justificado: en menos de un mes habían muerto más de cincuenta niños en dos aldeas del departamento de Katiola, situado en el centro de Costa de Marfil, debido a una causa desconocida. Ante el temor a un brote infeccioso que pudiera extenderse por otras áreas del país, el ministro de Sanidad envió un grupo de expertos al lugar donde los niños estaban falleciendo al espeluznante ritmo de dos al día. Los supuestos expertos no tardaron en encontrar un cabeza de turco que calmase a la población, y le echaron la culpa a un sospechoso habitual: los insecticidas.

El CIDT* era una empresa estatal responsable de supervisar y colaborar con los productores de algodón, y había sido la encargada de suministrar los insecticidas organofosforados a los agricultores del norte de Costa de Marfil para combatir las plagas que de forma recurrente dañaban sus

* Compañía marfileña para el desarrollo textil, CIDT por sus siglas en francés.

cultivos. Sin duda los organofosforados son muy capaces de matar a una persona —el gas sarín que hemos conocido anteriormente así lo atestigua—, pero los técnicos del CIDT habían tenido la precaución de adiestrar a los productores de algodón tanto en el manejo como en el almacenamiento de tan peligrosas sustancias, y negaban toda responsabilidad en la muerte de los menores. Los administradores del CIDT intuyeron la desagradable situación que se les venía encima por una acusación de mala praxis, por lo que no tardaron en poner en marcha una investigación alternativa al frente de la cual situaron al responsable del área de protección vegetal, un químico experto en plaguicidas llamado Pascal Moyal.

Lo primero que descubrió el señor Moyal fue que el número de niños fallecidos era muy superior al referido en el periódico, pues al más de medio centenar que había muerto en el departamento de Katiola se debían sumar otros veinticinco niños en el departamento anejo de Dakabala, y todo ello sin considerar las criaturas que habían sido enterradas por sus familias sin dar cuenta de ello a las autoridades. Al acceder a los datos de las autopsias, Pascal Moyal encontró un detalle que le llevaría a darse de bruces con el asesino de los niños. Entre la variedad de síntomas y signos recogidos por los médicos halló uno que era común a todos ellos: antes de morir desarrollaron una brutal hipoglucemia. Característica que descartaba el envenenamiento por organofosforados, pero que era compatible con la acción fisiológica que desencadena una sustancia conocida como hipoglicina A.

Esta sustancia se comporta como un potentísimo hipoglucemiante capaz de disminuir la cantidad de glucosa en la sangre de un individuo hasta valores incompatibles con la vida. Evidencia empírica que llevó erróneamente a pensar que la hipoglicina A estimulaba la secreción de insulina, pues esta hormona que fabrican las células de nuestro páncreas se encarga precisamente de disminuir la concentración de glucosa en el plasma sanguíneo. Sin embargo, los científicos pronto comprobaron que la hipoglicina A no afecta al nivel de insulina que libera el páncreas, sino a una serie de enzimas que controlan ciertas rutas metabólicas que permiten la síntesis de glucosa a partir de los ácidos grasos de la dieta. De modo que la hipoglicina A no estimula la degradación de la glucosa, pero evita que sus niveles en la sangre se recuperen por la vía metabólica de la gluconeogénesis. El resultado es el mismo: un descenso radical del nivel de glucosa en la sangre que puede, y de hecho lo hace con frecuencia, matar a un individuo.

La hipoglucemia también fue la causa de las muertes de dieciséis niños surinameses acontecidas durante los años 1998 a 2001 en aldeas distribuidas a lo largo del río Maroni, que hace de frontera natural entre la Guyana Francesa y Surinam. La autopsia a los pequeños se realizó en el hospital de la ciudad de Albina, situada en la orilla surinamesa del río Maroni, por el propio director del hospital, el doctor Rosenblatt. El doctor y un equipo de médicos recorrieron las aldeas donde habitaban los niños y descubrieron que poco antes de morir todos ellos habían sido atendidos por un chamán. Se trataba de un brujo cimarrón que empleaba el fruto de una planta conocida como akí, nombre coloquial que recibe la *Blighia sapida*, para tratar de forma tradicional afecciones simples como catarros o dolores de cabeza. El problema es que el fruto del akí, especialmente en la cáscara y en la pulpa, posee cantidades muy elevadas de hipoglicina A que lo hacen extremadamente tóxico, sobre todo para los más pequeños. El chamán se negaba a creer que una fruta que se consumía con frecuencia en las aldeas del río Maroni fuera la responsable de la muerte de unos niños; pero lo que pasó por alto fue el hecho de que el fruto de la *Blighia sapida* se consume cuando está maduro, ya que durante el proceso de maduración la cantidad de hipoglicina A disminuye radicalmente, siendo unas cien veces inferior a la presente en el fruto inmaduro, y se puede comer. Obviamente, y por desgracia, los niños habían ingerido el fruto cuando todavía no estaba lo suficientemente maduro y el contenido en hipoglicina A era elevado.

Cruzando de nuevo el océano Atlántico, lo que estaba claro era que ninguno de los niños que murieron en Costa de Marfil había recibido el nefasto tratamiento de un hechicero: simplemente se habían limitado a comer el plato que su familia les había puesto sobre la mesa. Los adultos de Katiola y Dakabala, a diferencia del brujo de Surinam, eran conocedores de que el fruto del akí, del tamaño de una pera, solo es comestible cuando adquiere un color rojizo-anaranjado y se abre como una mano generosa mostrando tres semillas grandes y negras al madurar completamente. Y desde el principio de la investigación se había descartado la posibilidad de que las familias quisieran hacer daño a sus hijos envenenándolos con un fruto inmaduro; más bien todo lo contrario: sencillamente trataban de alimentarlos. Entonces, ¿qué es lo que había sucedido? Pascal Moyal cree que se trató de la combinación de dos circunstancias íntimamente relacionadas con la sequía extrema que un año antes había sufrido el país africano. La escasez de lluvias durante el año 2003 echó a perder la mayoría de los cultivos que alimentaban a los tagbanas, la etnia mayoritaria en el departamento de Katiola, mientras que el árbol del akí resistía la falta de agua floreciendo y dando fruto dos o más veces durante el año. Las familias tagbanas tuvieron que aumentar el consumo del fruto de la *Blighia sapida* como único recurso con el que sustituir otros alimentos de origen vegetal cuyos cultivos se había llevado por delante la sequía. Algunas madres reconocieron al propio Moyal que, para calmar el hambre de sus criaturas, habían tratado de acelerar el proceso de maduración del fruto cortándolo antes de tiempo y secándolo al sol. Además, el responsable del área de protección vegetal del CIDT sospechaba que si bien los propios árboles del akí soportaron la dura sequía, también sufrieron algunos cambios fisiológicos que incrementaron los niveles de hipoglicina A en sus frutos y ralentizaron su eliminación durante el proceso de maduración. Si a ello unimos que los efectos hipoglucémicos que desencadena el tóxico de la *Blighia sapida* son más intensos en los niños y bajo condiciones de mala alimentación, ya tendremos la respuesta a la misteriosa enfermedad de Katiola.

Parece claro que una población bajo situaciones de hambruna puede verse obligada a consumir un alimento que no siempre es seguro: las inundaciones que sufrieron 25.000 haitianos durante el mes de noviembre de 2020 destruyeron los cultivos de maíz y caña de azúcar de los que se alimentaban, y provocaron un consumo masivo del fruto del akí que fue culpable de cientos de intoxicaciones y de la muerte de al menos medio centenar de personas. Pese a lo expuesto anteriormente, existe un país que, a pesar del riesgo que se asume al consumirlo, ha hecho del fruto de la *Blighia sapida* la fruta nacional y un componente básico de su dieta.

Se cree que fue en 1776 cuando el capitán Thomas Clarke llevó hasta Jamaica las semillas de la *Blighia sapida* en su barco (junto con cientos de esclavos encadenados en la bodega) procedente de África occidental, de donde es originario este árbol de hojas perennes que alcanza con facilidad los diez metros de altura. Desde entonces, los jamaicanos elaboran multitud de platos, especialmente su famoso bacalao en salmuera, utilizando la pulpa del fruto del akí; los arilos frescos se venden en los mercados y en puestos ambulantes junto a las carreteras; y se estima que las exportaciones del propio fruto o de otros productos elaborados con él (harina, pasta o aceite) a países como Estados Unidos, el Reino Unido o Canadá suponen unos ingresos anuales de nueve millones de euros. No parece casualidad que desde el año 1886 hasta 1950 se hayan contabilizado alrededor de 5.000 muertes por «el vómito de Jamaica» en la isla caribeña, debidas al consumo de la fruta inmadura del akí.

Normalizar el consumo de un fruto que puede resultar tóxico es una conducta como poco arriesgada, si bien las intoxicaciones con el fruto del akí, aun siendo relevantes desde un punto de vista tanto cualitativo como cuantitativo, constituyen una rareza dentro del mundo vegetal. En la inmensa mayoría de las ocasiones los envenenamientos accidentales no se deben al inadecuado estado de maduración de un fruto, sino que se producen por la confusión de un fruto venenoso con otro comestible de aspecto similar.

## ¡Cuidado! No te confundas

Pensó con amargura que aquella situación constituía la tragicómica representación del dicho castellano «huir con el rabo entre las piernas», aunque en su caso fuese con una dolorosa flecha envenenada clavada en la parte interna del muslo. El barco, por cuya borda los marineros acababan de tirar el cuerpo sin vida de su propio sobrino, llevaba a Ponce de León hasta el puerto de La Habana. Pocos amaneceres más de aquel año 1521 vería el conquistador español, que escapaba derrotado de la misma Florida que descubriese para el mundo occidental el Domingo de Resurrección del año 1513. ¿Qué hacía en el territorio de la temible tribu de los calusa? ¿Había vuelto para buscar la fuente de la eterna juventud? Si nos atenemos a las crónicas de los historiadores serios, aquello de las aguas que devuelven la juventud no hay por donde cogerlo, y lo más probable es que su finalidad fuese sencillamente la de establecer una colonia en aquel territorio semivirgen. La mayoría de los hombres (también había mujeres) que lo acompañaban eran artesanos y agricultores que no sabían ni sostener un arcabuz, incapaces de hacer frente a la violencia con la que los recibieron los indios que habitaban junto al río Caloosahatchee en la costa suroeste del actual golfo de Florida.

En el mismo territorio que entonces habitaba la ya extinta tribu de los calusa también se desarrollaba —y aún hoy lo sigue haciendo a pesar de las talas indiscriminadas a las que se le sometió en la época colonial para fabricar muebles con su madera— un curioso árbol que, no estando siquiera emparentado con el manzano (*Malus domestica*), produce un fruto con el aspecto de una manzana de apenas tres centímetros. Los conquistadores españoles llamaban al *Hippomane mancinella* «manzanillo de playa», por el tamaño de sus manzanas y su costumbre de crecer junto al mar en suelos muy salinos; y en otras ocasiones «manzanilla de la muerte», también por el tamaño de sus manzanas y su costumbre, en este caso, de envenenar a quien osara dar un mordisco a su fruto. Y es que este árbol, frondoso como pocos y que fácilmente puede levantarse veinte metros del suelo, se considera el más venenoso de cuantos existen en el planeta. No tanto por la naturaleza de las sustancias tóxicas que produce, sino por el hecho de que cualquier parte de su anatomía, desde la corteza, las ramas y las hojas, pasando por esas manzanitas supercuquis que huelen a reineta, hasta la propia savia cáustica y tan urticante como un millón de ortigas que rezuma incluso de sus hojas, es venenosa. Quienes han tenido la desgracia de probar las manzanitas del *Hippomane mancinella* describen un ligero sabor dulce, que en breve da paso a una quemazón que afecta a la mucosa de la boca y la faringe, y que, en caso de no detenerse, puede dificultar la respiración del incauto que ha pegado el mordisco.

La toxicidad de la manzanilla de la muerte es tal que en algunas de las islas del Caribe, de donde, junto con el sur de Florida, es originaria, marcan sus troncos con una cruz roja para advertir al visitante de su peligro. Y en aquellos lugares donde todavía no lo han hecho no deberían tardar, para no solo impedir que los turistas se coman la fruta al confundirla con una manzana normal, sino para evitar que se resguarden de la lluvia confiadamente bajo su enorme copa. Durante el verano de 2011, cuatro estudiantes norteamericanos de entre veintidós y veinticinco años que estaban de vacaciones en la isla de Bequia, en el archipiélago caribeño de las Granadinas, fueron sorprendidos por una fuerte tormenta mientras tomaban un baño en la playa. En chanclas y bañador se guarecieron de la lluvia bajo las frondosas ramas de un hermoso *Hippomane mancinella* que crecía junto a la orilla. Habitualmente las hojas de los árboles nos protegen del sol y de la lluvia, pero ese no es el caso de la manzanilla de la muerte, pues su savia abrasiva y cáustica es exudada a través del tronco, las ramas y las hojas. Los estudiantes solo descubrieron su error cuando el agua de lluvia que resbalaba por las hojas arrastrando la savia les abrasó la piel. Tuvieron que ser atendidos de quemaduras en los brazos, las piernas, el torso y la cara producidas por un árbol. Pero es que incluso utilizar las ramas de este árbol para hacer una hoguera en la playa es una torpeza que puede llevarte al hospital: el humo que emana de la madera ardiendo contiene sustancias irritantes que dañan la piel y los ojos.

Los indios calusa, que a principios del siglo XVI vieron llegar los dos barcos de Ponce de León a la costa suroccidental de la Florida, a buen seguro que conocían las «bondades» del *Hippomane mancinella*: se sospecha que acostumbraban a embadurnar la punta de las flechas con la savia del ponzoñoso vegetal. Uno de aquellos dardos envenenados terminó hundido en el muslo del conquistador español, haciéndole rabiar de dolor, aunque lo más probable es que la muerte le llegara en La Habana por una septicemia debido a la herida infectada más que al veneno producido por el árbol.

Las manzanitas del *Hippomane mancinella* constituyen el caso más paradigmático de confusión entre frutos saludables y venenosos, mas no es necesario irse hasta las playas del Caribe para toparse con una planta cuyo venenoso fruto se parezca a uno comestible como una gota de agua se parece a otra. En grandes áreas de Marruecos, España y Francia, generalmente cerca del mar, se desarrolla una de las plantas más venenosas de la costa mediterránea. La *Coriaria myrtifolia*, más conocida como emborrachacabras, era empleada tradicionalmente en las poblaciones del Mediterráneo occidental para curtir las pieles debido a su alto contenido en taninos. Se trata de una planta de porte arbustivo, con cierto parecido al mirto (*Myrtus communis*), que produce unos frutos oscuros al madurar de un aspecto muy similar a las deliciosas zarzamoras. Solo que en el fruto de la emborrachacabras se almacena una molécula extremadamente tóxica denominada coriamirtina, capaz de dar un buen disgusto a quien lo confunda con una zarzamora. Y aunque el nombre de coriamirtina pueda sonarnos a arameo, el descubrir que su modo de acción es muy parecido al de la famosa estricnina probablemente nos haga intuir su peligrosidad.

La estricnina también es una sustancia de origen vegetal: se trata de un alcaloide que se acumula en las semillas de un fruto similar a una pequeña naranja producido por un árbol que crece en la India, Sri Lanka y Australia llamado nuez vómica (*Strychnos nux-vomica*). La estricnina tradicionalmente se ha empleado como veneno para eliminar roedores y otros pequeños vertebrados por su capacidad —la misma que posee la coriamirtina de la emborrachacabras— para competir con el aminoácido glicina por unirse a los receptores de las neuronas. En los animales, la glicina actúa a modo de neurotransmisor inhibidor y participa de forma decisiva en la coordinación motora; de modo que la presencia de la estricnina y, en menor medida, de la coriamirtina en la sangre de un individuo provoca una hiperestimulación del sistema nervioso, que se manifiesta exteriormente en forma de espasmos, convulsiones y tetanizaciones musculares que pueden conducir con facilidad a la muerte debido a un fallo respiratorio o cardíaco.

El envenenamiento por consumir el fruto de la nuez vómica es un evento poco común, si bien no son escasas las muertes, especialmente en niños pequeños, debidas a la ingesta del polvo de estricnina utilizado como veneno para ratas. No sucede lo mismo con el fruto de la *Coriaria myrtifolia*: el parecido con las zarzamoras ha provocado no pocos envenenamientos, algunos con un final luctuoso. Un reciente estudio contabilizó un total de ochenta envenenamientos con el fruto de la emborrachacabras en España y Francia durante los últimos tres siglos, de los cuales casi un 14 por ciento resultaron fatales. Está claro que con los vegetales no valen las confusiones: no existe nada tan falaz como la mansedumbre de una planta. Si confundir el fruto que nos alimenta con el que nos envenena es un error a veces fatal, ¿cómo podríamos calificar al hecho de intoxicarse con un fruto que ni siquiera lo es?

## Hermano Árbol

El señor Ishikawa Tatsuo estaba decidido a presentar su renuncia ante el alcalde de la ciudad de Hiroshima, pero cuando a través de la ventanilla vio los vigorosos brotes del anciano ginkgo del Templo Hosenbo buscando perezosamente el sol, supo que su pueblo se levantaría y pisó con decisión el acelerador de la destartalada camioneta en dirección al Parque de la Paz.

El 6 de agosto de 1945, a las ocho y cuarto de la mañana y a una altura de seiscientos metros, una bomba de uranio-235 explotaba en la ciudad japonesa de Hiroshima. Los americanos acababan de ganar la guerra asesinando a unas 100.000 personas en un solo día. La novedad del arma de destrucción utilizada hizo que equipos de científicos de todo el mundo se desplazaran días después a la ciudad japonesa para estudiar los efectos que en ella había provocado, descubriendo con horror que en la zona del impacto la temperatura había igualado a la de la superficie del sol: a una distancia de cuatro kilómetros, un grupo de gigantescos sugis (*Cryptomeria japonica*), una especie de conífera endémica de Japón cuya madera se carboniza solo superados los 244 °C, se había convertido en cenizas. Sin embargo, a pesar de la destrucción y la muerte que asolaba aquel territorio postapocalíptico, la vida —sí, la vida— todavía prevalecía.

Los japoneses denominan *hibakushas* a los supervivientes de los desastres atómicos de Hiroshima y Nagasaki, y con estas personas la sociedad nipona siempre se ha mostrado respetuosa y generosa. Un ejemplo de ello es que ante la enorme cantidad de enfermedades que poco después fueron desarrollando las víctimas, especialmente leucemias y otros tipos de cánceres, el Gobierno nipón aprobó la Ley de Cuidados Médicos que, entre otras ayudas, recogía la gratuidad en el tratamiento médico que estas personas necesitasen en cualquier momento de su vida. Pero los humanos no fueron los únicos seres vivos que se vieron afectados por aquella brutal explosión equivalente a la de 15.000 toneladas de TNT: además de muchos animales, los árboles también se convirtieron tanto en víctimas como en supervivientes. Bueno, lo cierto es que los árboles de Hiroshima fueron mucho más que unos simples sobrevivientes: su resiliencia fue un ejemplo —más bien, un recordatorio— de la capacidad de resistencia que caracteriza al espíritu del pueblo japonés, y aportó fuerzas a la población para levantarse de nuevo y mirar al futuro, dentro de aquella densa oscuridad, con cierto optimismo. Si tan solo unas semanas después del desastre, el ginkgo (*Ginkgo biloba*), el árbol emblemático de Japón, daba nuevos brotes en medio de las cenizas, el barro y los escombros, el pueblo japonés también podía recuperarse y resurgir si cabe con más fuerza. Tan importantes y simbólicos fueron para los japoneses los árboles que sobrevivieron a la bomba atómica que también, como a los propios humanos, les honraron con un nombre: los *hibaku jumoku.*

Ishikawa Tatsuo había trabajado como arboricultor en la ciudad de Hiroshima antes de la explosión. Por tal motivo, sin descartar que ser el propietario del único camión que quedaba en pie capaz de transportar árboles también tuviera algo que ver, fue el encargado de dirigir la plantación de los árboles que la ciudad de Hiroshima recibía en forma de donaciones de las comunidades vecinas. Los árboles debían arraigar y decorar dos áreas en el centro de la ciudad que serían conocidas como el Parque de la Paz y el Bulevar de la Paz; solo que una tierra llena de escombros de cemento y acero, recubierta de cenizas y fragmentos de ladrillo y tejas rotas, no conformaba un sustrato amable para las plantas. Tatsuo, además, se encontró con el inconveniente de la falta de infraestructuras para transportar el agua, de modo que la población colaboraba cuanto y cuando podía acarreando cubos desde el río hasta los jardines. Dificultades y más dificultades que estuvieron a punto de echar por tierra las ilusiones del señor Tatsuo, hasta que desde la ventanilla de su camioneta observó uno de los *hibaku jumoku*, un anciano ginkgo con el tronco medio calcinado, recuperándose vigorosamente junto a un templo budista.

El pueblo de Hiroshima vio en los árboles supervivientes un símbolo de la capacidad de resistencia de sus ciudadanos. En el año 1974, después de que un grupo de niños de primaria y su profesora descubrieran e intentaran conservar un almez (*Celtis sinensis*) que crecía en el patio de la escuela (reconstruida después de la explosión atómica en la que murieron tres maestros y cuarenta y un estudiantes), se empezaron a localizar y a registrar todos los *hibaku jumoku*, llegando en la actualidad a tener catalogados unos ciento cincuenta árboles que sobrevivieron a la bomba lanzada sobre Hiroshima. Muchos de los *hibaku jumoku* pertenecen a la especie *Ginkgo biloba*, no por casualidad la especie arbórea más antigua de la que tenemos constancia y uno de los árboles más resistentes que existen.

El *Ginkgo biloba* es un árbol originario de los valles montañosos de la provincia china de Zhejiang (se cree que los últimos individuos silvestres se localizan precisamente allí, en terrenos inaccesibles de la montaña Tianmu), que se extendió por gran parte del territorio de la propia China, ambas Coreas y Japón, donde se le considera un árbol sagrado y, como tal, se le siembra alrededor de templos y santuarios. Sabemos que el ginkgo más antiguo de Europa se encuentra en el jardín botánico de Utrecht, y su datación nos ha permitido fijar la llegada de este árbol a Occidente durante la primera mitad del siglo XVIII. Actualmente, el ginkgo es un árbol que aparece con frecuencia ornamentando las calles de muchas ciudades europeas: en otoño, con sus hojas amarillas, flanqueando ambos lados de la Gran Vía de Granada, conforman un paseo de una belleza espectacular, digno de las otras maravillas que podemos contemplar en la ciudad andaluza. El ginkgo es un árbol único por muchos motivos: se trata de un verdadero fósil viviente —se considera que esta especie, la única que sobrevive de la familia de los ginkgoales, lleva al menos doscientos millones de años sobre la superficie de la Tierra y ha visto nacer y desaparecer a los dinosaurios—; es de las pocas plantas que posee cromosomas sexuales y, por tanto, existen ginkgos machos y ginkgos hembras; y presenta unas hojas pecioladas en forma de abanico que no tienen similitud con las de ningún otro árbol, pero que recuerdan vagamente a la coleta de un luchador de sumo. Además, el ginkgo es un árbol que mantiene una larga juventud: en el mundo de las plantas viene a ser una especie de eterno adolescente, pues tarda entre veinte y treinta años en alcanzar su madurez sexual. Y cuando las hembras maduras son fecundadas por el polen de un ginkgo macho producen unas semillas malolientes, que también son ciertamente especiales por el hecho de que algunos las consideran, sin serlo, un fruto. Confusión, por otro lado, perdonable, ya que se trata de una semilla de gran tamaño en la que el pequeño embrión está rodeado por una gruesa testa suave y carnosa que le da el aspecto de una ciruela claudia.

La nuez del ginkgo (así se llama la semilla que produce el árbol) es comestible, pero solo la estructura más externa de la testa, la sarcotesta, y ello a pesar de que contiene cantidades apreciables de ácido butírico. Esta sustancia es responsable del desagradable olor que desprenden las semillas cuando están maduras, y de la comprensible circunstancia de que en los jardines de las ciudades se prefiera plantar machos de ginkgo en vez de hembras. El problema que podemos encontrarnos al consumir la semilla del ginkgo, morfológicamente similar al fruto de una angiosperma, es que la parte más interna, la endotesta, acumula una sustancia altamente tóxica conocida como 4'-O-metilpiridoxina o ginkgotoxina. En los países asiáticos saben que no es recomendable consumir demasiadas semillas de ginkgo para evitar alcanzar una dosis peligrosa de ginkgotoxina que desencadene convulsiones, vómitos y neurotoxicidad; pero bajo ciertas circunstancias, como sucede en periodos de hambruna, es difícil no saciar el apetito con el alimento que más a mano se tenga, aunque pueda resultar peligroso. Así, al finalizar la Segunda Guerra Mundial, y como consecuencia de la falta de alimentos, se produjeron en Japón multitud de intoxicaciones con la nuez del ginkgo. Se calcula que durante aquella época de hambruna la ginkgotoxina terminó con la vida de uno de cada cuatro intoxicados, cebándose, como casi siempre, con los más pequeños. Esta toxina presenta un mecanismo de acción tan peculiar como lo es el propio árbol: la ginkgotoxina impide que la vitamina $B_6$ desempeñe las funciones que le resultan imprescindibles al organismo, y como consecuencia de la inactividad de esta vitamina se producen convulsiones, desmayo y parálisis en las extremidades inferiores, que de continuar terminan con la muerte del individuo debido a una fibrilación ventricular.

Curiosamente, la ginkgotoxina, que se creía una sustancia exclusiva de la nuez del ginkgo, se ha localizado también en el fruto de otra planta que está evolutivamente muy alejada del árbol sagrado japonés. La presencia de la ginkgotoxina en el fruto en forma de vaina que producen las albizias (*Albizia* sp.), un tipo de mimosas africanas, es un ejemplo más de la convergencia evolutiva que consiste en llegar a una misma solución por caminos evolutivos diferentes, en este caso a un mismo metabolito que emplean para defenderse de los herbívoros dos plantas no emparentadas. Las intoxicaciones por la ginkgotoxina de las albizias no son en absoluto habituales entre los humanos: encontramos las vainas que produce el árbol nada atrayentes y poco aprovechables, pero no así nuestros animales. El fruto de la mimosa africana se mantiene durante mucho tiempo agarrado a las ramas, hasta que los fuertes vientos de los meses de invierno los arrojan al suelo. En los secos y estériles territorios subsaharianos son fácilmente accesibles para el ganado que poco más tiene que comer, y los animales devoran ansiosamente el mayor número de vainas posible para terminar muriendo entre fuertes convulsiones debido a la acción de la ginkgotoxina. La muerte del ganado, especialmente la del bovino —las cabras y las ovejas no parecen tener predilección por este fruto—, repercute directamente en la salud de los pequeños ganaderos africanos, que rara vez disponen de más de un minúsculo puñado de vacas con las que alimentarse. Las albizias son, pues, árboles que pueden causar un gran perjuicio a las pequeñas sociedades ganaderas en las zonas más pobres de África, pero, como ya hemos conocido en capítulos anteriores, las plantas suelen compensarnos sobradamente por las molestias que a veces nos ocasionan. Recientemente se ha descubierto que las hojas de una especie de albizia subsahariana, la *Albizia gummifera*, poseen una potente actividad tripanocida que podría compensar con creces las muertes de ganado que provocan sus tóxicos frutos.

El *Trypanosoma brucei* es un parásito microscópico transmitido a personas y animales por la picadura de la mosca tsé-tsé (*Glossina* sp.), provocándoles una enfermedad conocida como tripanosomiasis africana o enfermedad del sueño. La prevalencia de esta enfermedad es cada vez menor entre las poblaciones humanas —en el año 2020 la Organización Mundial de la Salud solo refirió 700 casos de la enfermedad del sueño en humanos—, pero no sucede lo mismo con los animales de los que obtienen su sustento. La tripanosomiasis africana animal está todavía lejos de poder controlarse, y la cada vez más frecuente aparición de resistencias a los fármacos que se emplean para tratar al ganado hacen necesario el descubrimiento de nuevas sustancias eficaces contra el parásito que eviten episodios de hambruna entre las poblaciones humanas, que son tan mortales como cualquier enfermedad infecciosa. Todavía no se ha descubierto la identidad de las sustancias concretas presentes en las hojas de la albizia que poseen actividad tripanocida, y la eficacia de la planta solo se ha comprobado con ratones en el laboratorio, pero todo parece indicar que no tardando demasiado tiempo la *Albizia gummifera* nos va a suministrar un excelente fármaco para combatir al *Trypanosoma* africano.

Una circunstancia similar a la de la albizia, pero incluso más radical, sucede con el ginkgo: puede que la ingestión de esas enormes semillas que parecen frutos ocasionen algunas intoxicaciones, pero en compensación se trata de una de las plantas medicinales más vendidas en el mundo. Se estima que la cifra de ginkgos cultivados, especialmente en China, Francia y Estados Unidos, supera con creces los cincuenta millones de individuos, aportando anualmente 8.000 toneladas de hojas del árbol sagrado japonés a las boticas y herbolarios de todo el planeta, y todo ello sin que exista una evidencia clara de su utilidad farmacológica. Es cierto que algunos estudios han llegado a la conclusión de que las sustancias presentes en las hojas del árbol, como los glucósidos flavonoides y las lactonas terpénicas, podrían mejorar la circulación sanguínea y dificultar la formación de coágulos. También existen evidencias de que estas mismas sustancias protegen a las neuronas de los efectos degenerativos producidos por condiciones de baja disponibilidad de oxígeno, lo que podría postular al ginkgo como materia prima para el desarrollo de fármacos que, hipotéticamente, permitan prevenir la pérdida de memoria y tratar el alzhéimer. Sin embargo, existen tantas investigaciones que corroboran las anteriores apreciaciones como estudios científicos que las desmienten. Solo el tiempo, concretándose en nuevas investigaciones científicas, nos permitirá determinar si los efectos beneficiosos del ginkgo se hacen extensivos a la salud de toda la población o si se limitan a ser de índole económica y restringidos a las farmacéuticas, que se dedican a venderlo como una nueva panacea.

# 10

# Las semillas del diablo

*Ahora recordaba aquella llamada. ¿Y si no hubiera sido un loco? ¿Y si no se había tratado de una broma de mal gusto? ¿Es posible que hubiera cometido el error de confiarse? Esa gente era poderosa y vengativa, con los tentáculos tan largos y escurridizos que podrían recorrer media Europa, cruzar el Canal de la Mancha y asomar rompiendo la negra tranquilidad de las aguas del Támesis si se lo propusieran. Pero qué interés podrían tener en un mísero locutor exiliado... Sí, cierto, de vez en cuando voceaba contra el régimen; precisamente eso le recriminaba siempre su esposa. Solo que él sabía muy bien que sus ladridos eran los de un perro temeroso detrás de una verja, que se iban amortiguando con la distancia hasta extinguirse antes de cruzar la frontera. Serían imaginaciones... Pero el malestar se hacía cada vez más intenso. Al llegar a la emisora, Lirkoff le había señalado los vaqueros: «Tienes una mancha de sangre en la pierna... No, por detrás». Y ahora también recordó... recordó el puente de Waterloo y la parada del autobús, y recordó las disculpas del extraño de acento extranjero que esa mañana le había golpeado con el paraguas en la parte posterior del muslo.*

*—Señor, ¿recuerda el caso del locutor de la Free Europe? Han llegado los resultados: parece que el veneno era ricina.*

La mañana del jueves 7 de septiembre de 1978, Georgi Markov, ciudadano búlgaro de cuarenta y nueve años, exiliado en Londres desde 1971, donde trabajaba como locutor en la radio Free Europe, había dejado estacionado su Simca 1000 color butano en el mismo aparcamiento de todas las mañanas, cuando, a la altura del puente de Waterloo, sintió un intenso pinchazo en la parte posterior de su muslo derecho. Al girarse, Markov observó a un individuo agachado junto a sus pies, recogiendo un paraguas. Más que el hecho de verlo medio arrodillado detrás de él, le sorprendió el fuerte acento centroeuropeo con que el extraño se disculpó. Al día siguiente Georgi Markov ingresaba en las urgencias del hospital St. James de la capital británica sin poder articular palabra, aquejado de una fiebre muy elevada, vómitos y debilidad muscular. Tan solo tres días después de su ingreso, sin que los médicos fueran capaces de determinar el origen de sus males ni pudieran hacer nada por suprimirlos, el señor Markov falleció de un paro cardíaco y con un recuento récord de glóbulos blancos en la sangre. Ante los ruegos de la viuda, que insistía en que su esposo había sido asesinado, y la presencia en la pierna de una enigmática roncha de seis centímetros de diámetro con una minúscula incisión de apenas dos milímetros en su centro, el médico que realizó la autopsia se decidió a guardar varias muestras del tejido del fallecido para un posible análisis posterior.

Georgi Markov era un conocido dramaturgo en su país que, después de estrenar una controvertida obra que disgustó profundamente a los dirigentes comunistas, tuvo que abandonar la República Popular de Bulgaria para conservar la vida. Durante los años que vivió en Londres y trabajó para la Free Europe (emisora sostenida por el Gobierno norteamericano a través de la CIA) no dudó en expresar su rechazo a la falta de libertad y la opresión que sufrían sus conciudadanos bajo la dictadura comunista. Tres meses antes de morir envenenado en la capital inglesa, Markov había recibido una llamada que le avisaba de que sus intervenciones en la radio capitalista debían terminar o, de lo contrario, sería ejecutado. Sin duda aquella llamada constituía toda una revelación sobre el origen de la afección que lo había matado, pero hubo otro hecho inmediatamente anterior a la muerte de Georgi Markov que hizo que los investigadores británicos considerasen como seguro el asesinato.

Dos semanas antes, otro ciudadano búlgaro disidente, el periodista Vladimir Kostov, había sufrido un ataque similar en el metro de París. Mientras buscaba asiento en el vagón, Kostov sintió un fuerte golpe en la espalda a la vez que percibía un sonido que describió como el producido por una pistola de aire comprimido. La marca roja que Markov presentaba en la parte posterior del muslo era similar a la que decoraba la espalda de Kostov. Sin embargo, este último, aunque hubo de pasar dos semanas ingresado en el hospital debatiéndose entre la vida y la muerte, consiguió recuperarse. El vínculo entre ambos acontecimientos, y la más que probable participación en ellos del temido Comité de Seguridad del Estado (así se denominaba el servicio secreto búlgaro durante la época comunista), llegó con el descubrimiento —tanto en el muslo de uno como en la espalda del otro— de una pequeña bolita metálica.

En la zona ecuatorial de lo que parecía una pequeña cuenta de tan solo milímetro y medio de diámetro se habían realizado con increíble precisión dos agujeros minúsculos de 0,34 milímetros. Los dos perdigones, el encontrado en la espalda de Kostov y el extraído del muslo de Markov, eran exactamente iguales, y los investigadores de la Brigada Antiterrorista Británica creían que habían contenido el veneno que mató al periodista de la Free Europe. Los científicos fueron incapaces de encontrar restos de la letal sustancia en los pequeños orificios de la bolita, pero el doctor Frank Beswick, el médico responsable de la investigación, estaba familiarizado con el tipo de veneno que producía la peculiar sintomatología (caracterizada, entre otros aspectos, por el enorme número de leucocitos en la sangre) que habían manifestado los dos disidentes búlgaros. Se trataba de una de las sustancias más tóxicas del planeta, una sustancia que, por otro lado, se encuentra en las semillas de un vegetal de lo más ordinario: el *Ricinus communis.*

## Una planta y dos destinos

El martes 3 de febrero de 2004, el descubrimiento de un finísimo polvo blanco en un sobre que tenía como destino la oficina del senador republicano Bill Frist había hecho saltar todas las alarmas. Era la segunda vez en pocos meses que la Fuerza de Respuesta a Incidentes Químicos y Biológicos de la Marina estadounidense (CBRIF, por sus siglas en inglés) había tenido que activarse de urgencia, algo que no sucedía desde los ataques terroristas perpetrados con ántrax en el año 2001. Esta vez no se trataba de las letales esporas del *Bacillus anthracis,* sino de un producto de origen vegetal mucho más fácil de obtener pero cuya inhalación conduce al mismo luctuoso resultado.

En el mes de octubre del 2003 la CBRIF envió a varios de sus expertos hasta la oficina de correos de la ciudad de Greenville en Carolina del Sur. En un paquete sospechoso, que había llegado junto con una carta mecanografiada amenazando con envenenar el agua de la ciudad si no se realizaban cambios en la ley que regulaba los horarios de trabajo y descanso de los camioneros, se había detectado la presencia de ricina. La misma sustancia que poco tiempo después se reveló como el anónimo polvo blanco contenido en el sobre que iba dirigido a la oficina del senador Frist. En ambos casos, la rápida respuesta de las autoridades evitó que la ricina dañase a alguna persona, pero estos incidentes confirmaron la sospecha de que una simple planta —de hecho, una planta a la que cualquiera tiene acceso— puede ser utilizada como arma biológica por individuos desequilibrados con intenciones homicidas o, lo que es todavía peor, por grupos terroristas en acciones perfectamente planificadas.

El ricino (*Ricinus communis*)* es una planta originaria de las regiones tropicales de África que se ha extendido por medio planeta debido a la facilidad con que se adapta a climas más templados. Se trata de un vegetal muy resistente, con una tasa de crecimiento tan elevada que pocos días después de la germinación puede llegar a alcanzar los cuatro metros de altura. La morfología del ricino es curiosa, no por la forma palmeada y brillante de sus hojas, que resulta muy común en el mundo vegetal, sino por presentar las flores femeninas y masculinas separadas en una misma inflorescencia. Las femeninas, con los estigmas teñidos de rojo intenso, se sitúan en la parte superior, mientras que las masculinas, con multitud de anteras amarillas, lo hacen justo debajo. Pero es el fruto, en forma de cápsula de color encarnado y cubierto de espinas, la estructura más característica que permite identificar a la planta, si bien, quizás por tratarse de la única especie de su género, aun en su ausencia no es fácil confundirla con ninguna otra. En el interior de cada fruto se localizan tres semillas, escondiendo todas ellas una toxina que posee una letalidad como pocas existen en la naturaleza. En el endospermo de las semillas del ricino, junto al embrión de la futura planta, se almacena una sustancia llamada ricina que se considera una de las más peligrosas y mortíferas de cuantas haya inventado la madre naturaleza.

Podría parecernos extraño que a una planta le resulte rentable acumular sustancias venenosas en el mismo endospermo que va a servir de alimento al futuro brote durante sus primeros días de existencia, antes de que sea capaz de valerse por sí mismo y fabricar sus propios nutrientes a través de la fotosíntesis. Sería un comportamiento tan imprudente como guardar un veneno para roedores bajo la cuna de un niño pequeño. Bien es cierto que la inmensa mayoría

* Recibe el nombre de *ricinus*, «garrapata» en latín, debido al parecido que mantienen sus semillas con el arácnido de la especie *Ixodes ricinus*.

de los metabolitos que las plantas esconden en sus semillas, y en casi cualquier otra parte de su verde anatomía, actúa sobre el sistema nervioso y los músculos de los animales de quienes tratan de defenderse, y como los vegetales carecen de tales tejidos resultan ser inmunes a sus propios venenos. Ya, solo que la anterior explicación, aun siendo válida en la mayoría de las ocasiones, no es adecuada en el caso de la ricina, porque este veneno no actúa específicamente sobre las neuronas o las células musculares, sino sobre unas pequeñas estructuras llamadas ribosomas que aparecen en todo tipo de células, ya seas una bacteria, un hongo, un animal o una planta.

La ricina es una proteína que está formada por dos cadenas diferentes que se mantienen unidas mediante un tipo de enlace que los bioquímicos denominan puente disulfuro, y que podríamos imaginar como un apretón de manos entre las dos cadenas, solo que utilizando átomos de azufre para enlazarse en vez de un par de extremidades con cinco dedos. Lo interesante de esta molécula es que cada una de las cadenas desempeña una función diferente, necesaria y coordinada en el proceso de destrucción celular. Una de las cadenas, llamémosla cadena B, presenta una elevada especificidad por las moléculas de galactosa que aparecen en la superficie de la mayoría de las células. La afinidad de la cadena B de la ricina por este monosacárido le permite reconocer y fijarse a la membrana de una célula como lo haría una llave con la cerradura a la que corresponde. Posteriormente, la interacción entre la cadena B de la ricina y el receptor de galactosa situado en la superficie de la membrana celular induce la endocitosis de la toxina y permite su internalización en la célula. Una vez en el citoplasma celular, el turno le llega a la otra cadena de la ricina, pongamos la cadena A. Esta tiene marcado un objetivo muy claro dentro de la célula: los ribosomas. Los ribosomas son pequeñas estructuras que aparecen en todas las células de cualquier ser vivo, ya sea uni o pluricelular, ya se trate de una bacteria, una levadura o de las células que forman un tejido animal o vegetal. Su función consiste en fabricar las proteínas que codifica el ADN de la célula siguiendo al pie de la letra sus instrucciones. Bien, pues la cadena A de la ricina se ancla a los ribosomas y los desactiva de forma irreversible, impidiendo que puedan llevar a cabo su acción. Una sola molécula de ricina es capaz de inactivar 1.500 ribosomas... cada minuto. De ese modo la célula, con los ribosomas bloqueados e incapaz de sintetizar sus proteínas, está condenada a muerte.

Las células de una planta, incluso las del pequeño embrión que permanece latente en una semilla de ricino, también poseen ribosomas y, de igual forma, se muestran sensibles a la acción de la ricina. Para evitar que la ricina dañe a sus futuros vástagos, pero que simultáneamente los proteja de cualquier animal que quiera devorarlos, el *Ricinus communis* almacena la sustancia en el interior de la célula dentro de unas bolsitas membranosas llamadas vacuolas, y con la precaución adicional de que la proteína esté inactivada en forma de prericina. En la prericina, la propia cadena B se sitúa de tal manera que bloquea el sitio activo de la cadena A, impidiendo que la toxina pueda actuar. Solo cuando un mordisco u otro tipo de acción mecánica o química provoque la rotura de las vacuolas, la prericina contenida en su interior se activará desplegando ambas cadenas y convirtiéndose en la letal ricina. Ingerir las semillas del ricino, si no han sido previamente dañadas, masticadas o maceradas, no provoca la liberación de la ricina y rara vez resultan tóxicas. Tiene todo el sentido biológico: las semillas del *Ricinus communis* que son ingeridas sin ser masticadas por un animal terminarán atravesando intactas el aparato digestivo y volviendo al suelo preparadas para germinar lejos de la planta que las formó. ¿Qué sentido evolutivo tendría eliminar al organismo que puede dispersar eficazmente tus semillas?

Los humanos conocemos el enorme potencial que como veneno tienen las semillas de la planta del ricino y, por desgracia, parecemos dispuestos a emplearlas para terminar con la vida de otros individuos de nuestra especie. Los servicios secretos búlgaros no dudaron en valerse de las semillas del ricino en el intento de asesinato de dos disidentes exiliados en el extranjero; se sabe que los Ejércitos de Estados Unidos y del Reino Unido se plantearon utilizar la ricina como arma biológica bajo el nombre de «compuesto W» durante la Segunda Guerra Mundial; en el transcurso de los años 2002 y 2003 varios sobres con ricina fueron descubiertos e inmovilizados en la oficina de correos frustrando un viaje homicida que trataba de llevarlos hasta algunos personajes relevantes de la política estadounidense; en el año 2018 la policía alemana detuvo a un terrorista islámico del Dáesh que pretendía atentar en el país con un artefacto explosivo con el que planeaba dispersar ricina entre la población... incluso un equipo de arqueólogos recientemente ha descubierto la presencia de restos de los ácidos ricinoleico y ricinelaídico, exclusivos de la planta del ricino, en un aplicador de veneno para flechas perteneciente a una sociedad africana de cazadores recolectores que data de hace 24.000 años. La extrema toxicidad de la ricina, la inexistencia de un antídoto y lo sencillo que resulta obtener las semillas de la planta han hecho que el *Ricinus communis* sea considerado poco menos que un enemigo público. Sin embargo, como ya nos habremos percatado a través de la lectura de las historias mínimas que se narran en este libro, en el reino de flora siempre, invariablemente, hay dos versiones, más complementarias que opuestas, de la misma historia. Así, si por un lado utilizamos la planta de ricino como arma biológica con la que arrancar vidas, por el otro también somos capaces de emplear los metabolitos de este hermoso vegetal con otros fines verdaderamente provechosos para la humanidad.

El *Ricinus communis* es una planta que se viene empleando de forma tradicional desde al menos el año 1500 a.C., pues en el papiro Ebers los médicos de la antigua civilización egipcia recomendaban en algunos casos las hojas y en otros las semillas de la planta masticadas y mezcladas con cerveza (probablemente para mitigar su mal sabor) con la finalidad de promover el crecimiento del cabello en las mujeres, evitar la lacrimación excesiva de los ojos y, especialmente, como purgante. En el papiro Ebers también se hace referencia al *degem*, que en opinión de los expertos se trataría del aceite de ricino que ya por entonces se extraía del prensado de las semillas. El propio Hipócrates, en el 400 a.C., y tanto Dioscórides como Plinio el Viejo, casi cinco siglos después, también harán referencia en sus escritos al aceite de ricino, considerándolo «incomestible» pero útil como laxante. La medicina tradicional china ha utilizado las venenosas semillas del ricino para curar úlceras y eliminar parásitos intestinales, y en el sudeste de Nigeria se fermentan las semillas del *Ricinus communis* para preparar una pasta oscura llamada *ogiri igbo* que se emplea como condimento en multitud de platos de la cocina tradicional nigeriana. La clave para que el *ogiri igbo* no resulte venenoso se encuentra en el proceso de descascarillado y, especialmente, en una fermentación en varias etapas, la cual se prolonga durante más de diez días y es capaz de desactivar la ricina.

En las sociedades más avanzadas las semillas del ricino también han encontrado múltiples aplicaciones y destinos, en este caso en forma de aceite de ricino. Pese a no tratarse de una mercancía comestible, la producción de aceite de ricino se ha visto incrementada en más de un 240 por ciento durante las tres últimas décadas. Muy buenas noticias para países como la India, Brasil o Mozambique, que se encuentran entre los principales productores y exportadores de esta sustancia. La explicación a la fuerte demanda que ha sufrido el aceite de ricino en los últimos años se debe a las interesantes propiedades que presenta su principal componente, el ácido 12-hidroxi-9-octadecenoico, o simplemente ácido ricinoleico. Esta molécula es lo que los químicos industriales llamarían una perita en dulce, pues la combinación en su estructura del grupo hidroxilo con dobles enlaces en la cadena hidrocarbonada le permite participar en una enorme variedad de reacciones químicas que lo capacitan para ser empleado en la fabricación de lubricantes, pinturas, barnices, ceras, abrillantadores o aceites para motor, y formar parte como un componente más de otros muchos productos, algunos que *a priori* resultan tan insospechados como las cremas espermicidas.

Múltiples son los destinos que pueden seguir las semillas del *Ricinus communis*, pero uno en el que muy rara vez se encuentran implicadas es en el de una intoxicación accidental, ya que estas semillas no solo son demasiado reconocibles, sino además muy poco atrayentes por su desagradable aspecto, que remeda al de una garrapata hinchada y repleta de sangre. En contraste, existe una planta similar al ricino que produce unas semillas coloridas, brillantes y tan tan bonitas que los humanos las utilizamos para fabricar todo tipo de abalorios. El inconveniente es que bajo su deslumbrante belleza estas semillas que cuelgan del cuello o rodean la muñeca de algún incauto esconden un veneno incluso más letal que el de la propia ricina.

## La amenaza de las judías homicidas

Aquel mes de octubre de 1880 estaba siendo especialmente caluroso en la región de Bengala, de modo que el anciano llevaba dos semanas durmiendo al raso sobre el suelo de barro de la terraza. Minutos antes de la una de la madrugada notó un terrible ardor en la mejilla izquierda. Aturdido y somnoliento, palpó una especie de púa gruesa y larga que tenía clavada en la cara y, al tratar de arrancarla, la partió. Los gritos de pánico alertaron a parte del vecindario que acudió en auxilio del *mahunt*; mas, por desgracia, el barbero del poblado se encontraba de viaje y tuvo que ser su inexperta esposa quien intentara extraer aquel objeto del rostro del viejo sacerdote hindú. A pesar de que la mujer lo manipulaba con delicadeza, terminó por romper la extraña pieza en dos pedazos, dejando uno de ellos incrustado profundamente en la arrugada carne del anciano. La mujer del barbero juntó sobre una mesa dos de los tres fragmentos, y de repente su rostro adquirió un rictus de horror indescriptible: no se trataba de una astilla, sino de un *sutari*, como el que algunos delincuentes utilizan para matar al ganado. Todos sabían que la suerte estaba echada y, aunque se le trasladó a toda prisa al hospital, el *mahunt* falleció a las pocas horas.

El mayor H. M. Ramsay trabajaba como superintendente de la policía en el distrito indio de Bengala y aquella madrugada se encontraba en el Station Recreation Club, exclusivo para ciudadanos británicos, jugando la acostumbrada partida de billar. Desde que uno de sus subordinados le entregase el telegrama hasta que, acompañado de su ayudante y compañero de juego, entrara en el hospital donde agonizaba el *mahunt*, no hubo transcurrido siquiera una hora. No necesitó ni una semana para que sus sospechas se vieran confirmadas: sí, la semilla del *karjani* también se podía utilizar para asesinar a una persona.

En la India se denomina *karjani* al *Abrus precatorius* o coralillo asiático, una planta trepadora de la familia de las fabáceas originaria de Oceanía, del subcontinente indio y de regiones lindantes a la cordillera del Himalaya, donde crece hasta una altura de mil doscientos metros sobre el nivel del mar, si bien actualmente está muy extendida y se considera una especie invasora en las regiones tropicales de todo el planeta. El *Abrus precatorius* es una planta extremadamente difícil de eliminar puesto que a un crecimiento rápido añade unas raíces profundas y resistentes y unas semillas capaces de permanecer viables en el suelo durante mucho tiempo. Precisamente las semillas, protegidas por un fruto en forma de vaina, esconden el gran peligro de esta planta: una sustancia llamada abrina que, tanto desde el punto de vista estructural como en lo referente a su mecanismo de acción, es muy similar a la ricina. La abrina es una proteína que también posee dos cadenas polipeptídicas unidas mediante un puente disulfuro, una de las cuales se encarga de reconocer a la célula y de facilitar la internalización de la toxina, para que la otra cadena bloquee la síntesis de las proteínas en los ribosomas y, de ese modo, destruya eficazmente las células. No obstante, existen dos relevantes diferencias entre las toxinas de ambas plantas: la abrina presenta si cabe mayor toxicidad que la propia ricina, pues se estima que se necesita solo la quinta parte de abrina que de ricina para terminar con la vida de un individuo; además, las semillas del *Abrus precatorius* donde se oculta la abrina, a diferencia de las que produce el *Ricinus communis*, son muy muy bonitas, y esta belleza les hace ser incluso más peligrosas.

Durante el otoño de 1962, el Centro de Control de Envenenamiento de Boston tramitó cinco casos de intoxicaciones graves en niños que mantenían una extraña conexión: se habían envenenado con las cuentas de un collar. Todos los abalorios responsables del envenenamiento procedían de la India y habían sido elaborados con unas llamativas cuentas del tamaño de un frijol, de color rojo brillante con una marcada mancha negra que les hacía parecerse a una mariquita. Las cuentas del collar eran en realidad las semillas del *Abrus precatorius* que, por su llamativo aspecto, se utilizan en algunos países para fabricar collares, pulseras, rosarios, pendientes e incluso brillantes y vivaces ojos para endemoniadas muñecas de trapo. Si las semillas del corralillo asiático se ingieren sin masticar lo más normal es que no se libere la abrina y resulten completamente inofensivas. El problema es que para que las semillas sirvan como cuentas con las que confeccionar una pulsera o un collar es imprescindible agujerear su cáscara protectora de lado a lado para atravesarlas con el hilo de nailon; y si en estas circunstancias son ingeridas por un niño, como sucedió a principios de los años sesenta en la capital del estado de Massachusetts sin que, por suerte, ninguno llegara a fallecer, la abrina se libera inmediatamente, realizando su ponzoñosa y letal acción. La más que posible llegada de productos elaborados con este tipo de semillas, ya sea por turistas que retornan a su país procedentes de lugares como la India o Perú o mediada por empresas que importan los abalorios desconociendo su toxicidad, obliga a las autoridades sanitarias a mantener una alerta constante. Así, durante las navidades del año 2011 cientos de brazaletes fueron retirados de los puestos de venta del Proyecto Edén en Cornualles, que es visitado cada año por miles de personas, cuando las autoridades británicas tuvieron conocimiento de que dichas pulseras estaban confeccionadas con las semillas del coralillo asiático.

Las semillas del *Abrus precatorius* no solo se emplean como elemento ornamental: también se han utilizado tradicionalmente en algunas zonas de la India para prevenir la rabia y tratar el tétanos; las hojas en infusión se han empleado para bajar la fiebre y combatir la gripe; y la decocción de sus raíces como remedio para manejar la hepatitis y la bronquitis. Por ahora, la ciencia occidental no ha avalado ninguno de estos usos, y dada la toxicidad de la abrina sus semillas solo parecen útiles para una cosa: matar. De hecho, como pudo comprobar el mayor Ramsay, los individuos pertenecientes a las castas más bajas de la sociedad hindú sabían preparar un veneno muy eficaz con las semillas del coralillo, que utilizaban para matar al ganado.

Entre las numerosas castas que Ramsay conoció durante los años que pasó en Bengala le sorprendió especialmente una a la que denominaban «chamar». Estos individuos pertenecían a lo más bajo de la sociedad y vivían en el límite de la miseria, pero ostentaban un curioso derecho que era respetado por las demás castas: cuando un animal moría, independientemente de quién fuera su dueño, les era entregada la piel. A cambio, el chamar debía regalar un par de zapatos y alguna correa de cuero al dueño del animal y, de vez en cuando, actuar como porteador en las procesiones nupciales durante la boda de alguno de los familiares directos del propietario del ganado. El inconveniente de este trabajo era que el chamar debía esperar la muerte natural del animal, y esta no sucedía siempre con la frecuencia deseada por el curtidor. Bueno, en realidad sí había una pequeña localidad situada en el extremo noroccidental de la región de Bengala donde el ganado había adquirido la costumbre de doblar las rodillas con inusual querencia. Hasta este lugar se desplazó el mayor Ramsay para descubrir que un chamar estaba utilizando un arma muy especial, fabricada con las semillas del coralillo, para acabar con la vida de vacas y terneros mucho antes de lo que sus dueños deseaban. El policía británico, intrigado por el *modus operandi* del asesino de vacas, se ofreció a interceder por él ante la justicia si le mostraba el método que empleaba para matar a las reses sin dejar señal alguna. El chamar explicó que recogía las rojinegras semillas del *karjani*, les quitaba la cáscara y golpeaba su contenido descascarillado hasta formar una pasta a la que daba forma de astilla afilada, para posteriormente introducirla delicadamente en una pajita en cuyo interior las dejaba secar al sol durante tres días. Repitió el proceso ante los sorprendidos ojos del superintendente de la policía británica en Bengala, y a continuación extrajo del interior de las briznas de paja las puntas duras y afiladas elaboradas con la semilla del coralillo. Los nativos llamaban *sutari* a estos aguijones venenosos. El chamar colocó un par de ellos, verticalmente y con especial cuidado, en dos agujeros perforados en la base de un mango de madera. Luego, golpeó secamente detrás del cuerno izquierdo de una res vieja pero sana, que Ramsay había hecho traer ex profeso, introduciendo los dos *sutaris* bajo la piel del animal, que no dio síntomas de haber sentido el pinchazo. Al día siguiente la vaca había muerto sin mostrar señal alguna de la causa. Ese fue el instante preciso en que el mayor Ramsay se preguntó si estas gentes utilizaban el mismo método para asesinar a otras personas. Y la respuesta le llegó pocos días después, cuando la mujer que trabajaba para el *mahunt* reconoció haber contratado a un individuo para que asesinara al hermano pequeño del sacerdote hindú, que acostumbraba a maltratarla. Bajo el manto de oscuridad de la madrugada el mercenario había confundido al viejo con su hermano pequeño, pues compartían la vivienda situada junto al templo, apuñalándolo en pleno rostro con el *sutari* forjado con la abrina de las semillas del *Abrus precatorius.*

La presencia de la ricina y la abrina hace de las semillas del ricino y del coralillo asiático un producto vegetal prácticamente incomestible, pero a veces la toxicidad de una semilla depende en mayor medida de las peculiaridades metabólicas que pueda presentar el individuo más que de la presencia de sustancias tóxicas en las semillas de las que se alimenta. De hecho, existe un nada despreciable número de individuos, especialmente hombres, a quien un simple plato de habas con chorizo puede arrastrar a la tumba. Estas personas se caracterizan por la peculiaridad de que su organismo sintetiza cantidades extremadamente bajas de la enzima glucosa-6-fosfato-deshidrogenasa (G6PDH), lo que provoca que la ingestión de habas desencadene en ellos una anemia hemolítica que de no controlarse acaba con su vida. Un estudio desarrollado de forma retrospectiva analizó la sangre de más de 3.000 individuos que acudieron a los servicios médicos de la región de Murcia desde el año 1983 a 1987. Sesenta de ellos mostraban un déficit de la enzima G6PDH y quince debieron ser ingresados por presentar anemia hemolítica después de haber consumido las habas de la *Vicia faba*, una legumbre que las poblaciones humanas han utilizado como alimento desde tiempos inmemoriales y que la huerta murciana produce en cantidad y calidad. De las personas ingresadas, todas se recuperaron aunque algunas necesitaron recibir transfusiones de sangre, trece eran hombres y solo dos mujeres. Un desequilibrio por sexos que no es casual, ya que la intoxicación con habas, denominada fabismo, parece cebarse en el género masculino.

Una simple mirada en nuestro ámbito familiar nos permite percibir que por regla general los hombres abandonan este valle de lágrimas con mayor celeridad que las mujeres. Y para que lo que en un principio podría considerarse como una simple percepción cobre toda la solidez de una realidad, hay que añadir que un importante estudio, desarrollado durante la primera década del siglo XXI, confirmó de forma cuantitativa el mayor índice de mortalidad que presentan los hombres frente a las mujeres dentro de todos los rangos de edad y en muy diversas culturas. Datos que revelaban, por ejemplo, que durante el año 2000 en los Estados Unidos de América la mortalidad prematura en hombres y mujeres (antes de cumplir los cincuenta años) era 1,6 veces superior entre los primeros. La ciencia nos ha revelado que las causas de tal desigualdad son múltiples y con orígenes bien distintos: así, podemos encontrarlas en el mayor tamaño y tasa metabólica del hombre, que han sido clásicamente correlacionados con una mayor vulnerabilidad a infecciones, lesiones, estrés y enfermedades degenerativas; también con ciertos comportamientos típicamente masculinos que involucran mayor riesgo para sus vidas; e incluso con la mayor susceptibilidad de los hombres a los parásitos, debido probablemente a la acción inmunosupresora de la testosterona. Todo ello unido a que la principal causa de muerte prematura entre las mujeres, el parto, se ha visto disminuida de forma drástica en las sociedades desarrolladas gracias al avance de la medicina y a los cuidados durante y después del embarazo.

A pesar de la disparidad de causas que parecen explicar la desigual mortalidad entre hombres y mujeres, la historia de la toxicidad por habas obliga a buscar la causa primera, la fuente primigenia engendradora de todas las diferencias anteriormente mencionadas. El origen de la desigualdad biológica entre mujeres y hombres no es otro que el sexo del individuo, y como este viene determinado por los cromosomas sexuales, es en esta pareja —la que hace la número 23 en nuestra especie— donde se encuentra la respuesta a la cuestión de por qué el fabismo afecta preferentemente a los hombres. Centrándonos en los cromosomas sexuales que determinan el sexo no solo en nuestra especie, sino también en todos los mamíferos, las hembras poseen dos cromosomas sexuales idénticos en cuanto a tamaño y forma (XX), que contienen los mismos genes. Por el contrario, los machos presentan dos cromosomas sexuales radicalmente diferentes: un cromosoma X, que han heredado de su madre, y otro mucho más pequeño denominado Y, que recibieron de su padre. La inmensa mayoría de los genes contenidos en el cromosoma X e Y son diferentes y codifican distintas características del individuo.

Tras esta brevísima síntesis sobre la determinación cromosómica de nuestro sexo, podemos deducir que las mujeres tienen dos copias de cualquier gen contenido en el cromosoma X, mientras que los hombres tan solo poseen una. Esta diferencia a nivel cuantitativo puede convertirse en un grave problema a nivel cualitativo para aquel individuo del género masculino que tenga dañado alguno de los genes presentes en su único cromosoma X; como precisamente sucede con una enfermedad denominada hemofilia. La hemofilia es una grave enfermedad que tiene su origen en la mutación de los genes que codifican el factor de coagulación VIII (hemofilia A) o el factor de coagulación IX (hemofilia B), ambos localizados en el cromosoma sexual X. Los dos factores son proteínas cuya presencia en el plasma sanguíneo es imprescindible para que la sangre coagule, y un nivel disminuido de cualquiera de ellos puede poner en peligro la vida del individuo. Situación esta última que no es fácil que se produzca en las mujeres, pues, teniendo en cuenta que sus células disponen de dos cromosomas X, ante la eventualidad de una mutación que afecte al gen responsable de la síntesis de uno de estos dos factores todavía quedará un segundo gen sano en el otro cromosoma X, capaz de aportar la cantidad adecuada de proteína y evitando así la enfermedad. Mas en un hombre, poseedor de un único cromosoma X, la presencia del gen dañado para el que no hay un repuesto en el otro cromosoma sexual desencadena inevitablemente la afección. La mujer será hemofílica únicamente si los dos cromosomas X poseen el gen mutado, y tal acontecimiento es estadísticamente poco frecuente, por lo que la hemofilia presenta una prevalencia muy inferior entre el género femenino. Enfermedades como la mencionada, pero también otras como el daltonismo o la distrofia muscular de Duchenne, se encuentran ligadas al cromosoma X y su prevalencia es muy superior en los hombres.

El fabismo o deficiencia en glucosa-6-fosfato-deshidrogenasa también pertenece a este tipo de enfermedades ligadas al cromosoma X, solo que esta alteración presenta una sutil pero relevante diferencia con las anteriores. Básicamente porque para que esta afección se manifieste no basta con que el gen que codifica la proteína G6PDH esté dañado por una mutación: también debe aparecer un factor ambiental que la desencadene. El desarrollo de enfermedades como la hemofilia o la distrofia muscular de Duchenne depende exclusivamente de la presencia o ausencia de la mutación en el gen, pero el determinismo genético que caracteriza estos graves trastornos está lejos de constituir una generalidad en la naturaleza. El patrimonio genético de un individuo influye en las características que presenta, pero no siempre las determina. Lo que un individuo llega a ser depende, en diferente grado, de su patrimonio genético y de las condiciones bajo las que este se expresa, y la mutación en el gen que codifica la G6PDH en algunos individuos es un claro reflejo de ello.

La intoxicación por el consumo de las habas de la *Vicia faba*, que resultan comestibles para la mayoría de la población, es una enfermedad hereditaria que está asociada al cromosoma X y provocada por una mutación que afecta al gen que codifica a G6PDH. Esta enzima es imprescindible para que nuestros glóbulos rojos puedan obtener un compuesto de nombre aún más complicado: la nicotinamida adenina dinucleótido fosfato (NADPH), que los propios glóbulos rojos de la sangre utilizan para protegerse. Lo cierto es que la NADPH es una molécula fundamental para la célula, pues interviene en múltiples procesos metabólicos, pero en esta historia basta con que nos la imaginemos como una especie de escudo que utilizan los glóbulos rojos para protegerse de sus enemigos, los compuestos oxidantes. La mutación del gen que codifica la G6PDH provoca que esta enzima se sintetice en cantidades muy inferiores a lo habitual, lo que a su vez redunda en la menor disponibilidad de NADPH que pueden emplear los glóbulos rojos para protegerse de la acción oxidativa de algunos metabolitos. La deficiencia en G6PDH, aunque presenta una enorme prevalencia (se estima que la poseen 400 millones de personas), suele pasar desapercibida sin ocasionar problema alguno a sus portadores. A no ser que... a no ser que a estos les dé por disfrutar con un buen plato de habas.

En el caso de las semillas del ricino o del coralillo conocemos los efectos dañinos producidos por la ricina y la abrina sobre los ribosomas, pero ¿qué contienen las habas que las hace tan peligrosas para los individuos con bajos niveles de G6PDH? La clave se encuentra entre los nutrientes que contiene esta legumbre: sus semillas que, además de ser muy ricas en proteínas, poseen dos beta-glucósidos llamados vicina y convicina. Estas sustancias se hidrolizan en el tracto digestivo del individuo que las ha ingerido, generando dos moléculas derivadas, llamadas divicina e isouramilo, respectivamente. Una vez han llegado a la sangre, la divicina y el isouramilo desencadenan la aparición de moléculas tan oxidantes como el anión superóxido ($O^2$) o el peróxido de hidrógeno ($H_2O_2$). En condiciones normales esto no supone ningún problema: los glóbulos rojos utilizan diferentes enzimas para eliminar los dañinos compuestos oxidantes, solo que para ello necesitan, invariablemente, gastar importantes cantidades de NADPH. Pero el fabismo se caracteriza precisamente por la escasez de esta sustancia, de modo que, frente a un exceso de moléculas oxidantes y un déficit de NADPH, los glóbulos rojos de cualquier individuo con deficiencia en glucosa-6-fosfato-deshidrogenasa empezarán a destruirse apenas transcurridas veinticuatro horas desde la ingesta de las habas, provocando una anemia hemolítica que de no detenerse a tiempo llega a resultar fatal.

Conocer el mecanismo que explica la toxicidad de las habas no disminuye un ápice el desconcierto que nos produce descubrir que un alimento que consumimos con toda normalidad pueda resultar peligroso. La verdad es que no son pocos los productos de origen vegetal que, aun formando parte de nuestra alimentación, bajo ciertas condiciones podrían afectar negativamente a nuestra salud. La solanina contenida en los brotes de las patatas almacenadas inadecuadamente, en el tomate inmaduro o en la berenjena sin cocinar es una sustancia que puede darnos algún disgusto en forma de problemas estomacales; pero son las frutas como la manzana, el albaricoque o el melocotón las que realmente pueden poner en peligro la vida de un individuo, pues atesoran en su interior la capacidad para producir uno de los venenos más temidos y mortíferos: el cianuro.

## Cianuro sin compasión

Con los primeros rayos del amanecer, Tim Carter, acompañado por otros dos supervivientes y varios agentes del FBI, volvía a pisar la comunidad de Jonestown. El joven retornaba a su hogar en la selva sudamericana de Guyana, que había dejado por motivos laborales unas semanas antes, con una tarea que no podía ser más escalofriante: ayudar a reconocer los cadáveres de más de 900 personas, entre los que se encontraban su esposa, su hijo de dos años, sus dos hermanas y varios sobrinos. Todos ellos formaban parte del Proyecto Agrícola del Templo del Pueblo de los Discípulos de

Cristo, un movimiento religioso fundado por el pastor Jim Jones que defendía la igualdad racial y el comunismo en extraña mezcolanza con un cristianismo muy particular.

Dos días antes, el 18 de noviembre de 1978, el congresista demócrata Leo Joseph Ryan y tres periodistas habían sido acribillados a tiros cuando trataban de despegar desde una pequeña pista de aterrizaje ganada a la selva a escasos kilómetros de Jonestown. Ryan había acudido para comprobar de primera mano las denuncias contra Jim Jones, a quien se acusaba de retener a varias familias en la comunidad contra su voluntad. Después de varios días de conversación, durante los que el congresista recibió peticiones de ayuda de varias familias para abandonar Guyana, Jim Jones decidió que el político y los periodistas que lo acompañaban tampoco dejarían aquel lugar, y sus esbirros los asesinaron a tiros cuando ya estaban subidos a la avioneta. Ese mismo día, Jones decidió que todos, absolutamente todos, los habitantes de Jonestown debían llevar a cabo un acto revolucionario sin parangón que culminaría con la muerte.

Los medios de comunicación estadounidenses hablaron de un suicidio colectivo, pero Tim Carter tenía claro que aquella masacre era, en su mayor parte, un asesinato. Los 246 niños no se suicidaron, los mataron, y los pinchazos que él mismo había visto en manos, sienes, cuellos, mejillas, hombros y piernas de muchos de los adultos indicaban que el veneno se les había suministrado contra su voluntad. De entre todos los seguidores del Pueblo de los Discípulos de Cristo solo Jim Jones murió por arma de fuego, parece que disparada contra sí mismo; el resto se envenenó, o fue envenenado, con una de las sustancias más letales que conocemos...: el cianuro.

El cianuro es una de las sustancias más mortíferas de cuantas tenemos constancia y, sin embargo, la dosis que resulta letal en un adulto oscila entre los 50 y los 200 miligramos, un valor relativamente elevado si lo comparamos con otros venenos como la abrina o la ricina. Mas la letalidad del cianuro no hay que buscarla tanto en su dosis como en la extraordinaria rapidez con la que actúa: pocos minutos e incluso segundos bastan para provocar la muerte. Las plantas, como no podía ser de otro modo, han añadido los metabolitos productores de cianuro a su arsenal de defensas químicas, utilizándolos en la mayoría de las ocasiones para proteger sus preciadas semillas. Bien es cierto que no almacenan directamente el cianuro, pues esta sustancia también destruiría sus células, sino una serie de moléculas más complejas, denominadas de modo general glucósidos cianogénicos, que solo liberan el cianuro en el interior del organismo del animal que se atreve a atacarlas. Conocemos al menos 2.500 especies de plantas que utilizan los glucósidos cianogénicos para protegerse, y entre ellas se encuentran los árboles del género *Prunus* que producen frutos tan deliciosos como cerezas, albaricoques, ciruelas, almendras, manzanas o melocotones.

Como ya habremos imaginado, ningún fruto ni parte alguna de una planta estuvo involucrado en las muertes de Jonestown —allí se utilizó el cianuro potásico que se guardaba en la enfermería—, pero la intoxicación por cianuro procedente de una fuente vegetal no es en ningún modo un suceso extraordinario. Entre los años 2005 y 2009 trece niños de entre uno y nueve años fueron ingresados de urgencia en la Unidad de Cuidados Intensivos Pediátricos de la Universidad Erciyes, en la ciudad turca de Kayseri, con síntomas de envenenamiento con cianuro. Tras el pertinente lavado de estómago, en todos ellos se descubrieron restos de las semillas de varios albaricoques, en cuyo interior se encuentra el D-mandelonitrilo-beta-D-glucósido, un glucósido cianogénico conocido como amigdalina.

Hasta hace no demasiado tiempo comer una semilla de albaricoque era un acto impensable: la durísima cáscara que la protege nos obligaba a conformarnos con saborear la parte carnosa y dulce de la drupa. Solo que dentro del actual contexto de modas nutricionales que vienen y van sin un aval científico que aporte cierta seguridad, de algún modo se ha llegado a la errónea conclusión de que ingerir las semillas desnudas del albaricoque beneficia la salud. Hoy resulta sencillo adquirirlas descascarilladas y limpias: una bolsa de 500 gramos cuesta poco más de doce euros, y el gigante del comercio electrónico la pone en la puerta de casa en menos de veinticuatro horas. El principal productor es Turquía, no casualmente el país donde la mayoría de las intoxicaciones por cianuro en niños se debe a la ingesta de las semillas del albaricoque. Es posible que estas pepitas contengan minerales y vitaminas muy interesantes para la dieta (nutrientes que pueden obtenerse de igual modo de alimentos más seguros), pero de lo que no cabe ninguna duda es del riesgo que conlleva su irracional consumo.

Cuando se ingiere una semilla de albaricoque, el medio alcalino del intestino delgado induce la activación de una enzima en la propia semilla de la planta. Esta va a degradar la amigdalina que tiene almacenada, escindiéndola en glucosa, benzaldehído y en el potencialmente mortal cianuro de hidrógeno. No importa que la semilla haya sido o no masticada: en ambos casos el cianuro se libera en el intestino y pasa rápidamente a la sangre, si bien es cierto que la cantidad de tóxico y la probabilidad de envenenamiento es mayor en el primer caso. Una vez se ha distribuido por los tejidos del individuo, el cianuro penetra en las mitocondrias de la célula y se fija a una enzima llamada citocromo-oxidasa. Esta enzima participa en la respiración celular, de modo que la unión irreversible con el cianuro impide que la célula pueda usar el oxígeno, asfixiándola químicamente y, si el proceso se extiende a más células del organismo, provocando la muerte del individuo en pocos minutos.

Nuestro organismo es capaz de procesar pequeñas cantidades de cianuro sin que nos afecte —probablemente un adulto que ingiera menos de diez semillas de albaricoque no perciba ningún efecto negativo—, pero los niños y los ancianos son mucho más sensibles a este veneno entre otros motivos por la inmadurez de los mecanismos metabólicos en los primeros y por el inadecuado funcionamiento en los segundos. Los trece niños turcos intoxicados por ingerir las pepitas del albaricoque fueron tratados con un antídoto contra el cianuro y, con mayor o menor celeridad, todos ellos se recuperaron; pero no siempre los esfuerzos de los médicos dan su fruto. Tan solo un par de años después, una niña de veintiocho meses ingresaba en un hospital turco con un cuadro de intoxicación aguda por cianuro. El lavado de estómago reveló los restos de al menos diez semillas de albaricoque y, aunque fue tratada con el mismo antídoto que los otros niños, tras una lucha de veintidós días falleció.

El estúpido esnobismo nutricional de las sociedades «más avanzadas», y en muchos casos el desconocimiento del riesgo, nos conduce a consumir sin ninguna necesidad productos que conllevan más riesgos que beneficios; lo que resulta especialmente injusto cuando existen otras sociedades humanas que no pueden permitirse el lujo de renunciar a un alimento de origen vegetal que en ocasiones puede resultar letal.

La joven maestra no respondía al tratamiento y en pocas horas su presión arterial se había reducido al mínimo. Era la mayor de los tres hermanos que habían ingresado en la Unidad de Accidentes y Emergencias del Hospital Docente de la Universidad de Lagos después de una comida a base de harina de la yuca (*Manihot esculenta*). Ninguno de los tres abandonaría el hospital con vida. Eran los primeros días del año 1989. Al finalizar ese año, más de 150 personas habrían muerto en Nigeria envenenadas con cianuro debido al consumo de la yuca.

La yuca es una planta originaria de Suramérica que fue introducida en África occidental hacia finales del siglo XVI a través del comercio de esclavos, para unos siglos más tarde llegar a Asia cruzando la India. La expansión de la yuca (también conocida como mandioca o casabe) resulta si cabe más relevante sabiendo que hoy día constituye el alimento básico para 500 millones de personas, especialmente en el continente africano. Se trata de una planta perteneciente a la familia de las euforbiáceas, como el *Ricinus communis*, de porte arbustivo que, como prueba su amplia distribución, se adapta a gran variedad de climas y suelos, soporta largos periodos de sequía así como lluvias abundantes, puede crecer hasta altitudes que rondan los dos mil metros y se muestra muy resistente a la acción de plagas y a las enfermedades. Si a todas estas características que muestran su gran adaptabilidad y que hacen que su cultivo se pueda desarrollar en lugares donde otras plantas no podrían crecer unimos la presencia de una enorme cantidad de hidratos de carbono fácilmente asimilables en su raíz, nos encontramos ante el vegetal ideal para combatir la hambruna de millones de personas. Sin embargo, existe un problema con esta planta, y es que todas las variedades que se cultivan contienen glucósidos cianogénicos que el vegetal utiliza para defenderse de los herbívoros y pueden resultar mortales tanto para los humanos como para nuestros animales.

Existen dos variedades clásicas de yuca, que se denominan «dulce» y «amarga»; ambas almacenan un glucósido cianogénico llamado linamarina que, cuando es ingerido, se descompone en acetona (sustancia que el organismo elimina con facilidad) y cianuro. La diferencia entre ambas variedades es que la yuca amarga contiene cincuenta veces más cantidad de linamarina que la dulce, lo que la hace mucho más peligrosa. Debido a la menor cantidad de linamarina, la yuca dulce puede, normalmente, consumirse sin ningún tipo de procesamiento previo; algo que de ningún modo se puede evitar con la yuca amarga si queremos disminuir su toxicidad y consumirla con cierta seguridad. Los procedimientos que se emplean para minimizar el riesgo de envenenamiento con la yuca amarga son variados, pero de forma general implican el pelado, el remojado en agua, la fermentación, el secado al sol y el tostado. Cuantos más procesos se utilicen y más tiempo se invierta en ellos menor será la cantidad de linamarina activa en la raíz del vegetal. Si la yuca no ha sido detoxificada cuidadosamente, no resulta extraño que toda una familia, como la de los tres muchachos nigerianos, se envenene mortalmente. No obstante, la intoxicación aguda no es el único problema que acarrea la yuca amarga: épocas de sequía, guerra o hambruna (el 11 de febrero de 2017 fallecieron cinco miembros de la misma familia en Caracas) pueden obligar a parte de la población a un consumo continuado de yuca amarga, lo cual aumenta la probabilidad de un envenenamiento accidental a la vez que provoca intoxicaciones crónicas que, no siendo siempre mortales, afectan al desarrollo neurológico, especialmente de los niños más pequeños.

# A modo de epílogo

De ningún modo la historia del ser humano se puede entender sin la participación de las plantas, mantenemos un vínculo indisoluble con el mundo vegetal que va mucho más allá de una simple simbiosis. No se trata ya de que respiremos el mismo oxígeno que ellas exhalan, de que nos alimentemos con sus nutritivas semillas y de sus dulces frutos, o de que nos vistamos con las mismas fibras que sostienen su materialidad. Tampoco de que su sola presencia haga de este planeta un lugar habitable, donde la temperatura, la humedad y la concentración de los distintos gases parezcan estar ajustados con precisión para permitir tanto su supervivencia como la nuestra. Ni siquiera el nexo que nuestra especie mantiene con el reino de las plantas se limita a la placentera sensación —ains..., esa reconfortante sensación de estar por fin en casa— que intuimos cuando nos encontramos abrazados por el verdor de un bosque o sumergidos entre el aroma y el colorido de las flores en un jardín. El vínculo entre planta y animal autoconsciente va mucho más allá: nos conduce hasta el lugar más pequeño y recóndito donde comienza la vida: al íntimo nivel molecular. Las sustancias que sintetiza una planta actúan con precisión sobre los receptores de nuestras células, moléculas de origen vegetal que le son íntimamente familiares a las células de un animal, y que establecen, ahora sí, un vínculo, o más bien una línea de continuidad, entre planta y animal. No en vano todos los seres de este planeta formamos parte de una misma sustancia que la naturaleza se encarga de modelar.

Envanecidos por la relevancia que otorgamos a nuestras propias singularidades es posible que un ingenuo (muy ingenuo y descuidado tiene que ser) vistazo nos lleve a establecer una distancia infinita entre planta y humano. Quizás, de nuevo, pueda engañarnos la aparente simplicidad que asumimos en un vegetal; pero debemos recordar que no existe nada tan falaz como la mansedumbre de una planta. Acostumbrados a su liviana y silenciosa compañía, narcotizados por los colores y los aromas que gritan sus flores, en pocas ocasiones somos conscientes de que estamos ante los más expertos alquimistas de la naturaleza. El mundo vegetal oculta prodigiosas sustancias que pueden mitigar el dolor y el sufrimiento humano, capaces de curar enfermedades y, a la vez, arrancarnos la vida en un suspiro. Una planta puso fin a la existencia del mejor de los hombres; otra acompañó a Marco Aurelio durante sus largas meditaciones; y Freud creyó encontrar una sustancia milagrosa en la misma planta que a muchos otros ha conducido a la muerte.

En las páginas de este libro, a través de una serie de historias mínimas y empleando las moléculas químicas como imprescindible nexo, se han ido revelando solo algunos (sin duda, el conocimiento científico nos irá descubriendo otros muchos) de los secretos ocultos en el reino de flora que permiten intuir ese vínculo sólido e imperecedero que existe entre las plantas y los seres humanos.

# Fuentes bibliográficas

## 1. Plantas alucinantes


Álvarez, Y. y M. Farré (2005), «Farmacología de los opioides», *Adicciones*, 17(2): 21-40.

Barker, S. A. (2018), «N, N-Dimethyltryptamine (DMT), an endogenous hallucinogen: Past, present, and future research to determine its role and function», *Frontiers in Neuroscience*, 12, recuperado de: <https://www.frontiersin.org/articles/10.3389/fnins.2018.00536/full>.

Casselman, I., C. J. Nock, H. Wohlmuth, R. P. Weatherby, y M. Heinrich (2014), «From local to global-Fifty years of research on *Salvia divinorum*», *Journal of Ethnopharmacology*, 151: 768-783.

De Quincey, T. (2015), *Confesiones de un inglés comedor de opio*, Grandes de la Literatura, Editores Mexicanos Unidos S. A., (EMU).

Dioscórides (s. f.), *Dioscórides interactivo*, Universidad de Salamanca, recuperado de: <https://dioscorides.usal.es/>.

El-Seedi, H. R., P. De Smet, O. Beck, G. Possnert, y J. G. Bruhn, J. (2005), «Prehistoric peyote use: Alkaloid analysis and radiocarbon dating of archaeological specimens of *Lophophora* from Texas», *Journal of Ethnopharmacology*, 101: 238-242.

Jones, J. S. (2020), «Opium slavery: Civil War veterans and opiate addiction», *The Journal of the Civil War Era*, 10(2): 185-212.

Osmond, H. y C. Mayhew (1955), *The mescaline experiment*, recuperado de: <https://m.youtube.com/watch?v=Hd4rgyZzseY>.

Sakloth, F. *et al.* (2019), «Effects of acute and repeated treatment with serotonin 5-HT2A receptor agonist hallucinogens on intracranial self-stimulation in rats», *Experimental and Clinical Psychopharmacology*, 27(3): 215-226.

Schiff, P. L. (2002), «Opium and its alkaloids», *American Journal of Pharmaceutical Education*, 66: 186-194.

Slotkin, T. A. (1999), «Mary Bernheim and the discovery of monoamine oxidase», *Brain Research Bulletin*, 50(5/6): 373.

Snyder, S. H. (1994), *Drogas y cerebro*, Barcelona: Prensa Científica, S.A.

## 2. Al borde de un ataque de nervios

Anft, B. (1955), «Friedlieb Ferdinand Runge: A forgotten chemist of the nineteenth century», *Journal of Chemical Education*, 32(11): 566-574.

Armijos Vásquez, V., L. C. García Cruzatty, J. Castro Olaya, y M. Martínez, (2020), «Insectos polinizadores en sistemas de producción de Theobroma cacao L. En la zona central del litoral ecuatoriano», *Cienc. Tecn. UTEQ*, 13(2): 23-30.

Cartmell, L. W., A. Aufderhide, y C. Weems (1991), «Cocaine metabolites in pre-Columbian mummy hair», *J Okla State Med Assoc*, 84(1): 11-12.

Dagnino, J. S. (2011), «Los cirujanos y la cocaína», *Rev. Chil. Anest.*, 40: 176-186.

Denoeud, F. *et al.* (2014), «The coffee genome provides insight into the convergent evolution of caffeine biosynthesis», *Science*, 345(6201): 1181-1184.

Díaz del Castillo, B. (2016), *Historia verdadera de la conquista de la Nueva España*, Madrid, Alianza Editorial.

Fredholm, B. B. (2011), *Methylxanthines.* Handbook of Experimental Pharmacology 200, Berlín, Springer.

Ghorbani, A. *et al.* (2018), «Botanical and floristic composition of the Historical Herbarium of Leonhard Rauwolf collected in the Near East (1573-1575)», *TAXON*, 67(3): 565-580.

Henderson, J. S., R. S. Joyce, y P. E. McGovern (2007), «Chemical and archaeological evidence for the earliest cacao beverages», *PNAS*, 104(48): 18937-18940.

Herde, S y T. Walter (2010), «Neues zur Biographie des Augsburger Arztes und Orientreisenden Leonhard Rauwolf (1535-1596)», *Sudhoffs Archiv,* 94(2): 129-156.

Hernández-Palestina, M. S. (2016), «El cáncer laríngeo del príncipe heredero Federico de Alemania», *An. Orl. Mex.,* 61(3): 231-236.

International Cocoa Organization (2022), «Production of cocoa beans», *ICCO Quarterly Bulletin of Cocoa Statistics,* XLVIII (4), recuperado de: <https://www.icco.org/november-2022-quarterly-bulletin-of-cocoa-statistics/>.

Johnston, J. J. (2005), «Evaluation of cocoa -and coffee- derived methylxanthines as toxicants for the control of pest coyotes», *Journal of Agricultural and Food Chemistry,* 53: 4069-4075.

Lee, Y., S. J. Moon, y C. Montell (2009), «Multiple gustatory receptors required for the caffeine response in *Drosophila*», *PNAS,* 106(11): 4495-4500.

López-Munguía Canales, A. (2011), «El chocolate: un arsenal de sustancias químicas», *Revista Digital Universitaria* (UNAM), 12(4), recuperado de: <http://www.repositoriogeneral.unam.mx/app/webroot/digitalResourcesFiles/438/978_2015-11-05_131858.292999/el_chocolate_un_arsenal_de_sustancias_quimicas.pdf>.

Moratalla, R. (2008), «Neurobiología de las metilxantinas», *Trastornos Adictivos,* 10(3): 201-207.

Nehlig, A. (2013), «Cocoa flavanol and cognition», *Br J Clin Pharmacol,* 75: 716-727.

Pardo-Lozano, R., Y. Álvarez-García, D. Barral-Tafalla, y M. Farré-Albaladejo, (2007), «Cafeína: un nutriente, un fármaco, o una droga de abuso», *Adicciones,* 19(3): 225-238.

Pastor, R., J. J. Llopis, y A. Baquero (2003), «Interacciones y consecuencias del consumo combinado de alcohol y cocaína: una actualización sobre el cocaetileno», *Adicciones,* 15(2): 159-164.

Rojas-Jara, C. (2018), «Los escritos de Freud sobre la cocaína (1884-1887): sujeto, objeto y contexto», *Revista de Psicología,* 27(2): 1-7.

Rodrigues-Silva, N. (2013), *Chocolate: Psychopharmacological Aspect, Mood, and Addiction,* en V. R. Watson, R. R. Preedy y S. Zibadi, «Chocolate in Health and Nutrition», *Humana Press,* Springer Science.

Smith, D. (2008), «Hail Mariani: The transformation of Vin Mariani from medicine to food in American culture, 1886-1910», *Social History of Alcohol and Drugs*, 23(1): 42-57.

STOLBERG, V. B. (2011), «The use of coca: Prehistory, history, and ethnography», *Journal of Ethnicity in Substance Abuse*, 10: 126-146.

TUNICK, M. H. y J. A. NASSER (2019), *The chemistry of chocolate and pleasure*, en Cuthrie *et al. Sex, Smoke, and Spirits: The role of Chemistry*, Washington, American Chemical Society.

VESPUCIO, A. (1504), *Carta a Pier Soderini.* En Roberto Levillier (1948), *América la bien llamada. Volumen I*, Buenos Aires, Imp. Guillermo Kraft.

VOLKOW, N. D. (2010), «Cocaína: Abuso y adicción- Reporte de investigación», *National Institute on Drugs Abuse.*

WRIGHT, G. A. *et al.* (2013), «Caffeine in floral nectar enhances a pollinator's memory of reward», *Science*, 339: 1202-1204.

ZHAO, Y., J. H. WANG, X. Y. YANG y G. H. DU, (2018), «Cocaine», en *Natural small molecule drugs from plants*, 221-225, Singapur: Springer.

## 3. LAS DOS CARAS DE UNA PLANTA

ALSEDO, Q. (2014), «"Caso estramonio": la droga y no el calor mató a los dos jóvenes de la rave», *El Mundo*, recuperado de: <https://www.elmundo.es/madrid/2014/09/23/54207ea422601dc7778b4599.html>.

BEVERLEY, R. (1705), *The history and present state of Virginia, in four parts.* R. Parker, at the Unicorn, under the Piazza's of the Royal-Exchange: Londres, Electronic Edition, recuperado de: <https://docsouth.unc.edu/southlit/beverley/beverley.html>.

CHEN, K. K. y C. F. SCHMIDT (1924), «The action of ephedrine, the active principle of Chinese drug *ma huang*», *Journal of Pharmacology and Experimental Therapeutics*, 24(5): 339-357.

CID-BOURIÉ, B. y C. FERNÁNDEZ-MORIANO (2020), «Cannabis y cannabinoides: perspectiva actual de uso terapéutico», *Panorama Actual del Medicamento*, 44(431): 158-177.

DEVANE, W. A. *et al.* (1992), «Isolation and structure of a brain constituent that binds to the Cannabinoid Receptor», *Science*, 258: 1946-1949.

Elena-González, A., A. Goicoechea-Mateo, A. C. Gimeno-Villa, G. Fernández-Calleja y E. Vieira-Lista (2020), «Sumisión química con escopolamina, a propósito de un brote de tres casos», *Rev. Toxicol.*, 37: 98-100.

Flores-Soto, M. E. y J. E. Segura-Torres (2005), «Estructura y función de los receptores acetilcolina de tipo muscarínico y nicotínico», *Rev. Mex. Neuroci.*, 6(4): 315-326.

Gaire, B. P. y L. Subedi (2013), «A review on the pharmacological and toxicological aspects of *Datura stramonium L*», *Journal of Integrative Medicine*; 11(2): 73-79.

Gautier, T. (2013), *El club de los hachisinos*, Barcelona, Colección La Licorne, Sd edicions.

Gray, J. (2013), *"Birmingham's axe wielding fiends": A bloody, forgotten chapter of city history*, recuperado de: <https://www.al.com/spotnews/2013/02/birminghams_axe_wielding_fiend.html>.

Hanus, L. O. (2007), «Discovery and isolation of anandamide and other endocannabinoids», *Chemistry and Biodiversity*, 4: 1828-1841.

Heródoto (2012), *Historias. Libros I-IV*, edición de Antonio González Caballo, Madrid, Akal/clásica.

Lee, M. R. (2011), «The history of *Ephedra* (ma-huang)», *J R Coll Physicians Edinb*, 41: 78-84.

MacGillivray, N. (2017), «Sir William Brooke O'Shaughnessy (1808-1889), MD, FRS, LRCS ed: Chemical pathologist, pharmacologist, and pioneer in electric telegraphy», *Journal of Medical Biography*, 25(3): 186-196.

Oliver, G. y E. A. Schäfer (1895), «The physiological effects of extracts of suprarenal capsules», *J. Physiol.*, 18(3): 230-276.

O'Shaughnessy, W. B. (1843), «On the preparations of the Indian hemp, or *gunjah* (*Cannabis indica*)», *Provincial Medical Journal. And Retrospect of the Medical Sciences*, 123: 363-369.

Pérez, F. (2016), «Jokichi Takamine. Historia de la endocrinología», *Rev. Chil. Endocrinol. Diabetes*, 9(1): 29.

Pointeau-Lagadec, E. (2020), *Le Club des hachichins. Du mythe à la réalité*, París, Éditions Le Manuscrit.

Rasmussen, N. (2011), «Medical Science and the Military: The Allies use amphetamine during World War II», *Journal of Interdisciplinary History*; XLII (2): 205-233.

Snyder, S. H. (1994), *Drogas y cerebro*, Barcelona, Biblioteca Scientific American.

Thompson, T. y T. B. Erickson (2007), «An anticholinergic celebration of Jamestown's 400$^{th}$ Anniversary», *American Academy of Clinical Toxicology*, 17(2): 2.

Tranca, S. D., R. Szabo, y M. Cocis (2017), «Acute poisoning due to ingestion of *Datura stramonium* – a case report», *Rom. J. Anaesth. Intensive Care*, 24(1): 65-68.

Ullrich, S. F., H. Hagels y O. Kayser (2017), «Scopolamine: a journey from the fields to clinics», *Phytochemistry Reviews*, 16: 333-353.

Winter, A. (2005), «The making of "Truth Serum"», *Bulletin of the History of Medicine*, 79(3): 500-533.

## 4. Semillas viajeras

Aspergum. (1961), «State Board Examinations», *American Journal of Nursing*, 61(10): 135-137.

Achan, J. *et al.* (2011), «Quinine, an old anti-malarial drug in a modern world: role in the treatment of malaria», *Malaria Journal*; 10(144), recuperado de: <https://malariajournal.biomedcentral.com/articles/10.1186/1475-2875-10-144>.

Baeza, C. (2018), *El origen maya del chicle*, BBVA, recuperado de: <https://www.bbva.com/es/origen-maya-del-chicle/>.

Banakar, M. *et al.* (2022), «Chewing gums as a drug delivery approach for oral health», *International Journal of Dentistry*, recuperado de: <https://www.ncbi.nlm.nih.gov/pmc/articles/PMC9236808/>.

Cariñanos, P., S. Ruiz-Peñuela, A. M. Valle y C. Díaz de la Guardia (2020), «Assessing pollination disservices of urban street-trees: The case of London-plane tree (*Platanus × hispanica* Mill. ex Münchh)», *Science of the Total Environment*, 737, recuperado de: <https://www.sciencedirect.com/science/article/abs/pii/S0048969720332423>.

Connolly, K. (2010), «Chew for IQ: pupils go in gums blazing», *The Sidney Morning Herald*, recuperado de: <https://www.smh.com.au/lifestyle/chew-for-iq-pupils-go-in-gums-blazing-20101203-18jvc.html>.

Dioscórides (s. f), *Dioscórides interactivo*, Universidad de Salamanca, recuperado de: <https://dioscorides.usal.es/>.

González Bueno, A. (2011), *Mitos y leyendas en torno al descubrimiento de la utilidad terapéutica de las quinas.* En A. M. Villar del Fresno y A. L. Doadrio, (eds.), *Homenaje a D. César González Gómez,* «Las quinas»: 37-49, Madrid, Real Academia de Farmacia.

González-Jara, D. (2016), *Bacterias, bichos y otros amigos,* Barcelona, Ariel.

Gorgas, W. C. (1906), «Malaria in the tropics. Annual Meeting of the American Society of Tropical Medicine», *J Amer Med Assoc,* 46: 1416-1417.

Hasegawa, G. R. (2007), «Quinine substitutes in the Confederate Army», *Military Medicine,* 172(6): 650-655.

Huamán, L., J. Albán, y E. Chilquillo (2019), «Aspectos taxonómicos y avances en el conocimiento del estado actual del árbol de la quina (*Cinchona officinalis* L.) en el norte de Perú», *Ecología Aplicada,* 18(2): 145-153.

Ibrahim, M. A. *et al.* (2009), «Methicillin-resistant *Staphylococcus aureus* (MRSA)-active metabolites from *Platanus occidentalis* (American sycamore)», *J. Nat. Prod.,* 72: 2141-2144.

Luo, J., M. Xia, y C. Zhang (2022), «The effects of chewing gum on reducing anxiety and stress: A meta-analysis of randomized controlled trials», *Journal of Healthcare Engineering,* recuperado de: <https://www.hindawi.com/journals/jhe/2022/8606693/>.

Margetson y Medlock (1861), «Pitt's patent tonic water», The Lancet general advertiser, *The Lancet,*17 de agosto.

Marques de Oliveira, A. R. y D. Szczerbowski (2009), «Quinina: 470 anos de história, controvérsias e desenvolvimento», *Quim. Nova,* 32(7): 1971-1974.

Meyer, C. G., F. Marks y M. Jürgen (2004), «Gin tonic revisited», *Tropical Medicine and International Health,* 9(12): 1239-1240.

Organización Mundial de la Salud (OMS), (2021), Informe mundial de malaria 2021, recuperado de: <https://cdn.who.int/media/docs/default-source/malaria/world-malaria-reports/world-malaria-report-2021-global-briefing-kit-spa.pdf?sfvrsn=8e5e915_23&download=true>.

Popek, R. *et al.* (2013), «Particulate matter on foliage of 13 woody species: deposition on surfaces and phytostabilisation in waxes – A 3-year study», *International Journal of Phytoremediation,* 15: 245-256.

Ribeiro, J., V. Silva, A. Aires, R. Carvalho, G. Igrejas, y P. Poeta (2021), «Antimicrobial activity of phenolic compounds extracted from *Platanus hybrida*: Exploring alternative therapies for a post-antibiotic era», *Proceedings*, 66(18), recuperado de: <https://www.mdpi.com/2504-3900/66/1/18>.

Shanks, G. D. (2016), «Historical review: Problematic malaria prophylaxis with quinine», *Am. J. Trop. Med. Hyg.*, 95(2): 269-272.

Smith, A. P. y M. Woods (2012), «Effects of chewing gum on the stress and work of university students», *Appetite*, 58(3): 1037-1040.

Streisand, B. (1963), «Interview Seventeen», *Barbra Streisand Archives*, recuperado de: <http://barbra-archives.com/bjs_library/60s/seventeen_showstopper.html>.

Toy, R. J. (1999), «Malaria in American troops in the south and southwest Pacific in World War II», *Medical History*, 43: 192-207.

Verdier, M. C., D. Bentué-Ferrery O. Tribut (2011), «Suivi thérapeutique pharmacologique de la quinine», *Thérapie*, 66(6): 507-516.

Williams, D. R. (s. f.), *The "Moon Trees"*, NASA Goddard Space Flight Center, recuperado de: <https://nssdc.gsfc.nasa.gov/planetary/lunar/moon_tree.html>.

## 5. En pie de guerra

Anthos. (s. f.), *Salix L.* Sistema de información sobre las plantas de España, recuperado de: <http://www.floraiberica.es/floraiberica/texto/pdfs/03_070_02_salix.pdf>.

Alaey, M., M. Babalar, R. Naderi, y M. Kafi (2011), «Effect of pre- and postharvest salicylic acid treatment on physio-chemical attributes in relation to vase-life of rose cut flowers», *Postharvest Biology and Technology*, 61(1): 91-94.

Bukowska, B. y P. Sicinska, (2021), «Influence of Benzo(a)pyrene on different epigenetic processes», *Int. J. Mol. Sci.*, 22, recuperado de: <https://www.mdpi.com/1422-0067/22/24/13453#B1-ijms-22-13453>.

Dooley, J. F. (2016), *Codes, ciphers and spies. Tales of Military Intelligence in World War I*, Illinois, Springer Nature.

FENG, L., H. XIN-LONG, R. CULLETON, y C. JUN (2019), «A brief history of artemisinin: Modes of action and mechanisms of resistance», *Chinese Journal of Natural Medicines,* 17(5): 331-336.

FENG, X., S. CAO, F. QIU y B. ZHANG (2020), *Pharmacology and Therapeutics,* recuperado de: <https://doi.org/10.1016/j.pharmthera.2020.107650>.

FUSTER, V. y J. M. SWEENY (2011), «Aspirin. A historical and contemporary therapeutic overview», *Circulation,* 123: 768-778.

GARVAN, P. F. (1919), «Industrial Germany. Her methods and their defeat», *The Journal of Industrial and Engineering Chemistry,* 11(6): 574-578.

GULERIA, I. *et al.* (2022), «A review on the genus *Populus*: a potential source of biologically active compounds», *Phytochem Rev,* 21: 987-1046.

HARDY, K. *et al.* (2012), «Neanderthal medics? Evidence for food, cooking, and medicinal plants entrapped in dental calculus», *Naturwissenschaften,* 99(8): 617-626.

KURZROK, R. y C. C. LIEB (1930), «Biochemical studies of human semen. II. The action of semen on the human uterus», *Exp. Biol. Med.,* 28: 268-272.

LUCKHURST, T. (2019), «The DMZ "gardening job" that almost sparked a war». BBC News, recuperado de: <https://www.bbc.com/news/world-asia-49394758>.

MA, N., Z. ZHANG, F. LIAO, T. JIANG y T. YOUYOU (2020), «The birth of artemisinin», *Pharmacology and Therapeutics,* recuperado de: <https://www.sciencedirect.com/science/article/abs/pii/S0163725820301881?via%3Dihub>.

RASKIN, I. (1992), «Role of salicylic acid in plants», *Annu. Rev. Plant Physiol. Plant Mol. Biol.,* 43: 439-463.

ROSAS, A. *et al.* (2015), «Paleoanthropological research of the neandertal fossils from El Sidrón (Asturias, Spain)», *Cuaternario y Geomorfología,* 29(3-4): 77-94.

*Artemisia annua.* Plants of the World Online, recuperado de: <https://powo.science.kew.org/taxon/urn:lsid:ipni.org:names:304416-2/general-information>.

STONE, E. (1763), *Letter XXII. An account of the success of the bark of the willow in the cure of agues. In a letter to the Right Honourable George Earl of Macclesfield, President of R. S. from the Rev. Mr. Edward Stone, of Chipping-Norton in Oxfordshire,* The Royal Society, recuperado de: <https://royalsocietypublishing.org/doi/10.1098/rstl.1763.0033>.

UN Korean War Allies Association (1976), *Axe-wielding murder at Panmunjom*, E-Asia, University of Oregon Libraries.

Turkovskaya, O. y A. Muratova (2019), «Plant-bacterial degradation of polyaromatic hydrocarbons in the rhizosphere», *Trends in Biotechnology*, 37(9): 926-930.

Weyrich, L. S. *et al.* (2017), «Neanderthal behaviour, diet, and disease inferred from ancient DNA in dental calculus», *Nature*, 544: 357-361.

Youyou, T. (2016), «Artemisinin. A gift from Traditional Chinese Medicine to the world (Nobel lecture)», *Angew. Chem. Int. Ed.*, 55: 2-19.

Yusuf, M. *et al.* (2013), *Salicylic Acid: Physiological roles in plants*, en S. Hayaty M. Alyemeni, *Salicylic Acid. Plant growth and development*, Londres, Springer.

## 6. Plantas que salvan vidas

Akram, M. *et al.* (2012), «*Colchicum autumnale*: A review», *Journal of Medicinal Plants Research*, 6(8): 1489-1491.

Alqahtani, F. Y. *et al.* (2019), «Paclitaxel», *Profiles of Drug Substances, Excipients, and related Methodology*, 44: 206-238.

Behera, A. y S. Padhi (2020), «Passive and active targeting strategies for the delivery of the camptothecin anticancer drug: a review», *Environmental Chemistry Letters*, 18: 1557-1567.

César (2020), *Comentarios a la Guerra de las Galias*, Madrid, Alianza Editorial.

Fairmont State University (2022), *Fairmont State announces M. M. Neely Persuasive Speaking Contest winners*, recuperado de: <https://www.fairmontstate.edu/news/category/tags/matthew-mansfield-neely>.

Finch, S. C. (2007), «Radiation-induced leukemia: Lessons from history», *Best Practice and Research Clinical Haematology*, 20(1): 109-118.

Foumani, E. A., S. IRANI, Y. Shokoohinia y A. Mostafaie (2022), «Colchicine of *Colchicum autumnale*. A traditional anti-inflammatory medicine, induces apoptosis by activation of apoptotic genes and proteins expression in human breast (MCF-7) and mouse breast (4T1) cells lines», *Cell J*, 24(11): 647-656.

González-Jara, D. (2018), *El reino ignorado. Una sorprendente visión del mundo de las plantas*, Barcelona, Ariel.

Guerram, M., Z. Z. Jiang y L. Y. Zhang (2012), «Podophyllotoxin, a medical agent of plant origin: past, present, and future», *Chinese Journal of Natural Medicines*, 10(3): 161-169.

Kantarjian, H. M. *et al.* (2001), «Homoharringtonine: history, current research, and future direction», *Cancer*, 92(6): 1591-1605.

Ke, Y. *et al.* (2019), «Photosynthesized gold nanoparticles from *Catharanthus roseus* induces caspase-mediated apoptosis in cervical cancer cells (HeLa)», *Artificial Cells, Nanomedicine, and Biotechnology*, 47: 1938-1946.

Mukherjee, S. (2014), *El emperador de todos los males: Una biografía del cáncer*, Barcelona, Debate.

Mukunthan, K. S., E. K. Elumalai, N. P. Trupti, y V. R. Murty (2011), «*Catharanthus roseus*: a natural source for the synthesis of silver nanoparticles», *Asian Pacific Journal of Tropical Biomedicine*, 1: 270-274.

NIH (s. f.), *Vinblastine*, National Library of Medicine, National Center for Biotechnology Information, recuperado de: <https://pubchem.ncbi.nlm.nih.gov/compound/Vinblastine>.

NIH (s. f.), *Vincristine*, National Library of Medicine. National Center for Biotechnology Information, recuperado de: <https://pubchem.ncbi.nlm.nih.gov/compound/5978>.

Nowell, P. C. (2007), «Discovery of the Philadelphia chromosome: a personal perspective», *J Clin Invest*, 117(8): 2033-2035.

Sociedad Española de Oncología Médica (SEOM) (2022), *Las cifras del cáncer en España 2022*, recuperado de: <https://seom.org/images/LAS_CIFRAS_DEL_CANCER_EN_ESPANA_2022.pdf>.

Sinkule, J. A. (1984), «Etoposide: a semisynthetic epipodophyllotoxin. Chemistry, pharmacology, pharmacokinetics, adverse effects and use as an antineoplastic agent», *Pharmacotherapy*, 4(2): 61-73.

Skloot, R. (2012), *La vida inmortal de Henrietta Lacks*, Barcelona, Temas de Hoy.

Strebhardt, K. y A. Ullrich (2008), «Paul Ehrlich's magic bullet concept: 100 years of progress», *Nature Reviews Cancer*, 8: 473-480.

Thuy-Pham, H. N., Q. Van Vuong, M. C. Bowyr y C. J. Scarlett (2020), «Phytochemicals derivated from *Catharanthus roseus* and their health benefits», *Technologies*, 8(4), recuperado de: <https://www.mdpi.com/2227-7080/8/4/80>.

West Virginia Archives and History (s. f.), *Matthew Mansfield Neely*, recuperado de: <https://web.archive.org/web/20070929131841/>; <http:/www.wvculture.org/history/neely.html>.

Winship Cancer Institute (2019), *Cancer Quest: Leukemia*, recuperado de: <https://www.cancerquest.org/patients/cancer-type/leukemia>.

Wright, J. R. (2002), «Almost famous: E. Clark Noble, the common thread in the discovery of insulin and vinblastine», *CMAJ*, 167(12): 1391-1396.

## 7. Tóxicos y adictivos

Bachinger, E., M. McKee y A. Gilmore (2008), «Tobacco policies in Nazi Germany: not as simple as it seems», *Public Health*, 122(5): 497-505.

Berger, J. y T. DeGolier (2008), «Pharmacological effects of the aqueous extract of *Caulophyllum thalictroides* (blue cohosh) on isolated *Mus musculus uteri*», *BIOS*, 79(3): 103-114.

Borges, R. y G. A. García (2021), «One hundred years from Otto Loewi experiment, a dream that revolutionized our view of neurotransmission», *European Journal of Physiology*, 473: 977-981.

Boskabadi, J. *et al.* (2021), «Mild-to-severe poisoning due to *Conium maculatum* as toxic herb: A case series», *Clinical Case Reports*, 9:e04509 recuperado de: <https://doi. org/10.1002/ccr3.4509>.

Courtney, R. *et al.* (2021), «Effect of cytisine vs varenicline on smoking cessation: A randomized clinical trial», *JAMA*, 326(1): 56-64.

Diaz, J. H. (2016), «Poisoning by herbs and plants: rapid toxidromic classification and diagnosis», *Wilderness and Environmental Medicine*, 27: 136-152.

Dioscórides (s. f.), *Dioscórides interactivo*, Universidad de Salamanca, recuperado de: <https://dioscorides.usal.es/>.

European Commision (s. f.), «Neonicotinoides», *Seguridad alimenticia,* recuperado de: <https://ec.europa.eu/food/plants/pesticides/approval-active-substances/renewal-approval/neonicotinoids_en>.

Farah-Saeed, M. A. y M. A. Syed (2018), «*Conium maculatum*: A review», *Journal of Pharmacognosy and Phytochemistry,* 7(5): 621-629.

Jiménez, L. *et al.* (2004), «La nicotina como droga», *Adicciones,* 16(2): 143-153.

Micheli, A. (2015), «El tabaco a la luz de la historia y la medicina», *Archivos de Cardiología de México,* 85(4): 318-332.

Mondal, J., A. K. Panigrahi y A. R. Khuda-Bukhsh (2014), «Anticancer potential of *Conium maculatum* extract against cancer cells *in vitro*: Drug-DNA interaction and its ability to induce apoptosis through ROS generation», *Pharmacognosy Magazine,* 10 (Suppl 3), recuperado de: <https://www.ncbi.nlm.nih.gov/pmc/articles/PMC4189268/>.

Musshoff, F. y B. Madea (2009), «Fatal cytisine intoxication and analysis of biological samples with LC-MS/MS», *Forensic Science International, ELSEVIER,* 186: e1-e4.

Romm, A. (2009), «Blue Cohosh: History, science, safety, and midwife prescribing of a potentially fetotoxic herb», *Yale Medicine Thesis Digital Library,* 88, recuperado de: <http://elischolar.library.yale.edu/ymtdl/88>.

Tutka, P., D. Vinnikov, R. J. Courtney y N. L. Benowitz (2019), «Cytisine for nicotine addiction treatment: a review of pharmacology, therapeutics and an update of clinical trial evidence for smoking cessation», *Addiction,* 114: 1951-1969.

## 8. Flores que llegan al corazón

Anthos (s. f.), *Nerium* L. *Sistema de Información sobre las plantas de España,* recuperado de: <http://www.floraiberica.es/floraiberica/texto/pdfs/11_131_01_Nerium.pdf>.

Bandara, V., S. A. Weinstein, J. White y M. Eddleston (2010), «A review of the natural history, toxinology, diagnosis and clinical management of *Nerium oleander* (common oleander) and *Thevetia peruviana* (yellow oleander) poisoning», *Toxicon,* 56: 273-281.

Eddleston, M. *et al.* (1999), «Epidemic of self-poisoning with seeds of the yellow oleander tree (*Thevetia peruviana*) in northern Sri Lanka», *Tropical Medicine and International Health*, 4(4): 266-273.

Estrabón (2003), *Geografía, Libros XI-XIV*, Madrid, Gredos.

Farkhondeh, T., M. Kianmehr, T. Kazemi, S. Samarghandian y M. R. Khazdair, (2020), «Toxicity effects of *Nerium oleander*, basic and clinical evidence: A comprehensive review», *Human and Experimental Toxicology*, 39(6): 773-784.

González-Pérez, P. *et al.* (2003), «La digoxina, hoy», *Información Terapéutica del Sistema Nacional de Salud*, 27(4): 115-123.

Gorman, G. (1991), «Science undermines oleander murder case: Inquiry: A prosecutor's doubts about his evidence and a gamble by the defense led to the dismissal of poisoning charges», *Los Angeles Times*, recuperado de: <https://www.latimes.com/archives/la-xpm-1991-04-09-me-223-story.html>.

Jansen, S. A. *et al.* (2012), «Grayanotoxin poisoning: "Mad honey disease" and beyond», *Cardiovascular Toxicology*, 12: 208-215.

Jauhari, A. C. *et al.* (2009), «Nearly fatal wild honey intoxication. A case report of seven cases», *Journal of Clinical and Diagnostic Research*, 3: 1685-1689.

Jenofonte (2014), *Anábasis. La expedición de los Diez Mil*, Barcelona, Juventud.

Kidambi, S. y M. Massad (2014), «On van Gogh and the foxglove plant», *Cardiology*, 127: 164-166.

Koca, I. y A. F. Koca (2007), «Poisoning by mad honey: A brief review», *Food and Chemical Toxicology*, 45: 1315-1318.

Krikler, D. M. (1985), «The Foxglove, "The old woman from Shropshire" and William Withering», *JACC*, 5(5): 3A-9A.

Lee, T. C. (1981), «Van Gogh's vision. Digitalis intoxication?», *JAMA*, 245(7): 727-729.

Li, S. *et al.* (2022), «An insight into current advances on pharmacology, pharmacokinetics, toxicity and detoxification of aconitine», *Biomedicine and Pharmacotherapy*, 151, recuperado de: <https://pubmed.ncbi.nlm.nih.gov/35605296/>.

Narahashi, T. (2008), «Tetrodotoxin. A brief history», *Proc. Jpn. Acad.Ser. B*, 84: 147-154.

Nyirimigabo, E. *et al.* (2014), «A review on phytochemistry, pharmacology and toxicology studies of *Aconitum*», *Journal of Pharmacy and Pharmacology*, 67: 1-19.

Ohno, Y. (1998), «The experimental approach to the murder case of aconite poisoning», *J. Toxicol. Toxin Reviews*; 17(1): 1-11.

Öztasa, N., K. Altinkaynak, F. Akcay, F. Göcer y S. Dane (2005), «Effects of mad honey on blood glucose and lipid levels in rats streptozocin-induced diabetes», *Turkish Journal of Veterinary and Animal Sciences*, 29(5): 1093-1096.

Piccalo, G. (2005), «Fatal lies», *Los Angeles Times*, recuperado de: <https://www.latimes.com/archives/la-xpm-2005-mar-09-et-angelina9-story.html>.

Rana, S., S. Singh, y A. S. Bisht (2022), *Digitalis purpurea L: An overview on important medicinal plant*, en W. Hasan *et al.*, *Advances in Agriculture for doublings farmers' Income*, «Chapter 17»: 190-194.

Tatli, O. (2017), «The Black Sea's poison; Mad honey», *J Anal Res Clin Med*, 5(1): 1-3.

Thorson, J. y P. A. Öberg (2003), «Was there a suicide epidemic after Goethe's *Werther*?», *Archives of Suicide Research*, 7: 69-72.

Weisse, A. B. (2010), «A fond farewell to the foxglove? The decline in the use of digitalis», *Journal of Cardiac Failure*, 16(1): 45-48.

Widger, T. (2014), «Reading Sri Lanka's suicide rate», *Modern Asian Studies*, 48(3): 791-825.

Yan, R., L. Li, y G. H. Du (2018), *Aconitine*, en G. H. Du, *Natural Small Molecule Drugs from Plants*; 1: 349-352.

Zhou, W. *et al.* (2021), «Cardiac efficacy and toxicity of aconitine: A new frontier for the ancient poison», *Medicinal Research Reviews*, 41: 1798-1811.

Ziff, O. J. y D. Kotecha (2016), «Digoxin: The Good and the bad», *Trends in Cardiovascular Medicine*, 26(7): 585-595.

## 9. El fruto prohibido

Barnhart, J. H. (1942), «Banckes's herbal», *Science*, 95(2455): 72-73.

Blue, L. M. *et al.* (2011), «Manchineel dermatitis in North American students in the Caribbean», *Journal of Travel Medicine*, 18(6): 422-424.

Boateng, I. D. y X. M. Yang (2022), «*Ginkgo biloba* L. seed; A comprehensive review of bioactives, toxicants, and processing effects», *Industrial Crops and Products*, 176, recuperado de: <https://www.sciencedirect.com/science/article/abs/pii/S0926669021010463>.

Botha, C. J. y M. P. Penrith (2008), «Poisonous plants of veterinary and human importance in southern Africa», *Journal of Ethnopharmacology*, 119: 549-558.

Boucaud-Maitre, D. *et al.* (2019), «Severity of manchineel fruit (*Hippomane mancinella*) poisoning: a retrospective case series of 97 patients from French Poison Control Centers», *Toxicon*, 161: 28-32.

Buchanan, G. (1827), *The History of Scotland*, vol. I, Edimburgo: Blackie, Fullarton and Co, recuperado de: <https://ia802909.us.archive.org/2/items/historyofscotla01buch/historyofscotla01buch.pdf>.

Center for Disease Control and Prevention (2022), *Parasites. African Trypanosomiasis*, recuperado de: <https://www.cdc.gov/parasites/sleepingsickness/index.html>.

Cheng, S. y J. R. McBride (2006), «Restoration of the urban forest of Tokyo and Hiroshima following World War II», *Urban Forestry and Urban Greening*, 5: 155-168.

Gaillard, Y. *et al.* (2011), «Fatal intoxication due to ackee (*Blighia sapida*) in Suriname and French Guyana. GC-MS detection and quantification of hypoglycin-A», *Forensic Science International*, 206: 103-107.

Gerarde, J. (1597), *The Herball or Generall Historie of Plantes*, recuperado de: <http://www.biolib.de/gerarde/gerarde_herball.pdf>.

Guo, R. *et al.* (2018), «Botany, phytochemistry, pharmacology and toxicity of *Strychnos nux-vomica* L.: A review», *The American Journal of Chinese Medicine*, 46(1): 1-23.

Haro, L. *et al.* (2005), «Poisoning by *Coriaria myrtifolia Linnaeus*: a new case report and review of the literature», *Toxicon*, 46: 600-603.

Hersey, J. (2021), *Hiroshima*, Barcelona, Penguin Random House.

Lee, M. R. (2007), «*Solanaceae* IV: *Atropa belladonna*, Deadly Nightshade», *J R Coll Physicians Edind*, 37: 77-84.

Leistner, E. y C. Drewke (2010), «*Ginkgo biloba* and ginkgotoxin», *J. Nat. Prod.*, 73: 86-92.

McLendon, K. y C. V. Preuss (2022), «Atropine. *NIH. StatPearls*

*Publishing*», recuperado de: <https://www.ncbi.nlm.nih.gov/books/NBK470551/>.

Minors, E. H. (1948), «Five cases of *belladonna* poisoning», *British Medical Journal*, sept. 11: 518-519.

Moyal, P. (1985), «Des cas d'intoxication mortelle par l'arille du fruit de *Blighia sapida* en Côte D'Ivoire», *Bulletin d'Ethnomédecine*, 33: 67-73.

Oloruntola, D. A., E. O. Dada y M. K. Oladunmoye (2021), «The *in vitro* antitrypanosomal activity of *Albizia gummifera* leaf extracts», *Open Vets.*, 2: 33-39.

Shakespeare, W. (2015), *Romeo y Julieta*, Barcelona, Austral.

— (2012), *El sueño de una noche de verano*, Madrid, Cátedra.

Singh, B. *et al.* (2008), «Biology and chemistry of *Ginkgo biloba*», *Fitoterapia*; 79: 401-418.

Sinmisola, A. y O. M. Bello (2019), «A review on *Blighia sapida* K.D. Koening (syn. *Cupania sapida* Voigt.)'s: Its economic importance, phytochemistry and pharmacological activity: Channeling these claims for the present and future», *Journal of Ethnopharmacology*, 235(80), recuperado de: <https://www.researcher-app.com/paper/2244909>.

Tabor, E. (1970), «Plant poisons in Shakespeare», *Economic Botany*, 24(1): 81-94.

UNITAR (United Nations Institute for Training and Research) (2011), *Database of Hibaku Jumoku – Atomic-Bombed Trees of Hiroshima*, recuperado de: <https://unitar.org/sites/default/files/GLH%20-%20A-bombed%20Trees%20Database%20-%20Sept.%202011.pdf>.

## 10. Las semillas del diablo

Akintonwa, A. y O. L. Tunwashe (1992), «Fatal cyanide poisoning from cassava-based meal», *Human and Experimental Toxicology*, 11: 47-49.

Akyildiz, B. N., S. Kurtoglu, M. Kondolot y A. Tunc (2010), «Cyanide poisoning caused by ingestion of apricot seeds», *Annals of Tropical Paediatrics*, 30(1): 39-43.

Audi, J. *et al.* (2005), «Ricin poisoning. A comprehensive review», *JAMA*, 294(18): 2342-2351.

Bhatia, M., N. A. Siddiqui y S. Gupta (2013), «*Abrus precatorius* (L.): An evaluation of traditional herb», *Indo American Journal of Pharm Research*, 3(4): 3295-3315.

Centers for Disease Control and Prevention (CDC) (2003), «Investigation of a ricin-containing envelope at a postal facility—South Carolina, 2003», *MMWR Morb Mortal Wkly Rep.*, 52(46): 1129-1131.

Crompton, R. y D. Gall (1980), «Georgi Markov—death in a pellet», *The Medico-legal Journal*, 48(2): 51-62.

D'Errico, F. *et al.* (2012), «Early evidence of San material culture represented by organic artifacts from Border Cave, South Africa», *PNAS*, 109(33): 13214-13219.

Dickers, K. J. *et al.* (2003), «Abrin poisoning», *Toxicol Rev*, 22(3): 137-142.

Dioscórides (s. f.), *Dioscórides interactivo*, Universidad de Salamanca, recuperado de: <https://dioscorides.usal.es/>.

Fodstad, O., S. Olsnes y A. Pihl (1976), «Toxicity, distribution, and elimination of the cancerostatic lectins abrin and ricin after parenteral injection into mice», *BR J Cancer*, 34(4): 418-425.

Gracia, R. y G. Shepherd (2004), «Cyanide poisoning and its treatment». *Pharmacotherapy*, 24(10): 1358-1365.

Hart, M. (1963), «Hazards to health. Jequirity-Bean poisoning», *Medical Intelligence*, 268(16): 885-886.

Jackson, J., L. Chiwona-Karltun y A. Gordon (2020), «Food safety and quality considerations for cassava, a major staple containing a natural toxicant», *Technical and Market Considerations*, 3: 343-366.

Kruger, D. J. y R. M. Nesse (2004), «Sexual selection and the male: female mortality ratio», *Evolutionary Psychology*, 2: 66-85.

Lobera-Lössel, J. B. (2020), «La veterinaria en el Antiguo Egipto: papiros de Kahún y de Ebers», *Lección Inaugural del curso académico 2020 en la Academia de Ciencias Veterinarias de la región de Murcia*, Academia de Ciencias Veterinarias de la región de Murcia, recuperado de: <https://acvrm.es/wp-content/downloads/EGIPTO%20WEB.pdf>.

Luzzatto, L. y P. Arese (2018), «Favism and Glucose-6-Phosphate Dehydrogenase deficiency», *The New England Journal of Medicine*, 378(1): 60-71.

Mackenzie, C. (2011), «Thousands of “deadly” seed bracelets recalled after Eden Project gift shop reveals they are made from beans twice as toxic as RICIN», *Daily Mail*, recuperado de: <https://www.dailymail.co.uk/news/article-2078362/Thousands-deadly-seed-bracelets-recalled-Eden-Project-gift-shop-reveals-beans-twice-fatal-RICIN.html>.

Moore, R. (s. f.), *Alternative considerations of Jonestown and Peoples Temple*, San Diego State University, recuperado de: <https://jonestown.sdsu.edu/>.

Moore, S. L. y Wilson, K. (2002), «Parasites as a viability cost of sexual selection in natural populations of mammals», *Science*, 297: 2015-2018.

Ogunniyi, D. S. (2006). «Castor oil: A vital industrial raw material», *Bioresource Technology*, 97: 1086-1091.

Owens, I. P. F. (2002), «Sex differences in mortality rate», *Science*, 297: 2008-2009.

Ramsay, H. M. (1882), *Detective footprints. Bengal, 1874-1881. With bearings for a future course*, Londres, The Army and navy Co-Operative Society.

Rasetti-Escargueil, C. y A. Avril (2023), «Medical countermeasures against ricin intoxication», *Toxins*, 15(2), recuperado de: <https://www.mdpi.com/2072-6651/15/2/100>.

Sahin, S. (2011), «Cyanide poisoning in a children caused by apricot seeds», *J Health Med Informat*, 2(1), recuperado de: <http://surma.3bird.pl/download/omnie/lenka/nowotwory-cyanide-poisoning-in-a-children-caused-by-apricot-seeds.pdf>.

Starr, B. *et al.* (2004), «Frist: Ricin confirmed, but no illness reported», CNN, recuperado de: <https://edition.cnn.com/2004/US/02/03/senate.hazardous/>.

Sulbarán-Lovera, P. (2017), «Qué es la yuca amarga que vinculan con varias muertes en Venezuela y por qué es tan peligrosa», *BBC News*, recuperado de: <https://www.bbc.com/mundo/noticias-america-latina-39213495>.

Tyagi, N. *et al.* (2015), «Potential therapeutic applications of plant toxin-ricin in cancer: challenges and advances», *Tumor Biol.*, 36(11): 8239-8246.

Vetter, J. (2000), «Plant cyanogenic glycosides», *Toxicon*, 38: 11-36.

# Índice alfabético de plantas


*Abrus precatorius* (coralillo asiático), 253
*Aconitum napellus* (acónito común), 209
*Albizia*, 239
*Albizia gummifera*, 240-241
*Allium ursinum* (ajo de oso), 151
*Artemisia absinthium* (ajenjo), 140-141
*Artemisia annua* (ajenjo dulce), 139
*Artemisia dracunculus* (estragón), 140
*Atropa belladonna* (belladona), 220

*Banisteriopsis caapi*, 41
*Blighia sapida* (akí), 226, 228-230
*Brugmansia arborea* (floripondio), 92

*Camellia sinensis* (té), 56
*Camptotheca acuminata* (árbol feliz), 151
*Cannabis sativa* (cáñamo), 64, 70, 74-77
*Catalpa cordifolia* (catalpa), 100
*Catharanthus roseus* (vinca de Madagascar), 155-160
*Caulophyllum thalictroides* (cohosh azul), 187-190
*Celtis sinensis* (almez), 237
*Cephalotaxus harringtonia* (*inugaya*), 165
*Cicer arietinum* (garbanzo), 54, 183
*Cinchona capuli*, 103
*Cinchona lancifolia*, 103
*Cinchona macrocalyx*, 103
*Cinchona officinalis* (quina), 96, 100-103
*Citrus paradisi* (pomelo), 58
*Citrus sinensis* (naranjo), 58
*Coffea arabica* (café), 55-56n
*Cola acuminata* (nuez de cola), 57
*Colchicum autumnale* (azafrán silvestre), 150
*Conium maculatum* (cicuta), 169-171, 174-177

*Coriaria myrtifolia* (emborrachacabras), 233-234
*Cryptomeria japonica* (sugi), 235

*Datura stramonium* (estramonio), 86-91
*Daucus carota* (zanahoria silvestre), 170
*Digitalis lanata*, 206
*Digitalis purpurea* (dedalera), 202-203
*Duboisia leichhardtii*, 92
*Duboisia myoporoides*, 92

*Ephedra gerardiana*, 81
*Ephedra intermedia*, 81
*Ephedra sinica*, 81-82
*Erythroxylum coca* (coca), 44-47

*Foeniculum vulgare* (hinojo), 170

*Ginkgo biloba* (ginkgo), 236-237
*Gossypium* sp. (algodón), 62

*Hevea brasiliensis* (árbol del caucho), 31
*Hippomane mancinella* (manzanilla de la muerte), 232-233
*Hyoscyamus niger* (beleño negro), 218

*Ilex paraguariensis* (yerba mate), 57

*Kalmia latifolia* (laurel de montaña), 214

*Laburnum anagyroides* (laburno), 183-186, 188
*Lens culinaris* (lenteja), 183
*Liquidambar styraciflua* (liquidámbar), 113
*Lophophora williamsii* (peyote), 35-36
*Lyonia* sp. (lyonia), 214

*Magnolia grandiflora* (magnolia), 100
*Malus domestica* (manzano), 232
*Malva* sp. (malva), 62, 209
*Mandragora autumnalis* (mandrágora), 218
*Manihot esculenta* (yuca), 266
*Manilkara zapota* (chicozapote), 106-108
*Myrtus communis* (mirto), 234

*Nerium oleander* (adelfa), 194-198, 201
*Nicotiana tabacum* (planta del tabaco), 178-179

*Papaver somniferum* (adormidera), 20-23
*Paullinia cupana* (guaraná), 57
*Paullinia yoco* (yoco), 57
*Petroselinum crispum* (perejil), 170
*Pieris* sp. (pieris), 214
*Pinus canariensis* (pino canario), 110

*Pinus taeda* (pino taeda), 110
*Pisum sativum* (guisante), 183
*Platanus occidentalis* (plátano occidental), 113
*Platanus* × *hispanica* (plátano de sombra), 118
*Podophyllum peltatum* (podófilo americano), 164-165
*Populus alba* (álamo blanco), 130
*Populus trichocarpa* (álamo negro), 135
*Prunus* sp., 264
*Pseudotsuga menziesii* (abeto de Douglas), 113
*Psychotria viridis* (chacruna), 39-41

*Rhododendron luteum*, 213
*Rhododendron ponticum*, 213, 215-216
*Ricinus communis* (ricino), 246-252
*Rubus ulmifolius* (zarzamora), 222
*Ruta graveolens* (ruda), 195

*Salix alba* (sauce blanco), 120
*Salix purpurea* (sauce colorado), 122
*Salvia divinorum* (hoja de la adivinación), 29-34, 37
*Sauromatum venosum* (lirio vudú), 127
*Sequoia sempervirens* (secuoya), 113
*Sinopodophyllum hexandrum*, 165
*Solanum melongena* (berenjena), 54
*Sorghum* sp. (sorgo), 54
*Strychnos nux-vomica* (nuez vómica), 234

*Taxus baccata* (tejo común), 144
*Taxus brevifolia* (tejo del Pacífico), 146, 150
*Theobroma cacao* (árbol del cacao), 57, 61-63
*Thevetia peruviana* (adelfa amarilla), 198-200
*Thuja occidentalis* (tuya), 100
*Tulipa* sp. (tulipán), 209

*Vicia faba* (haba), 257, 260
*Viola tricolor* (pensamiento), 218

*Xanthium strumarium* (bardana común), 126
*Zea mays* (maíz), 100